對本書的讚譽

本書的作者們寫出一本介紹廣義 *API* 而不是探討特定技術的書籍，這一點令人印象深刻。無論你選擇哪些 *API* 技術，本書一定可以提供寶貴的指導。

—*Stefan Tilkov*，
INNOQ 的 *CEO* 兼首席顧問

API 是現代企業的基本結構。本書將指導你實作和管理普遍存在的 *API* 園林，其內容涵蓋了架構、團隊結構與演進。

—*Gregor Hohpe*，
《The Software Architect Elevator》作者

《*Continuous API Management*》是一本傑出的指南，可指引建構和擴展 *API* 程式的人員。本書不但提供實用的建議，也深入探討交付 *API* 的所有層面。從高階主管到 *API* 從業者都需要這樣的資源。

—*James Higginbotham*，*API* 執行顧問，
《Principles of Web API Design》作者

坊間有大量的文獻詳細介紹 *web API* 的製作過程。但是，這本獨特的 *CAM* 書籍是 *API* 創作環境的整體指南。這本參考書提供了技術主管（與培訓幹部）必備的知見。

—*Matthew Reinbold*，*Net API Notes* 作者，
Postman 公司的 *API* 生態系統和數位轉型總監

Mike、*Mehdi*、*Ronnie* 與 *Erik* 寫出一本影響深遠、論述精闢的書籍，教你建立、變更、管理在這個緊密連結的世界中蓬勃發展的複雜 *API* 系統。

—*Hibri Marzook*，*Contino* 公司首席顧問

說到 *API* 產品管理，《*Continuous API Management*》是當今最全面的書籍。它充滿實用的指導，我親眼目睹很多組織使用這本書，運用 *API* 來推進數位策略。

—*Matt McLarty*，*Salesforce* 旗下的 *MuleSoft* 公司的
API 策略全球領導人。

持續 API 管理 第二版

在不斷演變的生態系統中做出正確決策

SECOND EDITION

Continuous API Management

Making the Right Decisions in an Evolving Landscape

Mehdi Medjaoui, Erik Wilde,
Ronnie Mitra, and Mike Amundsen 著
賴屹民 譯

O'REILLY®

感謝在寫書的過程中提供指導的人。感謝曾經在業界協助我的同事。
感謝 *Kin Lane* 分享他對 *API* 的熱情。感謝所有分享 *API* 實務經驗，
啟發本書內容的 *API* 從業者。感謝我的雙親。

—*Mehdi Medjaoui*

感謝促成本書的所有人。
這真是一趟奇妙的旅程！

—*Erik Wilde*

感謝 *Kairav* 協助我寫下這句致謝辭。

—*Ronnie Mitra*

感謝邀請我們分享所學的所有公司，感謝在過程中教導我們的朋友，
你們教導的知識實在太豐富了，使我們不得不用這本書來記載它們。

—*Mike Amundsen*

目錄

第一版前言

對任何一家公司、組織、機構或政府機關來說，API 都是一段旅程，在過程中，必須在不斷擴展、演變、具競爭性的數位環境中，正確地管理數位資源。在過去五年中不斷發展的數位轉型開始導致整個 API 園林的改變，使得公司不再猶豫他們是否該做 *API*，而是開始尋求更多關於如何正確地製作 *API* 的知識。各組織開始意識到，除了建構 API 之外，它們還要在整個 API 生命週期中處理關於「交付 API」的許多事項。《*Continuous API Management*》的作者具備獨到的見解，提供一次非常獨特的學習機會，協助你用一致、大規模、可重複的方式，將理想中的 API 化為現實。

大部分的 API 從業者在工作的過程中，其視野只涵蓋少量 API 組成的園林。本書的作者 Medjaoui、Wilde、Mitra 與 Amundsen 與眾不同，他們從 25 萬英尺的高空往下看，視野橫跨上千個 API、大量的產業，以及一些大型的當代企業組織。雖然我沒辦法用十根手指數出世上所有 API 天才，但 Medjaoui、Wilde、Mitra 與 Amundsen 一定是右手的前幾位。這些作者分享了豐富的經驗，教你製作 API 時，如何從概念到設計、從開發到生產，以及如何從頭再來一次。這群 API 專家的學識範圍與廣度是絕無僅有的，所以這本書注定成為被你翻爛的 O'Reilly 書籍，因為你會把它放在辦公桌上，隨手反覆翻閱它。

我看過許多關於 API 建構技術、超媒體與 REST、以及如何使用各種程式語言和平台來實踐的書籍，但沒有一本書和此書一樣，從頭到尾全面探討 API 交付。本書不但說明技術細節，也介紹營運 API 的關鍵業務元素，包括在整個大型企業組織進行 API 教育、實現和啟動時，非常重要的人員層面。本書有條不紊地闡述了所有的企業 API 建構師在大規模交付可靠、安全、一致的 API 時需要考慮的基本元素；本書可協助任何 API 團隊量化其營運、更批判性地思考如何改進和發展 API，同時建立和完善一個結構化且敏捷的方法，以標準化的方式跨團隊交付 API。

放下這本書之後，我覺得我對現代的 API 生命週期有了全新的認識——更重要的是，我充分了解如何量化與衡量 API 的營運和 API 生命週期策略，並運用它們來管理我的營運。即使我對這個領域已經有一定程度的理解了，但這本書仍迫使我採取一些重要的新方式來看待 API 園林。本書補充了我已經知道的一些知識，但也改變了一些我認為自己知道的東西，迫使我在一些既有的做法之上做出改變。對我來說，這就是 API 旅程的意義所在：不斷接受挑戰、學習、計畫、執行、評估和反覆進行，直到實現理想的結果為止。《*Continuous API Management*》反映了這項關於「API 交付」的事實，提供一本可重複使用的指南，教導我們在企業內大規模地製作 API 所需的技術、事務與策略。

這本書不能只看一次，你要在看完之後，實際實踐你的願景。你要發展你的 API 策略，定義自己的 API 生命週期版本，將 Medjaoui、Wilde、Mitra 與 Amundsen 教你的東西運用在實際的工作上。但是每隔一段時間都要重新閱讀這本書。我保證每當你重新閱讀這本書時，都會有一些新的發現與啟發，有時它會幫助你更了解 API 園林正在發生的事情，協助你在不斷擴展的網路經濟中，更有信心地參與（或帶領）API 業務。

— *Kin Lane*，*API* 傳教士

前言

歡迎閱讀《*Continuous API Management*》第二版。本書的第一版在 2019 年出版，它的第一段是這樣寫的：

> 隨著社會與商業日益數位化，大眾對互相連結的軟體的需求已呈爆炸式成長。由於應用程式開發介面（*API*）促進軟體的相連，*API* 已經成為現代組織最重要的資源了。但是有效地管理這些 *API* 是一項新的挑戰。若要充分發揮 *API* 的價值，你必須知道如何管理它們的設計、開發、部署、成長、品質與安全，以及處理關於背景、時間與規模的複雜因素。

近年來，關於 API 管理的成長與挑戰並沒有什麼變化。好消息是，自第一版以來，更多工具、訓練、經驗已協助了 API 管理領域的成長與成熟。不太好的消息是，作者看到很多組織還在辛苦地使用 API 來滿足連結大眾、服務與公司的需求。新版讓我們有機會提供公司的最新進展、分享一些新的成功故事，以及完善我們在 2018 年介紹的一些教材。

雖然我們加入新例子，並且更新了既有的例子，但是在新版裡，我們仍然保留相同的基本方法和大綱。希望這些改變可以幫助你在 API 持續管理的道路上延伸你自己的旅程。

誰該閱讀這本書？

如果你準備開始編寫 API 程式，並且想要了解將來的工作，或是你已經有一些 API 了，但是想要知道如何管理它們，這本書就很適合你。

本書試著建構一個可在各種背景之下運用的 API 管理框架，教你如何管理一個供全世界的開發者使用的 API，以及如何在專為內部開發者設計的微服務架構內，建立複雜的 API 組合，和介於兩者之間的所有知識。

本書盡量保持技術中立，我們提供的建議與分析適用於任何 API 結構，包括 HTTP、CRUD、REST、GraphQL 與事件驅動型互動。本書適合希望改善 API 決策的任何人。

本書的內容

本書包含筆者多年來設計、開發、改善自己和別人的 API 所累積的知識，我們將所有經驗都濃縮在這本書裡面了。我們發現，高效的 API 開發有兩個核心要素：從產品的角度看事情，以及建立正確的團隊。我們也發現，管理這項工作有三個基本要素：治理、產品成熟度與園林設計。

這五項 API 管理元素是建構成功的 API 管理專案的基礎。本書將介紹這些主題，並教導你如何將它們融入你自己的組織背景。

大綱

本書的章節經過刻意安排，希望隨著章節的進展而增加管理問題的範圍。我們會先介紹「決策導向治理」和「API 即產品」的基本概念，然後介紹建構 API 產品時必須管理的所有工作。

我們將從單一 API 的觀點開始探討「變動 API」是什麼意思，接下來，當我們深入研究「變動 API」的意義和「API 的成熟度如何影響這些變動決策」時，我們將加入時間方面的問題。接著，我們會討論進行變動的團隊與人員。在本書的後半部，我們要討論規模的複雜度，以及管理 API 產品園林的挑戰。

以下是各章的摘要：

- 第 1 章「管理 API 的挑戰與承諾」將介紹 API 管理領域，並解釋為何有效管理 API 如此困難。
- 第 2 章「API 治理」從決策導向工作的角度來討論治理，它是 API 管理的基本概念。
- 第 3 章「API 即產品」建立 API 即產品的觀點，以及說明為何它是任何一次 API 決策的重要元素。
- 第 4 章「API 產品的十大支柱」概述 API 產品領域的十大基本工作支柱。這些支柱構成了一套必須管理的決策任務。
- 第 5 章「持續改善 API」深入介紹持續變動 API 是什麼意思。本章介紹「持續變動心態」的必要性，並說明你將遇到的各種 API 變動及其影響。

- 第 6 章「API 風格」是這一版加入的新章節。本章介紹我們造訪世界各地的公司時看到的五種最常見的 API 風格，並探究各種風格的優缺點，以協助你在遇到各種用例（use case）時選擇最合適的風格。
- 第 7 章「API 產品週期」介紹 API 產品生命週期，這個框架可以協助你在 API 產品的整個生命週期中，管理橫跨十大支柱的 API 工作。
- 第 8 章「API 團隊」探討 API 管理系統的人員元素，本章將探討 API 產品生命週期中，API 團隊的典型角色、責任與設計模式。
- 第 9 章「API 園林」在 API 管理問題中加入規模的觀點，介紹同時變動多個 API 時需要處理的八個 V——多樣性、詞彙、數量、速度、脆弱性、能見度、版本管理與波動性。
- 第 10 章「API 園林之旅」介紹一種持續性園林設計法，可大規模地、持續地管理 API 的變動。
- 第 11 章「在持續演變的園林中管理 API 週期」會從園林的角度看待 API 即產品，說明當園林圍繞著它而演變時，API 工作會怎麼改變。
- 第 12 章「繼續這趟旅程」將已介紹的 API 管理故事串聯起來，並建議你如何為將來做好準備，以及如何立即開始你的旅程。

本書沒有談到的東西

API 管理領域十分廣大，且環境、平台與協定有許多差異。受限於本書的著作時間與空間，我們無法介紹 API 工作的所有具體實作方法。本書不是設計 REST API 或挑選安全閘道產品的指南。如果你想要了解如何編寫 API 程式，或設計 HTTP API，那麼這本書不適合你。

雖然本書有些範例討論特定的實作，但這不是一本專門討論 API 實作的書（好消息是有大量的書籍、部落格與影片可以滿足你的需求）。取而代之的，本書處理的是一個很少人處理的問題：如何在一個複雜的、持續變動的組織系統中有效地管理 API 建構工作。

本書編排方式

本書使用以下的編排規則：

斜體字（*Italic*）

代表新的術語、URL、電子郵件地址、檔案名稱及副檔名。中文以楷體表示。

定寬字（`Constant width`）

代表程式元素，例如變數或函式名稱、資料型態、陳述式與關鍵字。

定寬斜體（*`Constant width italic`*）

代表應換成用戶提供的值，或依上下文而決定的值。

這個圖示代表提示或建議。

這個圖示代表一般說明。

這個圖示代表警告或小心。

致謝

我們要感謝很多人在收集第二版的新教材的過程中提供的所有協助與支援。一如往常，我們要先感謝我們諮詢過，並有幸採訪過的人，以及參加我們的研討會和網路研討會的人，你們提供了很棒的回饋，讓我們在每次會面都能學到新東西。我們還要感謝 NGINX 的人們，他們鼓勵我們修訂這本書，並協助贊助這項工作。特別感謝閱讀草稿並協助完成最終版本的所有人。我們還要感謝 James Higginbotham、Hibri Marzook、Marjukka Niinioja 與 Matthew Reinbold 花了那麼多時間來閱讀和校閱我們的作品，並指出可以做得更好的地方。當然，如果沒有 O'Reilly Media 公司的支持，這本書就不可能問世。感謝 Melissa Duffield、Gary O'Brien、Kate Galloway、Kim Wimpsett 和許多奉獻了時間和才華，來幫助我們完成一切的人。

第一章

管理 API 的挑戰與承諾

> 管理是融合藝術、科學與工藝的行動。
>
> —Henry Mintzberg

根據 2019 年的 IDC 報告，有 75% 的受訪公司預計在未來十年內進行「數位轉型」，而且預計有 90% 的新 APP 將以 API 支持微服務架構[1]。也有報導指出，對注重 API 的組織來說，有高達 30% 的收入是透過數位管道產生的。與此同時，這些公司認為採用 API 的主要障礙是「複雜度」、「安全性」與「治理」。

最後，這是最關鍵的結論之一：「若要定義正確的 APP 架構，你必須深入了解治理、管理和編配這些基本技術組件的相關挑戰。[2]」這份研究如同我們在本書的第一版引用的 Coleman Parkes 所做的研究（*https://oreil.ly/pAWGs*），既包含鼓勵，也提出告誡。

在過去幾年來，我們發現一個有趣的趨勢：「擁有 API」與「沒有 API」之間的差距越來越大。例如，對於「你的公司有 API 管理平台嗎」這個問題，72% 的媒體和服務公司回答「有」，但是在製造業裡，只有 46% 的公司回覆肯定的答案[3]。所有跡象表明，API 將會繼續推動業務的成長，任何經濟領域的公司都必須緊鑼密鼓地迎接數位轉型的挑戰。

好消息是，已經有很多公司成功地管理它們的 API 專案了，但壞消息是，他們的經驗與專業知識不太容易分享，或無法普遍獲得。這有幾個原因。一般來說，擅長管理 API 的組織單純是因為太忙了，沒有時間分享他們的經驗。少數情況下，根據我們的訪談，有些公司對分享 API 管理專業知識非常謹慎，他們十分確定 API 技術是一種競爭優勢，所以慢條

---

1 Jennifer Thomson and George Mironescu, “APIs: The Determining Agents Between Success or Failure of Digital Business,” IDC, *https://oreil.ly/9yshw*.

2 Thomson and Mironescu, “APIs: The Determining Agents Between Success or Failure of Digital Business.”

3 Ibid.

斯理地公開他們發現的技術。最後，雖然有些公司會在公開的會議上，或透過文章與部落格文章分享經驗，但他們分享的資訊通常是針對特定公司的，很難轉化成廣泛組織的 API 專案。

本書試著解決上述的最後一個問題：將特定公司的典範轉化適合所有組織的共享經驗。為此，我們訪問了數十家公司，採訪了許多 API 技術專家，試著在這些公司和我們分享，以及和大眾分享的案例中找出共同點。本書有幾個貫穿全書的主題，我們將在這個介紹性章節中分享它們。

首先，你必須確定別人口中的 API 對他們而言是什麼意思。「API」可能只是代表介面（例如 HTTP 請求 URL 與 JSON 回應），也可能代表將一項可造訪的服務投入生產環境所需的程式碼與部署元素（例如 `customerOnBoarding` API），此外，我們有時會用「API」來代表一個運行中的 API 實例（例如，在 AWS 雲端運行的 `customerOnBoarding` API vs. 在 Azure 雲端運行的 `customerOnBoarding` API）。

在管理 API 時，另一項重要的挑戰是區分設計、建構與發表單一 *API* vs. 支援和管理多個 *API*（我們稱之為 *API* 園林（*landscape*）[譯註]）之間的差異，我們將用大量的篇幅來討論這個光譜的兩個極端。處理單一 API 所帶來的挑戰的案例包括 *API* 即產品（*API-as-a-Product*，AaaP）等概念，以及建立、維護 API 所需的技術（我們稱之為 *API* 支柱（*pillar*））。我們也會討論 API 成熟度模型的作用，以及如何隨著時間的變遷而處理演變，這是非常重要的 API 管理層面。

在光譜的另一端是 API 園林管理。你的園林，就是來自所有商務領域、在所有平台上運行、被你公司的所有 API 團隊管理的 API 組合。園林帶來的挑戰有許多層面，包括規模與範圍將如何改變 API 的設計與實作方式，以及大型的生態系統為何僅僅因為規模擴大就會增加它們的波動性與脆弱性。

最後，我們要討論 API 生態系統的管理決策程序。根據我們的經驗，這是為你的 API 專案制定成功的治理計畫的關鍵。事實上，你的決策方式必須隨著你的園林而改變，堅守舊治理模式可能限制 API 專案的成功，甚至為既有的 API 帶來更多風險。

在探討如何處理這兩項挑戰（單獨的 API 以及 API 園林）之前，我們先來看一下兩個重要的問題：什麼是 API 管理，以及為何它如此困難？

[譯註] landscape 本身有景觀、地貌等含意，本書用它來代表一家公司的所有 API，譯者將它譯為「園林」。

什麼是 API 管理？

如前所述，API 管理並非只與設計、實作與發表 API 有關。它也包含 API 生態系統的管理、如何在組織裡面發表決策，甚至將現有的 API 遷移到正在成長的 API 園林等過程。在這一節，我們要花一點時間討論每一個概念，但首先，我們必須討論 API 存在的終極理由，即 *API 商務*。

API 商務

除了關於建立 API 與管理它們的細節之外，你一定要記住，這項工作完全是為了支援商業目標和目的。API 不僅僅關乎 JSON 或 XML、同步或非同步等技術細節，它們是將商業單位結合起來，以協助公司有效地公開重要的功能和知識的手段。API 通常是釋放組織現有價值的一種方式，例如，透過建立新的 APP、開發新的收入流，以及啟動新的業務。

這種觀點比較注重 API 用戶的需求，而不是 API 的製造人員和發表人員的需求。這種用戶導向的做法通常稱為「Jobs to Be Done」或 JTBD。JTBD 是哈佛商學院的 Clayton Christensen 提出的概念，他在《*The Innovator's Dilemma*》與《*The Innovator's Solution*》（Harvard Business Review Press）中深入探討這種做法的威力。如果你想要啟動與管理成功的 API 專案，它可以清楚地提醒你，API 的目的是為了解決商業問題。根據我們的經驗，善用 API 來解決商業問題的公司都將 API 視為用來「完成工作」的產品，與 Christensen 用 JTBD 框架來解決客戶問題是一樣的概念。

存取資料

API 為企業做出貢獻的另一種方式就是讓人們更容易取得重要的客戶或市場數據，那些數據可能與新客戶群的新趨勢或獨特行為有關。藉著讓這些資料可以安全且輕鬆地取得（並經過妥善地匿名和過濾），API 也許可以協助公司發現新的機會、實現新的產品 / 服務，甚至以更低的成本與更快的上市時間來啟動新舉措。

接觸產品

API 專案協助商業活動的另一種方式，是藉著製作一套靈活的「工具」（APIs）來建構新的解決方案，以免帶來高昂的成本。例如，如果你有一個 `OnlineSales` API 可讓重要的伙伴管理與追蹤他們的銷售活動，以及一個 `MarketingPromotions` API 可讓行銷團隊設計與追蹤產品推廣活動，或許你可以建立一個新的伙伴解決方案：`SalesAndPromotions` 追蹤 APP。

獲得創新機會

根據我們的經驗，許多公司的內部流程、做法和生產流水線雖然行之有效，卻沒什麼效率。那些機制已經存在很長的時間（有的多達幾十年），有時甚至沒有人記得組織何時（或為何）建立了某個流程。改變既有的流程並不容易，可能代價高昂。在公司內部建立 API 基礎設施可以釋放組織的創造力，有時可以繞過把關機制，在公司內部進行改善與提高效率。

我們將在第 3 章討論這些 AaaP 的重要層面。但首先，我們要來探討一下，如何簡單地解釋 *API* 這個術語的意思。

什麼是 API？

人們有時不但使用 *API* 這個術語來代表介面，也用它來代表功能，也就是介面背後的程式。例如，可能有人說：「我們必須快點發表新的 Customer API，讓別的團隊可以開始使用我們做好的新搜尋功能。」有時 API 只代表介面本身的細節。例如，你的團隊成員可能會說：「我想為現有的 SOAP 服務設計新的 JSON API，來支援客戶入門流程。」當然，這兩種意思都沒錯（而且它們都清楚地表達含義），只是有時它們會造成混淆。

為了釐清這種區別，以方便我們討論介面與功能，我們將介紹一些額外的術語：介面、實作與實例。

介面、實作與實例

API 是 *APPlication programming interface*（應用程式開發介面）的縮寫。我們用介面來使用在 API 「背後」運行的東西。例如，你可能有一個公開「管理用戶帳號的工作」的 API ，這個介面可讓開發者：

- 建立新帳號。
- 編輯既有的帳號資料。
- 改變帳號狀態（暫停或活躍）。

這個介面通常是以共享的協定來表達的，例如 HTTP、Message Queuing Telemetry Transport（MQTT）、Thrift、Transfer Control Protocol/Internet Protocol（TCP/IP）…等，並採用一些標準格式，例如 JSON、XML、YAML 或 HTML。

但它只是介面，你還要用其他的東西來執行用戶請求的工作，那些其他的東西就是所謂的*實作*。實作是提供實際功能的部分，實作通常是用 Java、C#、Ruby 或 Python⋯等程式語言寫成的。延續用戶帳號的例子，`UserManagement` 實作可能包含建立、加入、編輯與移除用戶等功能，這些功能可以用之前提到的介面來公開。

將介面與實作解耦

注意，上述的實作的功能是一組簡單的動作，它們使用建立、讀取、更新、刪除（CRUD）模式，但上述的介面有三種動作（`OnboardAccount`、`EditAccount` 與 `ChangeAccountStatus`）。這種實作與介面之間看似「不一致」的情況很常見，有時有很好的效果；它將各項服務的實作，與用來使用那項服務的介面解耦，讓你更容易隨時變動它們，而不會破壞它們。

我們的第三個術語是*實例*。API 實例是介面與實作的結合，很適合用來代表已被投入生產環境並開始運行的 API。我們會用一些指標來管理實例，以確保它們的健康，我們會註冊與記錄實例，讓開發者更容易尋找與使用 API 來解決實際的問題，我們也會保護實例的安全，確保只有經過授權的用戶可以執行操作，以及讀取 / 寫入完成那些操作所需的資料。

圖 1-1 是這三種元素之間的關係。在本書中，當我們說到「API」時，通常是指 API 的實例，介面與實作組合，完全可以營運。如果我們想要強調的東西只是介面或只是實作，我們就會那樣稱呼它們。

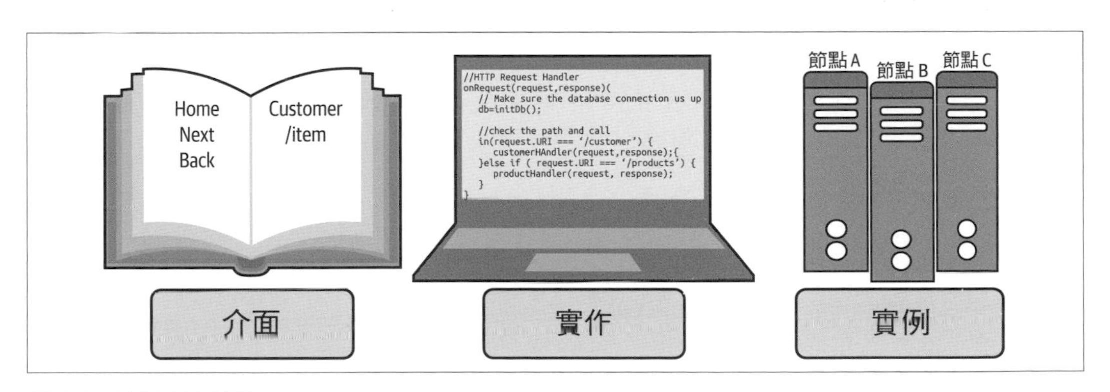

圖 1-1　三個 API 元素

API 風格

API 的另一個重要元素是一種可以稱為風格（*style*）的東西。如同其他領域的風格（繪畫風格、裝飾、時尚、建築物），API 風格就是讓人以一致、可識別的方法來建立和使用 API 的方法。你一定要知道你的用戶端 APP 想要使用哪一種 API 風格，並在製作 API 時，提供符合該風格且一致的實作。

當今最常見的 API 風格是 REST 或 RESTful API 風格。但它只是一種可能的做法，事實上，我們在大大小小的組織內，看到越來越多人使用非 REST、非 HTTP API。事件驅動架構（EDA）的興起是這種 API 管理因素的實際案例之一。

雖然 API 有很多風格，每一種風格都有獨特的名稱，但根據我們的經驗，當你管理 API 專案時，你必須注意五種常見的風格。我們將在第 6 章討論 API 風格的重要性，並討論每一種風格。

幾乎沒有公司在整個公司內部只依靠一種風格。而且，你實作的任何一個風格都不太可能永遠不變。在設計、實作與管理 API 生態系統的時候考慮風格，是建立成功、穩定的 API 專案的關鍵因素。

多風格的 API 帶來成功管理 API 專案的另一個重要的層面：以連貫、一致的方式來治理許多 API。

不僅僅是 API

API 本身（介面與實作的技術細節）只是完整故事的一部分而已。在 API 的生命週期之中，設計 / 建構 / 部署等傳統元素當然也很重要。但是*管理* API 通常也意味測試它們、記載它們，以及在網站入口發表它們，讓正確的受眾（內部開發者、伙伴、不知名的第三方 APP 開發者…等）可以找到它們，並學會正確地使用它們。你也要保護 API、在執行期監測它們，以及在它們的整個生命週期中維護它們（包括處理變動）。這些額外的 API 元素就是我們所謂的 *API 支柱*：它們是所有 API 都需要的元素，也是所有 API 專案經理都必須處理的元素。我們會在第 4 章深入討論支柱，在那裡，我們將探討建立與維護健康的 API 的十大關鍵方法。

關於這些實踐領域，有一個好消息是它們不限於任何單一的 API。例如，妥善記載 API 的技能可以從一個 API 團隊傳授給下一個 API 團隊。學習正確的測試技巧、安全防護的模式…等也是如此。這也意味著，即使你讓不同的團隊負責各個 API 領域（銷售團隊、產品團隊、後台團隊…等），不同團隊的成員之間也有「交叉」利害關係[4]。

管理 API 的另一個重要層面是管理「API 製作團隊」並授予權力。我們會在第 8 章進一步討論不同的組織如何運作它。

API 成熟階段

API 支柱只是整件事的一部分。在專案中的每一個 API 都會經歷它自己的「生命週期」，生命週期是一系列可預測且實用的階段。知道目前處於 API 旅程的哪個階段可協助你決定此刻應投資多少時間與資源在 API 裡。了解 API 有多麼成熟可讓你認出多個 API 的相同階段，並協助你為各個階段需要付出的時間與精力做好準備並做出回應。

從表面上看，在設計、建構與發表 API 時，你應該處理所有的 API 支柱，但是現實並非如此。例如，在 API 的早期階段，通常你要把重心放在設計與建構層面上，不要花太多精力在記錄上。在其他的階段（例如，當你已經將雛型送給 beta 測試者時），比較重要的事情是花更多時間監測 API 的使用，以及防止它被濫用。了解成熟階段可協助你分配有限的資源來取得最大的效果。我們將在第 7 章帶你經歷這個過程。

超過單一 API

許多讀者知道，當你開始管理許多 API 時，事情會開始變調。我們有些客戶需要建構、監測和管理上千個 API，在這種情況下，我們不太在乎個別 API 的實作細節，而是更關注一件事：讓這些 API 在一個不斷成長、動態的生態系統中共存。如前所述，我們將這種生態系統稱為 API 園林，本書的後半部分會用幾個章節專門討論這個概念。

此時，你的挑戰大部分都是如何確保某種程度的一致性，同時不至於為了集中管理和審查所有的 API 細節，而造成瓶頸和速度的下降。我們通常將這些細節的職責分配給各個 API 團隊，並將中央的管理 / 治理重心放在規範 API 之間的互動方式上，確保有套核心的共享服務或基礎設施（資安、監測…等），讓所有的 API 團隊使用，通常也會指引和輔導更多的自主團隊。也就是說，我們通常必須擺脫常見的集中指揮和控制模式。

4 音樂串流服務 Spotify 將這種交叉群體稱為 *guilds*。若要進一步了解這個主題，見第 188 頁的「擴大你的團隊」。

當你在組織中更深入地分配決策權和自主權時，你將面臨一項挑戰：組織的高層往往無法看到團隊層面的重要活動。在過去，團隊可能需要徵求許可，才能採取某項行動。將額外的自主權授予各個團隊的公司會鼓勵他們採取行動，不需要經過上層的審查與許可。

在管理 API 園林時出現的挑戰通常與規模和範圍有關。事實上，隨著 API 專案的增長，它不但變得更大，它的形態也會變化。這是接下來要討論的主題。

為何 API 管理很難？

我們在本章開頭說過，雖然大多數公司都已經啟動 API 專案了，但有些經濟領域的 API 比其他領域的更先進。為何如此？為何有些公司的 API 比其他公司更好？常見的挑戰有哪些？如何協助你的公司克服它們？

當我們拜訪世界各地的公司，討論如何管理 API 生命週期時，有一些基本的主題開始浮現出來：

範圍

　當軟體架構中央團隊在治理 API 時，隨著時間的不同，他們應該將焦點放在哪裡？

規模

　當專案從少數幾個小團隊擴展成全球計畫時，在研發 API 初期行之有效的做法，通常無法隨著專案擴展。

標準

　隨著專案的成熟，管理與治理工作必須從「詳細地建議如何設計與實作 API」，變成較廣義的「API 園林標準化」，讓團隊可以自行做出更多且更詳細的決策。

從本質上講，持續平衡這三個元素（範圍、規模與標準）可推動健康、持續成長的 API 管理專案。因此，這些元素值得深入探討。

範圍

若要營運健康的 API 管理專案，有一項很大的挑戰在於拿捏中央單位的控制程度，更有挑戰性的是，隨著專案的成熟，適當地調整控制的程度。

在專案的早期，我們應該把重心放在設計 API 的細節上。當 API 處於起步階段時，這些設計細節可能直接來自製造 API 的團隊，他們可能會研究「坊間」的現有專案，為他們打算製造的 API 風格選擇適當的工具和程式庫，然後開始動手製造那個 API。

在這個 API 生命週期「第一階段」中，提供詳細的建議，以及定義明確的角色，可以帶來早期的成功。第 3 章與第 4 章會介紹我們認為對剛開始 API 之旅的公司有幫助的教材。

在這個 API 專案的「早期階段」裡，一切都是新的，所有問題都是公司第一次遇到的（與解決的）。這種最初的經驗往往被公司記錄下來，成為「API 最佳實踐」或公司準則⋯等。這種做法對於初次處理一些 API 的小型團隊來說是合理的。但是，這些最初期的準則可能有待完善。

隨著負責 API 的團隊越來越多，各種風格、經驗與觀點也隨之增加。維持團隊之間的一致性越來越難，不僅僅因為有些團隊不遵守公司發表的準則，也可能因為新團隊採用一組不同的現成產品，限制他們遵守最初準則的能力。或許是因為他們不在事件串流（event-streaming）環境中工作，因為他們以 XML 來支援呼叫 / 回應風格的 API。他們當然需要準則，但準則必須與他們的領域配合，並且符合他們的客戶的需求。

在 API 管理專案的這個「中間階段」裡，領導方式和準則必須從「關於如何設計和實作 API 的具體指引」，轉變成「關於 API 的生命週期和它們之間如何互動的一般性指引」。第 6 章和第 7 章有我們看過的，成功組織為 API 專案的中間階段所做的各種事情。

公司一定有任何團隊都要遵守的準則，但那些準則必須適合他們的問題領域，以及他們的 API 客戶的需求。隨著你的社群越來越大，你的多樣性也會增加，此時非常忌諱試圖消除這種多樣性。此時，你要將控制槓桿從發號施令（例如「所有的 API 都必須使用以下的 URL 格式⋯」），切換到提供指引（例如「在 HTTP 上運作的 API 都應該使用以下的 URL 模板之一⋯」）。

在這個 API 管理的「後期階段」，治理的視角甚至可以進一步放大，以關注 API 如何隨著時間的推移而彼此互動，以及你的 API 如何與你的市集和產業中的其他公司的 API 互動。第 9、10、11 章都反映了在未來維護健康且穩定的 API 生態系統所需的「大格局」思維。

如你所見，隨著專案範圍的擴展，你的準則也要相應地擴展。這對全球企業來說特別重要，因為各地的文化、語言和歷史都會深深地影響各地區的團隊思考、創造與解決問題的方式。

這帶來下一個關鍵元素：規模。

規模

建立和維護健康的 API 管理計畫的另一個大挑戰是，如何應對規模隨著時間的變化。上一節談過，增加團隊和這些團隊製作的 API 可能是一項挑戰。在執行期監測與管理 API 所需的程序也會隨著系統的成熟而改變。追蹤位於同一個地點的同一個團隊所建構的少數幾個 API 所需的工具，與追蹤遍布多個時區與國家的成千上百個 API 入口所需的工具，有很大差異。

本書將這種 API 管理層面稱為「園林（landscape）」。隨著專案的擴展，你必須設法關注很多地方的很多團隊的很多流程，你更需要在執行期監測行為，以隨時了解系統的健康程度。本書的第二個部分（從第 9 章開始）將探討 API 園林管理概念如何協助釐清哪些元素值得關注，以及哪些工具與程序可以協助你掌握不斷成長的 API 平台。

API 園林帶來一系列的新挑戰。當你需要擴展生態系統時，用來設計、實作、維護單一 API 的程序不一定相同。基本上，這是一場數字遊戲：系統的 API 越多，它們互動的機會越高，有些互動導致意外行為（或「錯誤」）的可能性也就越高。大型系統就是這樣運作的，它有更多互動，以及更多意外結果。試圖消除這些意外不是治本之道，因為你不可能消滅所有的 bug。

這就帶來多數成長中的 API 專案所遇到的第三項挑戰：如何在 API 專案中執行適當的標準來減少意外的變動？

標準

當你開始進行園林規模的管理，而不是在 API 層面上時，標準（standard）引導團隊一致性地設計、實作與部署 API 的效果有關鍵的差異。

隨著團隊規模的擴大（包括負責你的組織的 API 的團隊），你的協調成本也會增加（見第 16 頁的「決策」）。擴大規模需要改變範圍。處理這項挑戰的重點是更依賴一般性標準，而不是具體的設計約束。

例如，全球資訊網從 1990 年問世以來，能夠持續良好運行的原因之一在於，它的設計者早就決定採取通用標準，該標準適用於任何軟體平台與語言，它不是專為單一語言或框架建立嚴格的實作指引。這使得創新團隊能夠發明新的語言、架構模式，甚至執行期框架，而不會破壞既有的實作。

這個協助 web 持續成功的長期標準有一個共同主軸，就是將元件與系統之間的互動標準化。web 標準的目的是讓各界能夠在網路上輕鬆地互相了解，而不是硬性規定如何實作組件的內在（例如，使用這個程式庫、這個資料模型…等）。同樣的，隨著你的 API 專案發展到一定的成熟度，你為 API 社群提供的指引應更加著重一般性的互動標準，而不是具體的實作細節。

這個轉變可能是艱辛的過程，但它對打造健康的 API 園林而言至關重要，在這種環境下，團隊可以建構能和現在與未來的 API 輕鬆互動的 API。

管理 API 園林

本章開頭說過，API 管理領域有兩項重大的挑戰：管理單一 API 的生命週期，以及管理所有 API 組成的園林。在我們拜訪許多公司並研究一般性的 API 管理方法時，我們發現許多「管理單一 API」的故事版本。坊間有許多「生命週期」和「成熟度模型」，試圖幫助你識別和減輕「設計、建構和部署 API」時的挑戰。但我們發現關於 API 生態系統（我們稱之為園林）的指引並不多。

園林有它自己的挑戰、它自己的行為與傾向。設計單一 API 時考慮的事情，與支援數十、上百或上千個 API 時考慮的事情不一樣。在生態系統中，你會遇到大規模的新挑戰，這些挑戰不會發生在單一 API 實例或實作中。本書稍後將更深入探討 API 園林，但是我們想在本書的開頭指出 API 園林給 API 管理帶來的三種獨特挑戰：

- 技術的擴展
- 團隊的擴展
- 治理的擴展

讓我們花點時間來回顧一下 API 管理中，與園林有關的層面。

技術

當你初次開始進行 API 專案時，有一系列的技術決策將會影響你的所有 API。你的「所有」API 只有兩三個並不是重點，重點是，當你建立最初的 API 專案時，你必須有一套一致的工具和技術可以依靠。你會在我們討論 API 生命週期（第 7 章）與 API 成熟度時看到，API 專案並不便宜，你必須仔細地監測你投入多少時間和精力在這種活動上：對 API 的成功有很大的影響，但不需要過早投入大量資本的活動。這通常意味著選擇與支援一小套工具，並提供明確的、詳細的指引文件，以協助團隊設計與建構既能解決商業問題，又能互相合作的 API。換句話說，你可以藉由限制技術的範圍，在早期取得成功。

因為我們提到的所有原因，這種做法在一開始很管用。但是隨著專案數量（見第 218 頁的「數量」）、和範圍的擴大（例如有更多團隊建構更多 API，在更多地點為更多業務提供服務…等），挑戰也會改變。當你發展 API 專案時，依靠一套有限的工具和技術可能變成減緩速度的關鍵。雖然在團隊規模不大時限制選擇可以加快進度，但是對大規模的團隊施加限制是既昂貴且危險的做法，當你在遙遠的地點增加團隊，並（或）接受新的業務部門或收購新公司來增加你的 API 園林時，情況更是如此。此時，多樣性（見第 213 頁的「多樣性」）對生態系統而言是更重要的成功驅動因素。

所以，管理 API 園林技術的重點在於，判斷園林何時已經大到可以開始增加技術的種類，而不是限制它們。其中有些技術與既有實作的現況有關，如果你的 API 園林需要支援你的組織既有的 TCP/IP SOAP 服務，你不能要求這些服務都使用你為新的 HTTP CRUD API 專案建立的 URL 指引。為新的事件驅動 Angular 實作、或舊的遠端程序呼叫（RPC）實作建立服務時也是如此。

範圍越廣，代表園林的技術種類越多。

團隊

專案的成長為 API 管理帶來的新挑戰不是只有技術面而已。團隊本身的組成也需要隨著園林的變動而調整。在 API 專案剛啟動的時候，你可以和少數幾位下定決心的伙伴一起做幾乎所有事情。此時，你會聽到「full-stack developer」或「MEAN developer」或其他類似的稱呼，意思是同一位開發者擁有 API 專案的所有層面的技能（MEAN 是 MongoDB、Express.js、Angular.js、Node.js 的縮寫）。你可能也聽過「初創團隊」或「獨立團隊」，它們都代表一個擁有所有技能的團隊。

當你的 API 很少，而且都用同一組工具來設計與實作時，你可以採取這種做法（見第 11 頁的「技術」），但是隨著 API 的規模與範圍變大，建構與維護 API 所需的技術種類也會增加，你不能指望每個 API 團隊都由一群擅長設計、資料庫、後端、前端、測試與部署的成員組成，你可能會指派一個團隊負責設計與建立一個以資料為中心的儀表板介面，來讓其他團隊使用。他們可能必須駕馭公司的所有資料格式，以及收集資料的工具。或者，你可能會讓一個團隊負責用單一技術來建構行動 APP（例如使用 GraphQL 或某些其他的查詢程式庫）。隨著技術種類的增加，你的團隊可能必須變得更專業化。我們會在第 8 章詳細討論這個主題。

隨著 API 園林的成長，團隊也要改變他們參與日常決策過程的方式。當團隊還很小，而且成員的經驗還不深時，你可以將決策權集中到一個指導小組。在大型的組織中，這種團隊通常稱為 Enterprise Architecture 團隊或其他類似的名稱。這種做法在規模與範圍較小時有效，但是當生態系統的同質性變低且範圍變廣時，這種做法就會造成麻煩。隨著技術越來越多，單一團隊不太可能掌握每一個工具與框架的細節。而且隨著團隊數量的增加，你要將決策權下放，因為中央單位應該無法了解全球企業的日常營運狀況。

解決這種問題的做法是將決策程序拆成所謂的*決策元素*（見第 25 頁的「決策的元素」），並將這些元素分配給公司內部的適當階級。為了讓生態系統持續成長，各個團隊必須在技術層面上更專業化，並且在決策層面上肩負更多責任。

治理

關於 API 園林的挑戰，我們想談的最後一個領域是*治理* API 專案的一般做法。與之前的其他案例一樣，我們發現，隨著生態系統的成長，治理的角色與手段也會改變。你將遇到新的挑戰，而且舊方法也不像過往那麼有效。事實上，頑固地採用舊治理模式可能會減緩甚至阻礙 API 的成功，特別是在企業層面上。

如同任何領導領域，當規模與範圍有限時，最有效的做法是提供直接指導，對小型的團隊而言如此，對新團隊往往也是如此。如果團隊沒有太多操作經驗，透過詳細的指導與（或）流程文件來傳授經驗可快速成功。例如，我們發現早期的 API 專案治理往往使用多頁的流程文件來解釋具體的工作，例如，如何為 API 設計 URL，或 URL 可以使用哪些名稱，或版本號碼應該放在 HTTP 標頭的哪裡。提供明確的指引以及少量的選項使得開發者難以偏離你的 API 實作方式。

但同樣的，隨著專案的成長，以及加入更多團隊與支援更多商業領域，社群的規模與範圍將開始讓你難以維護適合所有團隊的單一指導文件。雖然你可以將編寫與維護流程文件的工作「外包」出去，但這通常不是好主意，正如我們在第 11 頁的「技術」中談到的，技術的多樣性在大型的生態系統中是一種優勢，在企業治理層面上控制它會減緩專案的進展。

這就是為什麼隨著 API 園林的擴大，你的治理文件也要改變口氣，從直接提供流程指示，變成提供一般原則。例如，與其在文件中說明何謂有效的 URL，更好的做法是引導開發者在 Internet Engineering Task Force 查閱關於 URI 設計與所有權的指南（RFC 7320），並提供執行這個公共標準的一般性指導。你也可以在大部分的 UI/UX 指南中找到這種原則性指南的案例，例如 Nielsen Norman Group 的「10 Usability Heuristics for User Interface Design」（*https://oreil.ly/qU66X*）。這類文件提供很多選擇，並且指出為何要使用一種 UI

模式，而不是另一種模式。它們讓開發者與設計師知道為何要使用某個東西，以及使用它們的時機，而不是直接規定必須遵守的規則。

最後，對於大型組織，尤其是在多個地點和時區營運的公司，治理需要從分發原則轉為收集建議。這實質上顛覆了典型的中央治理模式。中央治理委員會的主要職責不是告訴團隊該怎麼做，而是從現場收集經驗資訊，找出相關性，並在更廣泛的組織裡回饋「最佳做法」指引。

所以，隨著 API 園林的成長，你的 API 治理模式也要從「直接提供建議」轉換成「提出一般原則」，再轉換成「收集和分享公司內部有經驗的團隊的做法」。我們將在第 2 章看到，你可以用一些原則和實踐法來建立適合貴公司的治理模式。

結論

在開頭的這一章，我們談了本書即將介紹的 API 管理重要層面。我們承認，雖然 API 將繼續成為一種推動力，但是只有 50% 的受訪公司相信自己有能力正確地管理 API。我們也釐清了「API」一詞的多種用法，以及那些用法為何讓你難以提供一致的專案治理模式。

而且，最重要的是，我們提到，管理「一個 API」與管理「API 園林」非常不同。管理一個 API 時，你可以依靠 AaaP、API 生命週期與 API 成熟度模型。API 的變動管理也非常注重這種「單一 API」的思維方式。但是，這只是故事的一部分。

接著，我們討論了 API 園林的管理，園林就是你的組織內的整個 API 生態系統。管理持續成長的 API 園林需要各種技術與指標，用來處理多樣性、數量、波動性、脆弱性與其他層面。事實上，這些園林層面都會影響 API 生命週期，本書稍後會再討論它們。

最後，我們談到，就連做出 API 專案決策的方式，也需要隨著時間而改變。隨著系統的發展，你也要下放決策權，就像分配 IT 元素一樣（例如資料儲存體、計算能力、資安，以及公司的基礎設施的其他部分）。

有了這個介紹的背景之後，我們接下來要先討論治理的概念，以及如何將決策與決策權的分配，當成整個 API 管理法的主要元素。

第二章

API 治理

嘿！規則就是規則，面對它吧，畢竟沒有規則就會混亂。

—Cosmo Kramer

治理（governance）並不討喜，它是略帶情感包袱的話題。畢竟，很少人願意被治理，而且大多數人都曾經遭遇不良的治理政策與莫名其妙的規則。不良的治理方式令人痛苦（很像不良的設計），但根據我們的經驗，不解決這個問題，我們就很難討論 API 管理。

事實上，我們甚至可以說，如果你不治理 API，你就根本無法管理它們。

有的公司確實在治理 API，但是他們從來不用治理一詞，這絕對沒問題。名稱很重要，在一些組織裡，治理意味著高度集權，這可能與崇尚去中心化和工人賦權的文化背道而馳，因此，這些組織將治理視為負面的字眼非常合理。無論你怎麼稱呼治理，治理總是以某種形式發生。

「你應該治理你的 API 嗎？」這個問題不怎麼好玩，因為對我們而言，這個問題的答案始終是肯定的。取而代之的，你應該問問自己：「有哪些決策需要治理？」以及「應該在哪裡治理？」。當你回答這種問題時，你就是在設計治理系統。不同的治理風格可能產生截然不同的工作文化、生產率、產品品質與戰略價值，你必須設計適合你的系統。本章的目標，就是提供一些基本元素來協助你完成這項工作。

我們會先探討良好的 API 治理的三個基本元素：決策、管理與複雜性。了解它們之後，我們將仔細研究如何在公司裡實際下放決策權，以及它將會如何影響你的工作。這意味著，我們會仔細了解中心化、去中心化，以及做出決策的元素。最後，我們要看看建立一個治理系統是什麼意思，並介紹三種治理風格。

治理是 API 管理的核心，在本章中介紹的概念，將會在本書的其餘部分逐漸充實。因此，你應該花一點時間了解 API 治理的真正含義，以及它如何協助你建構更好的 API 管理系統。

了解 API 治理

技術工作就是做出決策的工作，事實上，你有很多決策要做。其中有些決策極其重要，有些則是微不足道。因為有這些決策工作的存在，我們可以說技術團隊的工作就是知識工作。知識工作者的關鍵技能，就是反覆及時做出高品質的決策，讓產品可以交付出去、讓變動更容易進行、讓團隊實現目標。

無論你採用哪些技術、如何設計結構，或選擇與哪些公司合作，個人的決策能力將決定公司的命運。這就是治理如此重要的原因，你必須以達成組織目標為前提，做出所有決策。

這件事沒有聽起來那麼容易。為了提高成功的機會，你必須了解治理的基本概念，以及不同概念之間的關係。我們先來簡單看一下 API 決策。

決策

更好的決策可以帶來更好的結果。API 主要是一種技術產品，但是為了建立更好的 API，你必須做出許多決策，而非只是寫出好程式。考慮以下 API 團隊經常做出的選擇：

- 我們的 API 的 URI 應該使用 `/payments` 還是 `/PaymentCollection`？
- API 要在哪個雲端供應商上面託管？
- 我們有兩個客戶資訊 API，該讓哪一個除役？
- 該讓誰加入開發團隊？
- 這個 Java 變數要用什麼名稱？

我們可以從這個簡短的決策清單看出一些事情。首先，API 管理選項跨越了廣泛的關注點與人群，做出這些選擇需要在人員與團隊之間進行大量的協調。其次，人們所做的選擇有不同程度的影響。雲端供應商對 API 管理策略的影響力遠遠超過 Java 變數名稱。第三，不起眼的選擇可能造成巨大的影響——如果有 10,000 個 Java 變數使用不好的名稱，API 實作的易維護性將受到很大的影響。

這些跨越多個領域、大規模的、互相協調做出來的選擇必須互相配合才能產生最佳結果。這是一項龐大且複雜的工作。在本章稍後，我們將分別討論這個問題，並提供一些指引，教你建立自己的決策系統。但首先，讓我們仔細看看治理這些決策是什麼意思，以及為何治理如此重要。

決策管理

如果你曾經自己做過小型的專案，你知道這項工作的成敗完全取決於你自己，持續做出好決策可讓好事發生，一位技術高超的程式設計師就可以做出一些令人讚嘆的東西。但是這種工作方式無法擴大規模，一旦有人開始使用你的作品，你就會收到更多關於變動與功能的需求，這意味著你必須在更短的時間內做出更多決策，這也意味著你需要更多決策者。像這樣擴大決策規模要很小心，千萬不要因為有更多人做出決策，而造成決策品質下降。

這就是治理的用武之處，治理就是「管理決策和決策的實施」的過程，請注意，這個定義沒有提到控制或權威，治理與權力無關，它與改善人員的決策品質有關。在 API 領域中，高品質的治理意味著做出能協助組織成功的 API。你可能需要某種程度的控制與權威來治理，但控制與權威不是目標。

切記，治理一定要付出代價。你必須溝通、執行與維持約束條件。你必須提出對受眾而言有價值且有吸引力的獎勵來塑造決策行為。你必須記錄、傳授予持續更新標準、政策與程序。此外，你也要不斷收集資訊，來觀察以上的做法對系統的影響。你甚至可能需要聘請更多人，來支援治理工作。

除了維護治理機制的一般成本之外，對系統進行治理也有一些隱形的成本。它們是真正開始治理系統時出現的影響成本。例如，如果你規定所有開發者都必須採用一套技術，那麼組織的技術創新成本是多少？會讓員工的幸福感下降嗎？會不會更難吸引優秀的人才？

事實上，這類成本很難預測，因為在現實中，你治理的是人、流程和技術組成的複雜系統。為了治理 API 系統，你要先學習管理複雜系統的一般方法。

治理複雜的系統

好消息是，你不需要控制組織內的每一個決策就可以獲得卓越的治理結果，但壞消息是，你必須弄清楚你將來需要控制哪些決策，以獲得這些好結果。這不是容易解決的問題，因為它「視情況而定」。

如果你想要烤海綿蛋糕，我們可以給你一份相當明確的食譜，告訴你需要多少麵粉、多少雞蛋、烤箱要設多少度，甚至可以準確地告訴你如何檢查蛋糕是否完成，因為現代烘焙沒什麼變異性，無論你從哪裡購買原料，它們都有很高的一致性。烤箱就是為了讓你用標準化的特定溫度來料理食物而設計的。更重要的是，我們的目標是一致的，也就是某種蛋糕。

但是現在你不是在做蛋糕，本書也不是食譜。你必須處理大量的變異性。例如，你公司裡的人有不同程度的決策能力，約束你的監管措施會隨著你的產業和地點而不同，你也要為動態變化的消費市場提供服務，消費市場有它自己的消費文化。除此之外，你的組織的目標與戰略對你來說是獨一無二的。

這些變異性讓我們很難設計單一正確的 API 治理「食譜」。更麻煩的是，你還會遇到一種小問題：連鎖反應。每次你引入一項規則，或建立一個新標準，或採取任何形式的治理時，你難免需要處理意想不到的後果。那是因為你的組織的不同部分是互相交織和聯繫的。例如，為了提升 API 程式的一致性和品質，你可能會引入一套標準技術，這套新技術可能會導致更大的程式包，因為程式設計師開始加入更多程式庫與框架，這件事又可能導致部署程序的改變，因為既有的系統無法支援更大的部署包裝。

雖然你或許可以藉由正確的資訊來預測與防止那種結果，但你不可能針對每一種可能的情況這樣做，尤其是在合理的時間之內。取而代之的，你必須接受這個事實：你正在與一個複雜的適應性系統共事。事實上，這是一種特性，不是 bug，你必須設法利用它來發揮你的優勢。

複雜的適應性系統

我們所謂的「複雜的適應性系統」的意思是：

- 它有許多相互依存的部分（例如人員、技術、程序、文化）。
- 這些部分可動態改變行為，並適應系統的變化（例如，團隊在引入容器化之後，改變部署的做法）。

因為宇宙充斥著這種系統，所以關於複雜性的研究已經成為一門成熟的科學了。即使是你自己也是一個複雜的適應性系統，你可能認為自己是單一單位，稱為「自我」，但自我只是抽象的概念。事實上，你是有機細胞的集合體，儘管你是個能夠做出驚人壯舉的細胞集合體，你能夠進行思考、移動、感知外部事件並做出反應，作為一個整體的「存在」顯露出來。在細胞層面上，你的每個單一細胞都是專業化的；老去的、垂死的細胞會被換掉，細胞成群合作，在身體中產生巨大的影響。你這個生物系統的複雜性使得你的身體具備很強的恢復力與適應性。雖然你不是不死之身，但由於你那複雜的生物系統，你同樣能夠承受大量的環境變化，甚至身體的損傷。

當我們談論技術領域的「系統」時，我們通常專注於軟體系統與網路架構，這類的系統必定越發展越複雜。例如，web 是系統等級的複雜度與顯露（emergence）的完美案例，網路中的各個伺服器獨立運行，但是它們藉由相互依賴和聯繫形成一個顯露的整體，我們稱之為「web」。但是大部分的軟體其實都沒有真正的適應性。

API 也不例外。我們現在寫出來的 API 不太有適應性。如果它是一個好 API，它會準確地做它被寫出來做的事情。一旦 API 被發表，它就不太可能改變它的工作方式，除非有人修改它。關於 API 治理的基本事實是，僅僅治理 API 不會讓你獲得長足的進展。取而代之的，你必須治理組織的人，以及他們對他們的 API 做出的決策。獲得更好的 API 的不二法門是協助你的人做出更好的 API 決策。

人類很有適應力（尤其是與軟體相較之下）。你的 API 組織是一個複雜的適應性系統，在你的組織中的所有人都會做出許多在地決策，有時是集體決策，有時是個人決策。當這些決策大規模發生且不斷發生時，系統就顯露出來了。這個系統就像你的身體，能夠適應大量的變化。

但是管理人的決策需要採取特殊的做法。在複雜系統中，我們很難預測變動的影響——對你的組織的一部分進行變動可能在另一個部分導致意外的後果。那是因為組織的人會不斷適應不斷變化的環境，例如，引入規則禁止人們在「容器」裡面部署軟體會產生廣泛的影響，影響軟體設計、招聘、部署流程和文化。

這意味著，在治理 API 時，採取大而化之的前期規劃與執行方式不太可能奏效。取而代之的，你必須做出較小的改變，並評估其影響，來「輕推（nudge）」系統。這需要不斷調整與改善你的做法，就像在照顧花園時，除了修剪樹枝、播種與澆水之外，你也要不斷觀察和調整你的做法。我們會在第 5 章更仔細地討論持續改善的概念。

治理決策

在上一節，我們介紹了在複雜系統中治理決策的概念，在理想情況下，這可幫助你理解 API 治理的一條基本規則：若要有效地治理系統，就要影響人們做出來的決策。為此，我們認為最佳方法之一，就是關注決策發生的地點，以及做出決策的人。事實上，規劃決策沒有一體適用的最佳做法。例如，考慮在兩家不同的虛構公司裡，如何進行 API 設計治理：

公司 *A*：*Pendant Software*

在 Pendant Software 裡，所有 API 團隊都找得到《*Pendant API* 設計指南》電子書。它是 Pendant 的 API Center of Excellence and Enablement（公司內部的 API 專家小組）每季發表一次的指南，裡面有高度規範性且非常具體的 API 設計規則。所有團隊都要遵守這些規則。在發表 API 之前，Pendant 會自動進行一致性測試。

因為有這些政策，Pendant 發表了一系列領先業界、高度一致的 API，獲得開發人員的好評。這些 API 幫助 Pendant 在市場上鶴立雞群。

公司 *B*：*Vandelay Insurance*

Vandelay 會讓 API 團隊知道公司的商業目標與 API 產品的預期結果。這些目標與結果是由執行團隊定義的，而且會定期更新。每一個 API 團隊都可以用自己的方式來實現整體商業目標，他們也可以和許多團隊一起追求同一目標。API 團隊可以隨心所欲地設計與製造 API，但是每個產品都必須遵守 Vandelay 的企業衡量與監測標準。這些標準是 Vandelay 的 System Commune 定義的，這個小組是各個 API 團隊的成員自願加入的，他們負責定義大家都要遵守的標準。

拜這些政策之賜，Vandelay 打造了一個高度創新、適應性強的 API 結構。這個 API 系統讓 Vandelay 能夠透過它的技術平台，快速提供創新的商業實踐成果，從而超越競爭對手。

在這些虛構的案例研究中，Pendant 與 Vandelay 的決策管理都很成功，但它們的工作治理方式大不相同。Pendant 透過高度集權的做法取得成功，Vandelay 則採取結果導向的做法。這兩種治理方式都不是「正確」的，但各有可取之處。

為了有效地治理決策，你要回答三個關鍵問題：

- 有哪些決策需要管理？
- 這些決策應該在哪裡做出（以及誰做出來的）？
- 你的決策管理策略會如何影響系統？

在 API 系統裡，你要做很多決策，無論是在 API 規模，還是在集體的「園林」規模。我們將在第 4 章與第 9 章分別討論你需要做出來的決策，以及如何管理它們。

現在，我們先把注意力放在第二個問題上：最重要的決策應該在系統的哪裡做出。為了協助你處理決策權分配問題，我們將探討「決策治理」這一個主題。我們將處理中心化和去中心化決策之間的權衡問題，並仔細研究分配決策權的含義。

中心化與去中心化

本章稍早介紹了「複雜的適應性系統」的概念，並以人體為例。這種系統在大自然中比比皆是，小池塘的生態系統就是一種複雜的適應性系統，由於小池塘裡面的動物和植物的活動與互相依存關係，小池塘得以繼續存在。這個生態系統可以適應不斷變化的條件，歸功於每一個生物的在地決策。

但池塘沒有管理者，青蛙、蛇類和魚類不會每季舉辦管理會議。取而代之的，系統的每一個生物會做出各自的決策，表現出各自的行為。這些個體的決策與行為一起形成一個集體的、顯露的整體，即使系統中的個體有所改變，或是隨著時間而出現與消失，這個整體也可以生存下去。如同自然界的其他系統，池塘系統的成功之道，在於它的系統層面決策是去中心化的、下放的。

之前說過，你的組織也是一個複雜的適應性系統，它是你的人員做出的個人決策造成的結果。如同人體和池塘生態系統，賦予每一個人百分之百的自由和自主性，可提升整個組織的韌性和適應性。你會建立一個無老闆的去中心化組織，可以經由人員的個人決策自尋出路（見圖 2-1）。

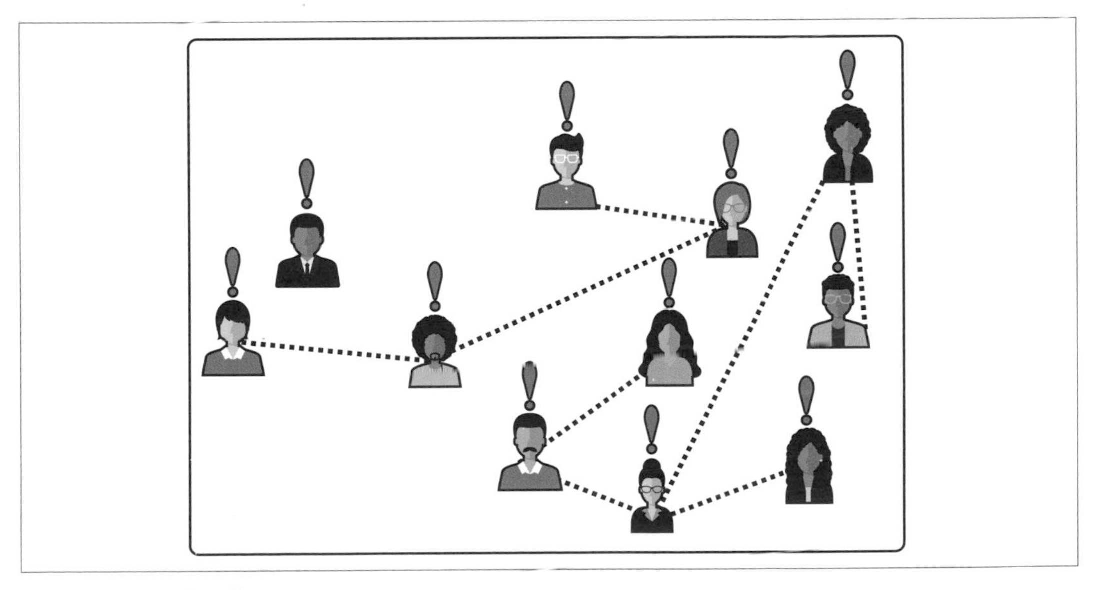

圖 2-1　去中心化組織

雖然你可以這樣做，但你可能會遇到一些問題，主要是因為自由市場的組織很難透過自然界系統的方式取得成功。池塘生物系統是物競天擇的產物，系統的每個物種都已經為了生存而優化，除了想辦法活下去之外，牠們沒有任何系統級目標。最重要的是，自然界的系統經常崩壞，例如，引入外來物種可能導致整個池塘系統死亡，在自然界，這可能沒什麼大不了，因為可能有其他的東西取代它的地位，整體系統仍然具有韌性。

但是企業領導人沒辦法妥善地面對這種等級的不確定性與無控制性。你要引導系統朝著生存之外的具體目標前進。此外，你應該不會為了讓更好的公司取代你的公司而故意讓你的公司倒閉，你一定想要避免整個公司因為任何一位員工的錯誤決策而倒閉。這意味著你必須降低個人決策自由度，並引入問責制，其中一種做法是引入決策中心化（圖 2-2）。

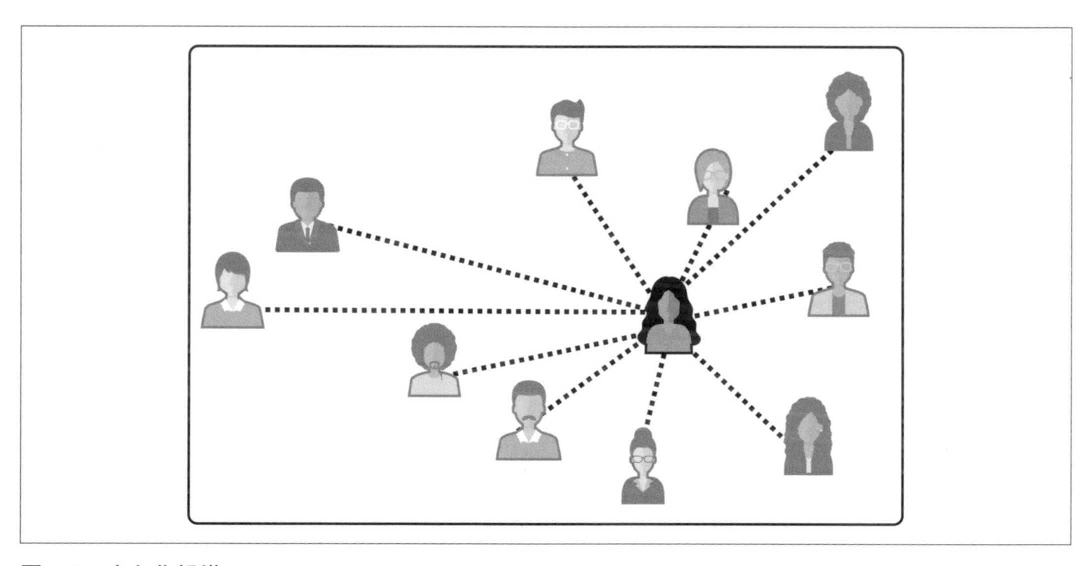

圖 2-2　中心化組織

這種做法的意思是決策僅由組織的特定人員或團隊做出，由中央團隊制定決策來讓公司的其他人遵守。這種做法的反例是去中心化：讓各個團隊做出只有他們自己需要遵守的決策。

事實上，世上沒有完全中心化與去中心化的組織，組織會以不同的方式分配不同類型的決策權，有些比較中心化，有些比較去中心化。你要決定的是「對系統造成最大影響的決策」該如何分配。那麼，哪些決策應該中心化，哪些又應該去中心化呢？

別忘了，治理決策的主要目標是協助你的組織取得成功與繼續生存，它的意義完全取決於你的商業背景，但一般來說，它意味著決策必須足夠及時，以實現業務的靈活性，以及具備足夠的品質來改善業務（或至少避免損害業務）。有三個因素會影響做出決策的能力：

取得資訊的能力，以及資訊的準確性

你很難根據不正確或不完整的資訊來做出好決策。不良的決策可能意味著決策的目標或背景被誤解了，也可能意味著你不知道決策將對系統造成什麼影響。我們通常認為決策者應負責收集決策資訊，但是為了下放決策權，我們也要考慮決策權的中心化與去中心化會如何影響可利用的資訊量。

決策人才

一般來說，如果決策者善於做出高品質的決定，決策的品質就會提高，簡言之，經驗豐富的高素質人才做出來的決策，比沒經驗的低素質人員還要好。在下放決策權時，你也要設法分配人才，以獲得最大的幫助。

協調成本

除非你分配決策權，否則你就無法及時做出複雜的決策。但是分配決策有協調成本。如果協調成本變得太高，你就無法迅速做出決定。決策的中心化與去中心化可能對協調成本造成很大的影響。

根據這些因素來思考如何決策，可以協助你決定該將決策中心化，還是去中心化。為了協助你了解怎麼做，我們將採取兩種觀點：優化的範圍，以及營運的規模。我們先探討優化的範圍，以及它與決策資訊之間的關係。

優化的範圍

決策中心化與去中心化之間最大的差異在於範圍。決策中心化是為整個組織做出決策。所以，你的決策範圍包括整個系統，你的目標是做出能改善該系統的系統。另一種說法是，你的決策是為了*優化系統範圍*。例如，中央團隊可能決定要求全公司遵守一種開發方法，同一個團隊也可能決定讓系統的某些 API 除役，這兩項決策都是為了讓整個系統更好。

反過來說，決策去中心化的主要特點是*優化在地範圍*。優化在地範圍就是做出改善在地背景（只適合在地情況的資訊）的決策。雖然你的決策可能影響更廣泛的系統，但你的目標是改善在地的結果。例如，API 團隊可能做出「使用瀑布開發程序」這種在地決策，因為他們要和一家堅持採取這種做法的外部公司合作。

決策去中心化的好處是，它可以為整體企業的效率、創新與敏捷性…等方面帶來巨大收益。這是因為去中心化的決策者，可將他們的資訊範圍限制在他們所了解的在地背景之下，這意味著，他們可以根據自己的問題空間裡面的準確資訊做出更好的決策。對於任何試圖以敏捷和創新策略來取得成功的現代企業來說，去中心化決策模式應該是預設的做法。

但是，僅為了優化在地範圍而做出來的決策可能有問題，尤其是當這些決策可能對系統造成負面的、不可逆的影響時。當 Amazon 的前 CEO Jeff Bezos（*https://oreil.ly/v5Ois*）談到決策的影響時，將決策分成兩類：「第 1 類」決策在出錯時很易扭轉，「第 2 類」決策幾乎不可能扭轉。例如，很多大公司將 API 安全配置的決策權中心化，以防止在地優化造成系統漏洞。

除了對系統的危害之外，有時，系統級的一致性比在地優化更有價值。例如，在地的 API 團隊可能選擇較適合其問題領域的 API 風格。但如果每一個 API 團隊都採用不同的 API 風格，那麼由於欠缺一致性，用戶將難以學習如何使用各個 API，尤其是當他們必須使用許多 API 來完成一項工作時。在這種情況下，較好的做法應該是優化整個系統的 API 風格。

在規劃決策地點時必須仔細考慮優化的範圍。如果一項決策可能不可逆地影響系統，你就要先集中決策權，以優化系統範圍。如果決策的品質可能受益於在地背景的資訊，那就先下放決策權。如果下放決策權可能造成系統規模的不一致，而且那是不可接受的情況，那就考慮將它中心化。

營運的規模

如果你有無限的資源可以做出優良的決策，那麼你只要考慮決策範圍即可，但是事實並非如此。除了範圍之外，你也要考慮決策的規模。因為如果公司有更大的決策需求，決策人才的供應將面臨更大的壓力，協調成本也會上升。如果你希望 API 工作可以隨著組織的發展而擴展，你就要謹慎地規劃決策分配模式。

當你的工作規模很大時，下放決策權會導致龐大的人才需求。下放決策權代表將決策權分配給一個以上的團隊。如果你希望所有決策都是高品質的，你就要將有才能的決策者安插在每一個團隊裡面。做不到這一點就會產生許多不良的決策。所以，為公司的每一個決策職位聘請最好的決策者是有價值的。

然而，聘請優秀人才不是秘密。有才能且經驗豐富的人才有限，很多公司都競相聘請他們。有些公司願意花任何代價招攬世上最好的人才。如果你有幸在這種公司裡服務，你可以下放更多決策權，因為你有許多決策人才可用。否則，你必須更務實地下放決策權。

如果你的頂級決策人才有限，你可以將那些人才集中起來，讓那一群人做出最重要的決策。如此一來，你就更有機會更快速地做出更好的決策。但是決策規模的增加也會破壞這種模式，因為隨著決策需求的增加，中心團隊也要隨之成長，一旦團隊成長，協調決策的成本也會提升。無論你的人才多厲害，協調決策的成本都會隨著人數的增加而上升。最終，人數會多到讓你無法負擔決策的成本。

以上所言意味著分配決策權涉及大量的權衡取捨。如果一項決策的影響力很大，就像 Jeff Bezos 說的「第 1 類」決策，你就要將它中心化，犧牲決策的產出量。反過來說，如果速度與在地優化比較重要，你可以下放決策權，要嘛，聘請更好的人才，要嘛，接受決策品質的淨下降。

儘管如此，我們仍然可以更細膩、更靈活地管理這種取捨，這種做法涉及下放部分的決策權，而不是整個決策本身，這是下一節的主題。

決策的元素

我們很難用迄今為止介紹的方法來下放決策權，因為那些做法不是「全有」就是「全無」。你要讓各個團隊自行決定他們的開發方法，還是選擇一種方法來讓每一個團隊使用？你要讓團隊自行決定他們的 API 何時除役，還是完全剝奪他們的選擇權？事實上，治理需要處理許多細節。這一節要討論一種更靈活的決策分配方法，這種方法將決策拆成多個部分。

你可以分配部分的決策，而不是整個決策，以同時獲得「系統規模優化」以及「高度符合背景的在地優化」兩種好處。一個決策的某些部分可以中心化，某些可以去中心化。為了協助你如此精確地分配決策權，我們將 API 決策拆成六個必須分配的決策元素（見圖 2-3）。

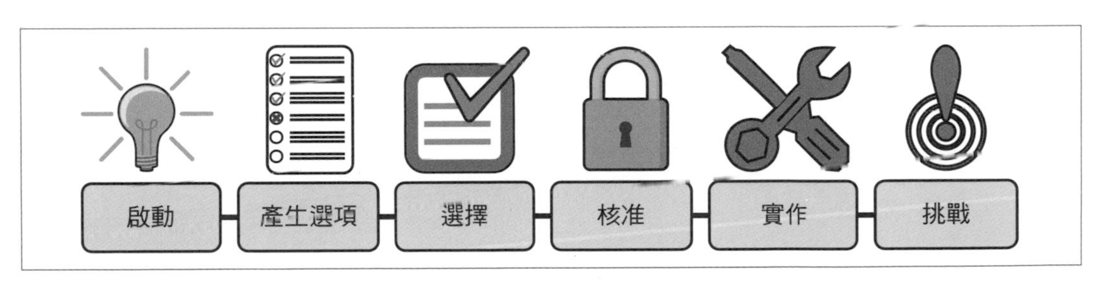

圖 2-3　決策元素

它是我們開發出來的模型，不是權威的、普遍性的決策模型，我們用它來區分決策的哪些部分在中心化或去中心化時，將對系統造成最大影響。這些決策部分是根據商業管理領域隨處可見的五步驟、六步驟、七步驟決策模型產生的。雖然接下來要介紹的步驟可用於單人決策，但是這些步驟在協調多人來進行決策時，可發揮最大的效果。

我們先來看看決策的啟動如何影響你的系統。

啟動

每一個決策的發生，都是因為有人認為需要做出那一個決策。這意味著有人已經發現一個問題或機會，而且它有多種可能的解決方案。有時決策機會很明顯，但在很多情況下，發現決策機會需要天賦和專業知識。你必須考慮哪些決策會自然發生，哪些需要特別處理才能確保它們發生。

API 工作的相關決策會在解決日常問題的過程中自然啟動。例如，對典型的實作者來說，該選擇哪一個資料庫來儲存資料是難以忽視的決策，這個決策之所以發生，是因為沒有資料庫的話，工作將無法繼續。但是有時你必須強制啟動決策，原因通常是以下兩種之一：

習慣性的決策

　　如果一個團隊一而再、再而三地做出同樣的決策，那個決策可能會消失，也就是說，他們再也不考慮各種可能性，而是假設工作將以一貫的方式繼續進行。例如，如果每個 API 都是用 Java 寫成的，那就可能不會有人考慮使用不同的語言。

決策盲目性

　　有時團隊會錯過做出有影響力的決策的機會，這可能是因為習慣，但也可能是因為資訊、經驗或才能有限。例如，團隊可能把重心放在選擇資料庫上，卻沒發現 API 可以做成不需要使用持久儲存體。

並非每個決策都必須發生，漏掉一些決策，或因為文化習慣而不做一些決策是絕對沒問題的，除非不做決策會對 API 產生的成果造成負面的影響。武斷地要求提高決策數量可能會對工作效率造成可怕的影響。API 治理的作用，是引發更多可帶來更好結果的決策，以及減少效果有限的決策。

產生選項

如果你不知道選項有哪些，你就很難做出選擇，這正是這個元素的意義所在。「產生選項」就是確認可以選擇的選項。

在有經驗的領域裡進行決策很容易產生選項。但如果你有很多未知因素，你就要花更多時間來識別各種選項。例如，經驗老到的 C 程式設計師在決定迴圈結構時知道他們的選項有哪些，但是新手可能要做一些研究，才會知道他們可以使用 `for` 迴圈或 `while` 迴圈，以及兩者之間的差異。

即使你對一個領域相當了解，如果決策的成本很高，而且影響很大，你可能也會花很多時間在產生選項上。例如，你可能已經深入了解各種雲端託管環境了，但是當你和其中一家簽約時，你仍然會盡職地進行調查：是否有你不知道的新供應商？供應商提供的價格與使用條款還和你記得的一樣嗎？

從治理的角度來看，產生選項非常重要，因為它是決策的界限。當提出選項清單的人與做出選擇的人不一樣時，產生選項特別實用。例如，你可以製作一份標準的 API 敘述格式清單，讓各個團隊決定他們最喜歡的格式。當你採取這種做法時，你要非常注意「清單」的品質。如果選項過於嚴格或品質低劣，你將遇到麻煩。

選擇

選擇就是從一組選項中做出選擇的動作。選擇是決策的核心，也是多數人關注的步驟，但是「選擇」的重要性在很大程度上取決於可選擇的範圍，如果那個範圍很廣，那麼「選擇」對決策品質來說非常重要，但是如果那個範圍只是彼此之間沒有太大差異的安全選項，「選擇」也許可以快速完成，而且影響不大。

我們來看一個實際的例子。假設你負責為 HTTP API 設置 Transport Layer Security（TLS）。這項工作包括決定伺服器需要支援哪些密碼套件（加密演算法套件）。這是重要的決策，因為有些密碼套件會越來越脆弱，所以做出錯誤的選擇會讓 API 沒那麼安全。此外，如果你選擇的密碼套件是你的用戶的用戶端軟體不了解的套件，那就沒有人能夠使用你的 API。

你可能收到一份包含已知的所有密碼套件的清單，並且被要求選出伺服器應支援的套件。在這種情況下，你必須非常謹慎地做出選擇。你可能會做大量的研究，直到收集足夠的資訊才放心地做出選擇。事實上，如果你沒有足夠的伺服器保護經驗，你可能會聘請有經驗的人為你做出選擇。

但是如果你拿到的清單不是列出所有密碼套件選項，而是精心挑選過的呢？那份清單可能還有各種密碼套件的支援程度，以及已知漏洞的相關資訊。這些資訊也許可以讓你更快做出選擇。你的選擇也可能更安全，因為你的決策範圍被限制在足夠安全的選項之內。在這種情況下，你會根據你對 API 用戶的了解，以及 API 的敏感性與商務重要性來做出決策。

最後，你可能只收到一個選項：一個你必須使用的密碼套件。在進行單一選項的決策時，你的選擇非常簡單，因為別人已經幫你做好決策了。在這種情況下，決策的品質完全取決於產生選項的人。你只能期望它符合你的具體需求。

所以，選擇的重要性在很大程度上取決於你收到的選項的範圍。這個元素也需要做一些權衡取捨。如果你用大量的決策資源來產生選項，進行選擇的時間比較少，反之亦然。這會影響你分配決策元素的方式，以及由誰負責該元素。無論哪一個決策元素變得更重要，你都要找一位合適的、有才能的人來做出決策。

這也意味著你可以藉著分配選項的*產生*與*選擇*，來結合系統範圍與在地範圍。例如，你可以讓中央小組根據系統背景列出開發方法選項，並讓各個團隊決定於在地環境中使用的選項。這是一種特別有用的模式，可以大規模地治理大型 API 園林，並維持變動的安全性與速度。

核准

光是選擇一個選項並不意味著決策已被做出，那個選項在實施之前必須被核准。核准就是決定被選出來的項目是否生效。那個選擇是否正確？它可以實作嗎？它安全嗎？如果有其他的決策已經被決定了，它在當時的背景下依然可行嗎？

核准可能是隱性的，也可能是明確的。明確的核准意味著某人或某個團隊必須明確地核准該決策才能繼續進行，此時「核准」是整個決策過程中的批准步驟。我們相信你經歷過許多需要某種批准的決策，例如，在很多公司裡，員工可以從一系列的工作日期中選擇他們的假期，但這些選擇必須透過主管在行事曆上進行最後的批准才會生效。

隱性核准是指，在滿足某些標準的情況下，核准將自動發生。這種核准的例子包括做出選擇的人的職位、被選出來的選項的成本，以及遵守特定政策。尤其是，當進行選擇的人也是核准者時，該核准就是隱性的，他們實際上是自己的批准者。

明確核准很有用，因為它可以進一步提升決策的安全性。但是，如果你有許多決策要做，而且所有決策都需要*中央*核准，決策速度就有可能降低，因為將有很多人等待他們的批准。隱性核准因為授予選擇權而大幅提高決策速度，但有較大的風險。

如何核准是設計治理模式時的一項重要決定，你必須考慮決策者的品質、不良決策對業務的影響，以及所提供的選項的風險程度。對於高度敏感的決策，你可能要採取明確核准。對於時間敏感的大規模決策，你要設法引入隱性核准系統。

實作

我們的決策程序不是在核准選擇之後就結束了，決策必須等到有人執行或實作所做的選擇之後才會實現。實作是 API 管理工作的重要部分，如果決策的執行速度太慢或品質太差，那麼那個決策將是徒勞的。

決策通常不是由做出選擇的人來實行的，若是如此，準確收集資訊的能力很重要。例如，你可能會在園林中加入超媒體風格的 API，但是如果對設計師與開發者來說，實作超媒體 API 太難了，你就要重新評估你的決策。好的治理設計會考慮這些實際情況。在管理決策時，只考慮理論上比較好的做法是沒有用的，在確認決策的品質時，你也要考慮你所管理的決策的可實施性。

挑戰

決策不是不能改變的，你為 API 管理系統做出來的每一個決定都應該開放各方挑戰。很多時候，我們往往沒有想到，決策可能需要重新審查、更改，甚至復原，規定挑戰元素可讓我們在決策層面上規劃持續變動。

例如，如果你定義了一個選項「選單」來讓 API 團隊選擇，你也應該定義一個「移出選單」的流程，如此一來，你就能維持不錯的創新水準，並防止做出錯誤的決定。但是如果每個人都可以挑戰「約束選項」的決定，那麼實際上就沒有約束可言，所以，你必須決定誰可以挑戰這個決定，以及在哪些情況下挑戰。

允許決策隨著時間的過去接受挑戰也很重要。系統的決策應該隨著商業策略與環境的變化而改變。為了規劃這種適應性，你必須在系統中建立挑戰功能，這意味著，你必須考慮你的組織有哪些成員有能力挑戰既有的決策。

決策對映（Decision MAPPing）

我們知道，決策是由若干元素組成的。了解決策的原子性元素可幫助你分配決策的各個部分，而不是分配整個決策過程。這其實是組織設計（organizational design）的一種強大功能，可讓你在平衡效率與徹底性時，發揮更大的影響力。

例如，決定新 API 的樣式是很重要的決策。如果抱持著不知變通的、非此即彼的中心化 vs. 去中心化思維，API 管理設計師可能會想：究竟該讓 API 團隊擁有 API 樣式的決策權（去中心化），還是讓一個中央單位保持對它的控制（中心化）。將決策權下放給 API 團隊可讓各個團隊於在地背景下做出決策。將決策權集中在一個策略小組內的好處是避免琳琅滿目的 API 樣式，以及維護和控制樣式選項的品質。

這是很難以取捨的決定。但是，如果你改成下放決策的元素，你就可以設計出一個在二元對立的選項之間做出決策的 API 管理系統。例如，你可能在決定 API 樣式時，讓中央戰略 API 管理團隊負責研究與產生選項元素，讓 API 團隊自己決定選項選擇、核准與實作等元素。你犧牲下放「產生選項」元素帶來的創新，來換取「公司內部具備一套已知的 API 樣式」帶來的好處。同時，將「API 風格選擇」與「核准」元素下放，可讓 API 團隊繼續高速運作（不需要為了選擇合適的樣式而徵求許可）。

為了充分利用決策對映，你必須根據你的背景和目標來下放決策權。我們來看兩種常見的決策場景，以了解為何決策對映是非常實用的工具。

決策對映範例：選擇程式語言

你相信選擇編寫 API 的程式語言是很有影響力的決策，所以決定治理它。你的組織採取微服務風格的架構，已經有人提出自由選擇程式語言的要求了。但是，在進行一些實驗之後，你發現，程式語言的差異會讓你很難在團隊之間調動開發人員，也會讓安全與營運團隊更難支援各種 APP。

因此，你決定使用表 2-1 的決策分配來決定程式語言。

表 2-1　程式語言決策對映

啟動	產生選項	選擇	核准	實施	挑戰
中心化	中心化	去中心化	去中心化	去中心化	去中心化

如此一來，你將程式語言的選項限制成一組對整體系統最好的選項，但也允許各個團隊根據他們的背景，從這些選項中選出對他們最好的選擇。你也允許 API 團隊挑戰這項決定，所以可以加入新語言選項，並適應不斷變化的情況。

決策對映範例：工具選擇

你的 CTO 想要改善軟體平台的敏捷性與創新性，作為這個舉措的一部分，他們決定讓 API 團隊選擇實作軟體組合，包括開放原始碼軟體。但是考慮到法律風險，以及和供應商之間的關係帶來的風險，你的採購與法律團隊提出他們的擔憂。為了啟動這個文化轉型，你決定試行表 2-2 的決策對映來選擇軟體組合。

表 2-2 工具選擇決策對映

啟動	產生選項	選擇	核准	實施	挑戰
去中心化	去中心化	去中心化	中心化	去中心化	中心化

在地優化是 CTO 的策略的重點之一，所以你選擇下放「啟動」、「產生選項」與「選擇」元素。但是，為了降低選擇帶來的系統等級風險，你將「核准」元素交給中央的採購與法律團隊負責。這種做法目前應該可行，但是你也意識到，隨著時間的過去，以及規模的擴大，這種做法可能會變成系統的大瓶頸，所以你用筆記來提醒自己持續評估這個程序，並進行相應的調整。

決策設計實務

在我們自己的 API 管理工作裡，我們很少使用本節定義的決策對映結構來記錄決策。因為決策對映不適合用來溝通工作該如何完成，或團隊該如何實現目標。你可以將決策對映視為一種實用的心理模型，放在你的 API 管理「工具箱」裡。

在實務上，決策對映不適合用來描述人們該如何工作，或團隊如何互相溝通來完成工作。因為決策對映是一種高階抽象，純粹關注決策元素。取而代之的，你必須用適合你的背景的語言來傳達你的設計。

例如，在企管領域，也許你要建立目標操作模式（TOM）來實現決策設計。TOM 描述了組織結構、流程模型，和團隊成功所需的工具。如果你在技術或架構領域工作，你可以使用 *Team Topologies*，並繪製一個可轉換成軟體架構的協調模型。最終，你要用你的人員可以理解的工作語言、決策語言、概念語言來表達你的目標狀態。

Team Topologies

《*Team Topologies*》（*https://oreil.ly/wmJZY*）是一本介紹 Matthew Skelton 與 Manuel Pais 設計的同名設計方法的書籍。它提供一種有用的模型和語言來協助設計軟體，主要關注團隊與他們合作的方式。

知道「決策程序可以拆成可分配的部分」非常重要，因為它可以讓你的治理方法更精確。它可以協助你在設計治理系統的重要部分時獲得更好的結果，讓你能夠考慮組織的哪些部門應負責關鍵決策的個別元素。理解這件事之後，你就可以開始執行解決方案，專注於引入約束，以及改變這些團隊和人員的行為。

設計你的治理系統

我們花了很多時間討論決策權分配的細節，因為我們認為那是治理系統的基本概念。但是如果你要引入有效的 API 治理，你也要注意其他的事情。良好的 API 治理系統應具備以下的特徵：

- 根據影響力、範圍和規模來分配決策權
- 強制執行系統約束，並驗證執行情況（來自中心化的決策）
- 鼓勵進行決策（針對去中心化決策）
- 透過衡量影響與持續改進來進行調整

如果組織的其他部門不遵守決策，你將很難獲得決策中心化的優勢。這就是 API 治理系統必須具備執行與驗證能力的原因。到目前為止，我們刻意避開治理的權威部分，但最終你至少必須在系統中建立一些約束。即使是最去中心化的組織也有必須遵守的規則。當然，驗證與執行需要一定程度的服從。如果中心決策團隊沒有權力，他們的決策就沒有分量。

如果你沒有權力，你可以用鼓勵來取代強迫。這種做法在你決定下放決策權，但仍然想要影響最終的選擇時特別好用。例如，架構團隊可以改變部署程序，讓不可變（immutable）容器的部署過程，比任何其他類型的部署更便宜且更輕鬆，其目的是鼓勵那些可自行決定實施方法的 API 團隊更常選擇容器化。

事實上，無論是鼓勵性的「胡蘿蔔」還是強迫性的「棍棒」，都無法單獨用來引導你的系統，你要同時使用兩者。一般來說，如果決策的「核准」元素已被下放，但你想要影響它，你就要使用鼓勵。如果「選擇」與「核准」是中心化的決策，而「實施」是下放的決策，你就要制定某種程度的強迫與驗證機制。表 2-3 列出如何根據決策對映設計來決定何時該強迫，何時該鼓勵進行決策。

表 2-3　何時該強迫，何時該鼓勵

強迫或鼓勵？	產生選項	選擇	核准
強迫	中心化	中心化或去中心化	中心化或去中心化
鼓勵	去中心化	去中心化	去中心化

無論你如何下放決策權或改變決策行為，你一定要衡量你對系統本身造成的影響。在理想情況下，你的組織已經有一些現成的流程指標與衡量標準，可用來評估你的變動造成的影響了。如果你的組織沒有這種東西，建立組織衡量標準應該是你的首要任務之一，我們會

在第 7 章討論 API 的產品衡量模式。雖然那一章把重點放在 API 產品衡量上，但仍然可當成「為系統設計治理衡量標準」的介紹性指南。

為了整合所有內容，我們來看三種 API 治理模式。這些模式代表不同的 API 治理方法，但它們都使用決策分配、強迫、鼓勵與衡量等核心原則。注意，接下來的內容不是供你選擇的清單，請勿將其中的模式當成你的治理系統。本書提供這些模式是為了在概念層面上說明如何實施 API 治理系統。

在每一個治理模式中，我們會指出關鍵決策，以及如何分配它們、如何強迫和鼓勵你要的行為、如何分配人才，以及該方法的成本、效益與衡量標準。

治理模式 #1：設計管理團隊

設計管理團隊是一種看門人，其目的是確保 API 團隊的作品符合最低品質標準。設計權威團隊是中央團隊，為組織的決策品質提供保證。他們可能是定期召開的正式審查委員會，也可能按需求提供審查服務。成熟的設計權威團隊甚至會提供自助工具，來讓一致性檢驗工作更便宜且更簡單。

> **PayPal 的中央設計團隊**
>
> 在 PayPal，中央設計管理團隊使用一個四步驟的流程來檢驗所有新 API 設計[1]。他們會先審查新 API 提議，以確保它們適合業務，而且它們還不存在。接下來，他們會檢驗 API 設計，以確保它們符合 PayPal 公布的標準。在 API 開發完成之後，設計團隊會進行一組測試，以確保作品符合設計合約。最後，他們會檢查已發表的 API，以確保它符合 PayPal 的安全需求。

強迫與激勵

如果設計管理團隊有權力防止低品質、高風險的決策被做出來，他們就可以發揮最大的效果。這通常意味著他們有權力阻止一項變動被部署出去，如果那個變動無法滿足品質需求的話。有些公司的設計管理團隊沒有權力，此時，這些團隊會發表指出風險的審核報告。在這些情況下，決策的品質取決於團隊多麼想要處理那份審核報告。這種做法是否有效取決於組織文化和相關人員。為了發揮效果，設計管理團隊不能只充當守門員，即使他們有權力這樣做。團隊應努力驗證已被做出的優良決策，並告知團

1 Thomas Bush, "PayPal's Four-Step Process for Building Governance-Friendly APIs," Nordic APIs (blog), June 9, 2020, *https://oreil.ly/H6Ahj*.

隊如何滿足他們的品質需求。這意味著他們要提供可消化的資訊與指導，以協助團隊避免永無止盡反覆進行一致性檢驗。

人才分配

在這個模式裡，公司會將少數的決策專家集中在設計管理團隊裡面。但是，他們也需要 API 團隊的支援，在那些團隊裡有合格的決策者，可以做出符合設計管理團隊要求的決策。否則，這個系統會因為不斷協助低品質的設計而陷入困境。在這個模式裡，API 團隊的人才水準經常會隨著他們經歷設計和審查的過程而逐漸提升。

成本與好處

這種模式的主要好處在於所有的 API 都由同一個團隊控制品質，這讓組織可以徹底保證正確的決策有被做出來，而且風險有被解決。這種周密性對可能傷害企業的決策而言非常重要。例如，在大公司裡，API 設計幾乎一定會被驗證，以確保它們正確地實作資安與存取控制機制。但是，設計管理團隊的優勢也是它的最大弱點。由一個中心團隊負責所有 API 變動遲早變成瓶頸。在公司採用 API 的早期，設計管理團隊可提供巨大的幫助，但隨著時間過去，它可能成為巨大的問題，導致 API 專案為了等待團隊的時間而停滯。

治理模式 #2：安插中央專家

這種模式將專家安插入團隊以協助決策，而不是讓他們驗證 API 團隊的作品。這種模式的典型實踐法是採取內部諮詢模式，也就是將一群中央的 API 專家分配給 API 團隊。這些專家將促成關鍵決策，或是被授權代表團隊做出決策。但是，這種模式的主要特點在於，它讓專家成為 API 團隊的一部分，用他們的時間來協助產出更好的作品。

安插專家模式依靠一個中央的 API 專家團隊，那些專家可被分配到 API 團隊裡面工作。反過來說，這意味著決策的研究和選擇部分是中心化的（雖然決策是在聯合團隊裡面執行的）。當中央專家團隊對於「公司的『正確』決策」有共識時，這種模式即可發揮作用。你可以將它想成設計管理團隊的授權版本。但是，實際的決策核准與實踐通常仍然由團隊本身負責，所以這些元素是去中心化的。我們將在第 230 頁的「賦能中心」討論這種中心化的團隊結構。

HSBC 的 API champions

HSBC 是多元化且分散型的全球化組織，它有許多不同的團隊負責建構 API 供客戶使用。為了協助團隊建構更好的 API，他們建立了一個 *API champions* 網路（*https://oreil.ly/Gezig*），他們了解 HSBC API 標準，並協助在地專案團隊應用那些標準。這種做法協助他們將 API 專家大規模地分配到整個組織。

強迫與激勵

在專案團隊裡安插專家是「強迫」的終極形式，因為被安插的專家要嘛負責決策流程，要嘛直接指導決策流程。如果專家們做出來的決策與中央目標一致，他們所在的團隊也會如此。

人才分配

採用諮詢團隊的一大挑戰是尋找和管理一群專家。為了讓這種模式發揮作用，你需要一個可以分配給專案與產品團隊的 API 技術主題專家庫。這種人才可由中央資助，但分配給 API 團隊。這種做法將來需要擴大規模，以滿足系統對於 API 工作的需求。

成本與好處

身處 API 工作的「煤場（coalface）」有幾項明顯的優勢。首先，由於中央團隊的專家參與工作，組織可以確保及早做出更好的決策。其次，專案能夠帶回工作經驗和知識，以確保中央指導意見得以持續改善，並滿足產品和專案團隊的需要。然而，這種模式在營運上存在著嚴重的挑戰。它需要一個規模夠大的專家團隊來協助每一團隊。根據組織的規模，這可能是一個挑戰。最後，因為專家們每天面對交付 API 產品的挑戰，組織必須讓專家一起參與，才能讓他們有相同的系統級優化觀點。隨著時間過去，這可能導致一個完全去中心化的決策模式，幾乎沒有一致性或管理可言。

治理模式 #3：受影響自治

我們注意到，現代組織有一個趨勢：在合理的範圍內減少中央控制，增加團隊的自主權。隨著商業和技術領域持續追求更多的創新與更快的變化速度，以絕對權威來控制決策的中央團隊越來越不受待見。這導致第三種治理模式，它重度依賴影響力，而不是控制力。

在這種模式中，API 團隊在決策領域裡擁有自主權。他們擁有決策權，並負責決策過程的所有元素。他們的決策是用他們做出來的決策所帶來的影響來「治理」的。這種做法有一種常見的說法是「讓不正確的事情更難做，讓正確的事情更容易做」。

> **Spotify 的 Golden Path**
>
> Spotify 採納一種稱為 *Golden Path*（*https://oreil.ly/chT9y*）的平台方法，這種平台為 Spotify 工程團隊提供一系列的工具與服務。它們是 Spotify 團隊內部的推薦工具，使得 Spotify 的團隊更願意使用這些工具，因為他們知道這些工具得到平台團隊的「祝福」，並得到了支持。但是，如果需要，團隊也可以使用自選的工具。

強迫與激勵

這種模式完全依靠激勵來影響決策。這種模式體現了 Freedom and Responsibility 這項 Netflix 原則（*https://oreil.ly/DdTxl*）。團隊可獲得中央團隊提供的推薦決策「黃金路徑」。各團隊有做出不同決策的自由，但是，他們也要對其產品的成功負責。在理想情況下，這種平衡可以促使團隊做出符合中央團隊提議的決策。

人才分配

為了讓這種模式發揮作用，團隊必須有能力獨立做出好決策。這意味著組織必須分配人才，讓每個團隊至少有一位專家能夠正確指導 API 決策。無法如此分配人才的組織往往將這種模式與設計管理團隊結合（第 33 頁的「治理模式 #1：設計管理團隊」），將它當成一種保障。

成本與好處

這種模式的主要好處是速度。被授予自主權的團隊可以很快速地行動。但是，這種速度伴隨著決策不一致或不充分的風險。此外，在地團隊可能根據當地情況進行過度優化，進而損害系統。在實務上，自治通常結合中央推動的治理模式，以平衡這些因素。

實踐治理模式

正如本章提到的，如果你的 API 組織是複雜的適應性系統，它就需要一些「輕推（nudge）」來獲得良好的結果。我們也介紹了一組模式，可協助你分配專家與工具，以指導決策的正確方向。在這一節，我們要詳細介紹一些策略，讓你以實用的方式來實踐並引入這些決策指導模式。

我們會概述治理解決方案的高階部分，包括如何開始、如何取得資訊、如何製作工具與資產。稍後也會更詳細地探討管理和治理層面，例如，第 9 章將介紹建立中央團隊時的考慮因素，以及「平台」的概念。

發展你的解決方案

本書有一條的核心原則是，API 管理必須持續進行才能取得成功。這意味著你將隨著組織的成長與變遷，持續調整和發展你的治理實踐法。事實上，你無法在第一天就建立完美的治理系統。

但是，我們仍然要在一開始先採取可盡快發揮作用的治理方案，並且避免採取改變成本很高的解決方案。考慮這些因素，我們提供以下的做法來協助你實踐新的治理方案：

儘早安插

當你啟動新的治理方案時，先對著參考性的少數產品或專案，實施第 34 頁的「治理模式 #2：安插中央專家」介紹的模式。有時你無法這樣做，尤其是有大量累積的 API 需要快速驗證的時候。但如果你可以從安插做起，你就有機會在向組織傳達你的標準之前，先測試和了解這些標準。改變一個專案中的一項設計決策比改變公司已集體採用的標準更容易。以這種方式開始的另一個好處在於，你的專家團隊可以和產品團隊建立關係網路，並從第一線獲得經驗。如果你打算轉換成中央設計管理團隊（第 33 頁的「治理模式 #1：設計管理團隊」所介紹的），這種做法可協助避免「象牙塔」，也就是在高度中心化的團隊中經常出現的脫節症候群。

儘早實踐可觀察性

如果你無法觀察系統正在發生的事情，你就永遠無法成功改善系統。根據我們的經驗，在治理方案的早期，你應該投資在可觀察性和能見性上。獲得越多資訊越好。從實用的角度來看，先關注資料收集是合理的做法，如此一來，隨著方案的成熟，你可以改善你的見解，以及可觀察性。

晚一點自動化

講到 API 治理，自動化可提供很大的好處，工具和自動化可降低營運成本，提供更多可收集的資料，讓所有人更容易符合品質標準。但是，自動化不是免費的。實施自動化方案需要精力和投資。改變解決方案也可能帶來高昂的成本。這種改變成本可能導致組織不想改變他們的治理建議，因為他們被自選的工具束縛了。根據我們的經驗，自動化與工具化比較適合在 API 系統中較成熟的決策領域進行。例如，我們建議你先對 API 設計採取人工審查流程，再用 *linting* 工具來自動驗證設計。這可以確保你在落實工具方案之前，擁有足夠的靈活性來建立正確的檢查。

謹慎地成立中央團隊

> 隨著公司中 API（和 API 團隊）數量的增加，你難免會有壓力，需要建立中央團隊來協助管理決策工作。事實上，中央團隊是擴展之前定義的所有治理模式的關鍵元素。但是，在成立一個新的中央團隊之前，請謹慎行事。與標準和工具不同的是，團隊通常很難縮減或解散。有時中央團隊可能開始把他們自己的存在當成目標。請神容易送神難。謹慎地成立這些團隊可能意味著先從其他團隊借用資源，並集中那些資源，或是在需求增長之前保持團隊的精簡。我們聽到另一種做法是將解散中央團隊當成主要目標。中央團隊有一個強烈而必要的終極目的：為了系統關切的事情而優化 API。你的挑戰在於，如何在滿足這個需求和創造非必要的開銷之間取得平衡。

可觀察性和能見性

正如我們所提到的，儘早取得資料是實施優良治理方案的重要因素。至少，在起步時，你要專注於收集這些資料點的資訊：

- 已經發表而且在生產系統中運行的所有 API
- 組織內的 API 的所有權和資金來源
- 每個 API 的執行期流量
- 每個 API 採用（或遵守）你的標準和工具的程度

收集這些資訊的難度與組織的規模以及它對 API 的投資有很大的關係。事實上，在大企業裡，收集這種資料本身就是一個專案了。我們將在第 212 頁的「了解園林」裡詳細討論這個主題。

但是，實現充分的可觀察性不是只要成立資料收集專案就好了，你也要影響 API 決策，讓 API 團隊提供你需要的資料。你也可以使用基礎設施和工具來自動收集執行期的資料。我們建議你儘早關注系統的這些層面。

操作模式

如果你用設計管理團隊（第 33 頁的「治理模式 #1：設計管理團隊」）來處理一些決策領域，你就要舉行正式的會議、檢查點或論壇來進行審查。但是，即使你不採取這種模式，你也要考慮如何在組織內收集和分享資訊。這需要考慮你的團隊如何進行日常營運，以及他們如何彼此協調。

這實際上是你的治理設計和實踐的重要部分。你的操作或協調模式將對 API 團隊的自主性和速度及其決策品質造成重大影響。分享資訊和進行決策的方式與組織文化有很大的關係。我們將在第 8 章進一步討論團隊設計和協調模式。現在先記得，這是你所開發的解決方案的關鍵成分。

制定標準管理策略

我們還沒有看過不採取某種標準來開發 API 的團隊。雖然有極少數的團隊沒有將那些標準寫下來，而是透過口述歷史來分享「事情是怎麼做的」，但是在多數情況下，API 標準是以書面形式記載的。

標準很有用，因為它們記錄了決策空間的一組有限的選項。所以，你應該花一些時間來考慮如何收集、管理、分享你的系統的標準。但切記，你寫的每一個標準都有其自身的管理和營運成本。可悲的是，我們看過許多公司起初有一小套實用的標準，後來卻膨脹成一堆難以管理的、難以消化的混亂文件，而且經常是過時的。

在理想情況下，你應該像管理產品或平台一樣管理標準。至少你要定義它們該如何建立、編輯、發表、維護。例如，你可以開放組織所有人編寫標準，但是讓一個設計團隊決定哪些標準可以發表。你也可以採取類 IETF 流程（*https://oreil.ly/UA97h*），提供一個透明的、以社群為基礎的標準採納審查流程。

標準管理和流程不是 API 領域獨有的。但是，由於 API 領域的解決方案的多變性，標準是不可避免的。請確保你的工作可以發展一套對團隊和目標有意義的標準流程。

結論

本章提供治理的定義：管理決策和決策的實施。從這個定義出發，我們討論了做出決策的含義，以及治理決策的含義。你了解到，API 決策可能很小（「下一行程式怎麼寫？」），也可能很大（「我要和哪家供應商合作？」），而且影響範圍可能很大。最重要的是，你了解你試圖治理的系統是一種複雜的適應性系統，這意味著你將難以預測你所採用的任何決策管理策略的結果。

接下來，我們仔細研究了決策分配，並比較了中心化與去中心化。為了協助你了解它們的差異，我們用優化範圍和營運的規模來比較它們。接下來，我們討論如何將決策分解成基本元素，包括啟動、產生選項、選擇、核准、實施與挑戰。將這些概念放在一起，再加上一些強迫和激勵，你就可以建立一個有效的 API 治理系統。

治理是 API 管理的核心，所以它是本書的第一個核心概念也就不足為奇了。本章的目標是介紹治理的主要概念和槓桿。在本書接下來的內容中，我們將探討 API 治理領域，處理這些具體挑戰：哪些決策最重要、如何管理相關人員、如何隨著 API 的成熟和 API 規模的擴大進行治理。在下一章，我們將討論產品思維如何幫助你確定最重要的 API 工作決策。

第三章

API 即產品

人類創造的任何東西都是將靈感變成現實的結果，無論是產品、交流還是系統。

—Maggie Macnab

當我們訪問那些已經建立與維護成功的 API 專案的公司時，經常聽到「API 即產品（API-as-a-Product，AaaP）」這句話。這句話使用技術圈常見的 *<Something>-as-a-Service* 措辭（軟體即服務、平台即服務…等），通常代表在設計、實作與發表 API 時的一個重要觀點：API 是一種產品，完全值得仔細考慮它的設計、製作雛型、進行客戶研究與測試，以及長期監測與維護。「我們要像對待其他產品一樣對待 API」是這句話的含義。

本章要討論 AaaP 方法，以及如何用它來更妥善地設計、部署與管理 API。正如第 2 章所述，AaaP 方法涉及了解哪些決策對 API 的成功而言至關重要，以及那些策略應該在組織的哪些地方做出。AaaP 可以協助你思考有哪些工作需要中心化，哪些可以成功地去中心化，哪裡最適合強迫 / 激勵，以及如何衡量這些決策的影響，以便在必要時迅速地調整產品（你的 API）。

為客戶製作新產品時，有很多策略要做，無論是製作便攜式音樂播放機、筆電，還是訊息佇列 API 都是如此，你要：(1) 了解你的受眾，(2) 了解並解決他們最迫切的問題，(3) 當客戶向你回饋如何改善產品時，關注他們。這三件必做的工作可以整理成三項重要的教訓，我們將在本章探討：

- 設計思維是確保你了解受眾並理解他們的問題的一種方式
- 客戶入門（customer onboarding）可以快速告訴客戶如何利用你的產品取得成功
- 開發者體驗是管理產品發表後的生命週期的一種方式，可為將來的修改提供見解

在過程中，我們會跟 Apple 等公司學習設計思維與客戶入門引導的威力。我們也會看到 Jeff Bezos 如何幫助 Amazon Web Services（AWS）部門建立一個實行任務：建立明確、可預測的開發者體驗。我們訪談的多數公司都理解 AaaP 概念，但並非所有公司都能將這種理解轉化為具體的行動。然而，那些在設計上擁有良好的紀錄，以及成功發表過 API 產品的組織都已經想出如何利用上述的三大關鍵教訓——其中的第一個教訓和團隊如何思考他們正在製作的 API 產品有關。

API 主導了程式化經濟

API 是實現程式化經濟（programmable economy）的介面，但為了做到這一點，它們必須被設計成可發現、可擴展，可實現它們宣稱的能力，以解決開發者的問題。為此，公司要用正確的方法來管理其開發者社群的期望和願望。這就是開發者關係發揮作用之處，開發者關係建立了「API 可提供的東西」和「將 API 整合到其他應用程式的技術人員（開發者）」之間的連結。在接下來的章節裡，我們將探討 API 如何藉著提供更大的覆蓋範圍、可擴展性和普遍性來改變程式化經濟的局勢，我們也會研究開發者關係在 API 管理、宣傳和推廣方面的作用。

為了討論 API 的重要性，我們也要了解為何它們對商業策略來說如此重要。在 2011 年，矽谷最著名的投資者之一，Netscape 公司創辦人 Marc Andreessen 調侃道：「軟體正在吞噬這個世界」。在那之前，資訊技術（IT）都被整合到組織裡面，以支援其業務。然而，隨著新興的網路和基礎設施技術開始支援「…即服務模式」，軟體可以在別人的基礎設施上執行（SaaS、PaaS、Iaas），使得 IT 變成一種商業活動，讓第三方可提供自助服務、自動化、可程式、可追蹤功能，同時讓企業能夠百分之百控制和維護其系統。讓這些第三方組織可以向別人提供…即服務功能的關鍵因素是什麼？正是 open API。

這些可程式介面可讓公司及其應用程式向第三方開放其業務，並且超越他們的圍牆和開發能力成長。組織外的開發者、資源、想法、市場知識、熱情、創新和資本都比組織內更多。因此，如果有意義的話，何不向更多可以參與價值創造的經濟和社會行為者開放資產和功能？

以前的競爭是指產品與產品之間的競爭，現在已經轉變成平台與平台之間的競爭，以後會演變成生態系統與生態系統之間的競爭。API 就是將一種形式轉變成另一種形式的可程式介面。

價格、推廣、產品、地點→任何地方

傳統的市場經理人都知道市場大師 Michael Porter 提出的 4P：價格、推廣、產品、地點，是產品行銷策略應管理和控制的四大變數。但是在數位領域，API 正在吞噬軟體，Facebook 的增長主管 Andrew Bosworth 說過「勝出的產品不是最好的產品，所有人使用的產品才是。[1]」對你的 API 產品來說也是如此，這意味著對客戶來說，產品提供的體驗有時比你想要在產品中添加的功能還要重要。因此，你提供給 API 用戶的開發者體驗將讓你的競爭優勢更加明顯。

在數位領域裡，IT 功能是透過 API 來提供的服務，你的目標不是出現在正確的地方，而是出現在任何地方，不是只出現在你可以控制的地方，而是所有可能的地方，在任何應用程式裡面。例如，促成嵌入式金融的 API 正在顛覆銀行和金融產業。作家兼 Open Banking API 專家 Paul Rohan 解釋道，銀行業的未來不是「在銀行裡面」，而是在需要銀行的任何地方，它被嵌入第三方客戶體驗、房地產平台、婚禮規劃應用程式、汽車經銷商網站的 widget、電子商務網站，無處不在[2]。拜 API 之賜，銀行可以出現在非他們負責的每一個客戶體驗裡，但仍然能夠提供銀行價值主張。在一篇 2020 年發表的部落格文章中，平台思想領袖和產業顧問 Simon Torrance 估計，在五年內，嵌入式金融將是一個價值 72 億美元的機會，這是目前銀行和金融總市值的兩倍[3]。當你出現在任何地方時，你的新影響力將使你能夠在前所未有的、未曾涉足的地方提供價值，擴大你的市場規模。

我們來看看過去 20 年來是如何演變的。在 2000 年，你必須擁有一個網站，以數位的方式來傳播你的價值。在 2010 年，你必須有行動應用程式。在 2020 年，你需要 API。事實上，征服數位體驗的新方法是整合到別人的網站和應用程式裡。這種方法再也不是只控制一兩個管道，而是融入盡可能多的管道裡，在你用戶所在的地方。正如 Chris Anderson 在他的著作《*The Long Tail*》（Hachette）裡描述的那樣，雖然第一傳播管道（網路和行動設備）是總流量的主要成分，但所有其他最小的利基和管道構成的長尾實際上組成持續增加的流量，在某種情況下，甚至變得比傳統管道更大。有些應用程式，例如 Salesforce 或 eBay，透過第三方平台獲得主要流量，而不是透過他們自己的網站或行動應用程式。API 為它們直接貢獻了超過一半的流量。許多公司唯一的問題在於同時解決這些問題太難且成本太高，但現在有了 API，那些公司就可以用同一個應用程式設計介面來處理多個管道了。

1 Brian Balfour, "Growth Wins," Reforge（部落格文章），最後一次修訂於 2018 年 7 月 25 日，*https://oreil.ly/UJDIU*。

2 Paul Rohan, "Driving Business Growth and Brand Strategy in the Api-Powered *Age of Assistance*," APIdays London, 2019, *https://oreil.ly/IcxbV*.

3 Simon Torrance, "Embedded Finance:A Game-Changing Opportunity For Incumbents," August 10, 2020, *https://oreil.ly/L6I3n*.

現在，API 是可程式領域的產品，我們將在接下來的章節了解如何像對待產品一樣對待它們，包括引發好奇心的入門引導，令人愉悅的開發者體驗，以及成功的整合。

設計思維

Apple 在產品設計界有一個眾所周知的特點在於它引導設計思維的能力。例如，Apple 的軟體架構師 Cordell Ratzlaff 在描述 Mac OS X 的製作過程時說道：「我們專注在我們認為人們需要和想要的東西，以及他們如何與電腦互動上。[4]」而這種專注以真實且具體的形式體現出來。曾經擔任 Apple 副總的 Donald Norman 說道：「在產品創意初期需要進行三項評估：行銷需求文件、工程需求文件、用戶體驗文件[5]」（他被譽為人機互動設計領域的開創者之一）。

這種對於滿足人們需求的關注，無疑為 Apple 創造可行的商機。幾十年來持續不斷推出的產品讓 Apple 獲得「定義技術的新趨勢」的聲譽，並不止一次幫助它搶占更大的市場份額。

總部位於加州的設計諮詢公司 IDEO 的 CEO Tim Brown 將「設計思維」定義為[6]：

> 設計思維就是運用設計師的感性與方法來滿足人們的需求的設計學科，在過程中，設計師利用可用的技術以及可行的商業策略，來產生客戶價值和市場機會。

這個定義有許多需要解釋的東西。出於我們的目的，我們接下來把重點放在「符合人們的需求」與「可行的商業策略」上面。

符合人們的需求

建構 API 的主因之一就是為了解決問題。發現有待解決的問題，並決定哪些問題需要優先處理只是 AaaP 方法的挑戰的一部分，它是 API 的 *what*。更基本的元素是知道 *who*，你想要用 API 來服務誰？正確地識別用戶和他們的問題可確保你建立正確的產品，也就是運作良好，而且經常被你的目標受眾使用的產品。

---

4 Scott Meade, "Steve Jobs: Mac OS, Designed by a Bunch of Amateurs," Synap Software, LLC (blog), June 16, 2007, *https://oreil.ly/jRURa*.

5 Daniel Turner, "The Secret of Apple Design," *MIT Technology Review*, May 1, 2007, *https://oreil.ly/ehrgv*.

6 Tim Brown, "Design Thinking," *Harvard Business Review*, June 2008, *https://oreil.ly/VRA7Y*.

哈佛商學院的 Clayton Christensen 將這種了解受眾需求的工作稱為 *Jobs to Be Done* 理論。他說：「人們不是單純地購買產品或服務，而是在特定情況下『雇用』它們來取得進展。[7]」人們（你的客戶）想要取得進展（解決問題），他們將會使用（或雇用）他們認為能夠幫助他們做到這一點的產品或服務。

你應該將內部與外部 API 都視為 AaaP 嗎？

是的。也許投入的時間與資源是不同等級的（我們會在下一節討論這件事），但這是 Jeff Bezos 在第 46 頁的「Bezos 命令」中提供的教訓之一，Bezos 命令促使 Amazon 將最初的內部 AWS 平台開放成創造收入的外部 API。因為 Amazon 從一開始就採用 AaaP，所以它不僅可以（例如，安全）開始將同一個內部的 API 提供給外部用戶，還可以盈利。

在大多數公司，IT 部門的工作是協助他人（客戶）解決問題，多數情況下，這些客戶是同一間公司的同僚（私人內部開發者），有時客戶是重要的商業伙伴，甚至是第三方應用程式的匿名公眾開發者（外部開發者）。每一位開發者受眾（私人、伙伴與公眾）都有自己的問題需要處理，也有自己思考（與解決）那些問題的方式。設計思維鼓勵團隊在開始創作 API 解決方案的程序之前先了解他們的受眾，我們會在第 53 頁的「了解你的受眾」討論這個主題。

可行的商業策略

設計思維的另一個重要部分是為你的 API 產品決定一個可行的商業策略。為幾乎沒有回報價值的 API 產品投入大量的時間和金錢是沒有意義的。即使你為正確的用戶設計了正確的產品，你也要確保你投入適當的時間與金錢，並且對 API 啟動和運行後帶來的回報有一個明確的概念。

大多數的公司只能運用有限的時間、金錢與精力來創作 API 以解決問題。這意味著，決定哪些問題需要解決是非常重要的事情。我們有時會看到一些公司不是為了解決重要的商務問題而製作 API，而是為了解決 IT 部門的已知問題：例如公開資料庫的表格，或是將部門流程自動化，雖然這些都是需要解決的重要問題，但它們可能不是對日常商務營運有重大影響的解決方案，也無法影響公司的年度銷售或產品目標。

7 “Jobs to Be Done,” Christiansen Institute，最後一次修訂於 2017 年 10 月 13 日，*https://oreil.ly/l1s63*.

釐清哪些問題對企業來說非常重要有時並不容易。領導層可能難以用 IT 部門容易理解的方式來傳達公司的目標。而且，即使 IT 部門知道哪些問題可讓公司有所不同，他們也可能沒有很好的衡量標準或指標可以證明他們的假設，並追蹤他們的進展。由於這些原因，我們需要一種標準化的方式來溝通重要的商業目標與相關的績效指標。我們會在第 144 頁的「衡量標準與里程碑」更深入地討論評估 API 成功與否的面向。

Bezos 命令

無論你的公司多老或多新，啟動成功的 API 專案（可以改變公司的）都不是一件簡單的事情。Amazon 的 AWS 平台讓它經歷了這個過程，並且成為備受尊敬的公司之一（而且 Amazon 在十多年後仍繼續轉型）。AWS 平台建於 21 世紀初，一般認為，這個平台是精明的 IT 與商業主管團隊乾淨利落地執行的出色專案。雖然 AWS 平台已經取得巨大的成功，但它的誕生是出於一個內部需求：Amazon 對於它的 IT 專案需要花費大量的時間來採取行動、以及交付業務團隊的請求深感失望。AWS 團隊的行動速度太慢了，他們最終創做出來的東西無論在技術面（規模）還是在商業面（產品品質）都不及格。

AWS 現任 CEO Andy Jassy 說，AWS 團隊（以及 Amazon CEO Jeff Bezos 和其他人）花了一些時間確定他們擅長什麼工作，以及該怎麼在一個可互用的（interoperable）平台上設計與建立一套核心共享服務[8]。他們的計畫花了三年多的開發時間，但它最終成為 Amazon 著名的「基礎設施即服務」（Infrastructure-as-a-Service（IaaS））平台的基礎。這項目前價值 450 億美元的業務（在 2021 年 2 月的利潤是 135 億美元）之所以能夠實現，只因為他們對細節非常仔細關注，以及不懈地、反覆地改進原始的想法。AWS 改變了企業對伺服器和其他基礎設施的看法，就像 Apple 改變了消費者對手持設備的看法。

AWS 能夠在內部改變觀點的主因之一是透過所謂的 *Bezos* 命令。Amazon 前軟體開發高級經理 Steve Yegge 在他的「Google Platforms Rant」描述這項命令[9]。這篇部落格文章的重點在於 Bezos 發表了一條命令，要求所有團隊都必須透過 API 公開他們的功能，而且所有人只能透過 API 來使用其他團隊的功能。換句話說，API 是完成工作的唯一途徑。他也要求所有人在設計與製作所有 API 時，都要將它當成將會公開給公司的外界使用。「API 必須可外化（externalizable）」的想法是影響 API 的設計、建構與管理的另一項制約要素。

8 Ron Miller, "How AWS Came to Be," TechCrunch, July 2, 2016, *https://oreil.ly/OtRyN*.

9 "Stevey's Google Platforms Rant," GitHub Gist, October 11, 2011, *https://oreil.ly/jxohc*.

所以，設計思維（design thinking）關乎滿足受眾的需求，以及在決定哪些 API 值得投入有限的資源和注意力時，努力支持可行的商業策略。這在現實中是如何體現的？該如何在 API 管理工作之中應用這些教訓，以展現 API 即產品？

將設計思維應用在 API 上

你可以在設計與創作的過程中應用設計思維原則，將你的 API 從實用工具提升為產品。我們在過去幾年來接觸過的公司都這樣做。他們決定，他們的 API 受到關心、研究和設計的程度都應該與公司所提供的任何產品或服務一樣，即使它只是在組織內部使用的 API。對很多公司來說，這意味著直接向 API 開發者與 IT 部門的其他人傳授設計思維原則。對其他公司來說，這意味著在同一個組織內的產品設計團隊和 API 團隊之間搭起一座「橋樑」。在我們合作過的一些組織裡，我們看到這兩種活動同時進行：向開發者傳授設計思維，並鞏固產品團隊和開發團隊之間的橋樑。

設計思維的實際內容不在本書的討論範圍之內，但是，大多數的設計思維課程都提供本章介紹過的主題的混合版本，例如：

- 設計思維技巧
- 了解客戶
- 服務 / 工作流程設計
- 製作雛型與測試
- 商業考量
- 衡量與評估

如果你的公司已經有專門負責產品設計的人員，他們可成為重要的資源，教導你的開發團隊像產品設計師那樣思考與行動。即使你的公司沒有專門的設計人員，你通常也可以在當地的學院或大學找到產品設計課程，許多這類的組織都提供客製化的課程，可線上學習。最後，即使你是一家小公司，或只是對這個主題感興趣的個人，你也可以找到設計思維的線上課程。

有一家與我們交談過的公司（大型的消費銀行）決定建立自己的內部設計思維課程，由產品設計人員為不同地點的 API 團隊授課，那些訓練員後來成為重要的資源，可在 API 團隊需要徵詢如何改善 API 設計時提供建議。他們的目標不是將所有的開發者與軟體建構師變成熟練的設計師，而是提升 API 團隊對設計程序的理解，並教導他們將這些技術應用在自己的工作上。

切記，設計思維不僅僅可以改善 API 的易用性或美感，也可以讓人更了解目標受眾（客戶）、專注於創造符合商業目標的 API，並且提供更可靠的程序來衡量 API 是否成功進入生態系統。

儘管設計在整體的 AaaP 方法中很重要，但它只是一個起點。同樣重要的是在 API 發表並可供使用時，注意最初的客戶體驗。這也是下一節的主題。

客戶入門引導

近年來，買過 Apple 產品的人都知道開箱他們的產品是多麼難忘的經歷，這不是個巧合。多年來，Apple 一直有個專門負責提供最佳「開箱體驗」的團隊。

《*Inside Apple*》（Business Plus）的作者 Adam Lashinsky 說：「幾個月來，有一位包裝設計師待在這個房間裡面做一件非常平凡的工作——開箱。[10]」他繼續說：

> 「*Apple* 一向希望盒子被打開時可以引發完美的情感反應…*Apple* 用一張小標籤來提示消費者應該在哪裡拉開黏在透明 *iPod* 盒子頂部的滿版隱形貼紙，設計師一個接著一個，永無止盡地製作和測試那張小標籤的箭頭、顏色和膠帶。讓它恰到好處是這位特殊設計師執著追求的成果。」

這種對細節的關注遠遠超出打開盒子和拿出設備，Apple 確保電池都充飽電、客戶可以在幾秒內「啟動並運行」，創造愉快且無縫的完整體驗。Apple 的產品團隊希望客戶從一開始就愛上它們的產品：Stefan Thomke 與 Barbara Feinberg 在 Harvard Business School 案例「Design Thinking and Innovation at Apple」裡面寫道：「幫助人們『喜愛』他們的設備和使用它的體驗，描繪出（並持續推動）Apple 產品過去和現在的設計方式。[11]」

---

10 Jamie Condliffe, "Apple's Packaging Is So Good Because It Employs a Dedicated Box Opener," *Gizmodo*, January 25, 2012, *https://oreil.ly/JrY6S*.

11 Stefan H. Thomke and Barbara Feinberg, "Design Thinking and Innovation at Apple"，2012 年 5 月修訂，*https://oreil.ly/wY4IA*.

當 API 是唯一的產品時

Stripe 是個成功的支付服務，它是透過深受開發者喜愛的 API 來提供的。這家初創公司的員工不到 4,000 人，它在 2021 年的市值約為 950 億美元[12]。其創始人的整個商業策略就是透過 API 來提供他們的支付服務，因此，他們決定從一開始就投資設計思維與「API 即產品」方法。對 Stripe 來說，API 是唯一的產品，將 API 當成產品協助他們同時實現技術和商務目標。

這種對客戶初體驗的重視也適用於 API。讓開發者愛上 API 看似一種牽強的概念，但它具有深遠的影響。如果你的 API 在一開始很難理解，開發者就會用得很掙扎，如果他們要花「太長時間」才能夠開始工作，他們就會滿懷挫折地離開。在 API 領域中，「讓事情運作起來」的時間通常稱為「Time to first Hello, World」，在線上 APP 領域中，這段時間有時稱為「Time to Wow!」（TTW）。

Time to Wow!

隸屬 Matrix Partners 股權投資公司的 David Skok 在他的文章「Growth Hacking: Creating a Wow Moment」裡提到客戶的「Wow!（哇！）」時刻的重要性，它是在任何客戶關係中需要跨越的一道關鍵門檻：「哇！是一個時刻…它是你的買家突然看到你的產品帶給他們的好處，並自言自語『哇！好棒！』的時刻」[13]。雖然 Skok 的談話對象是 APP 的設計與銷售人員，以及線上客服人員，但同樣的原則也適用於設計和部署 API 的人。

TTW 方法的關鍵因素在於，你不僅要了解有待解決的問題（見第 44 頁的「設計思維」），也要了解讓客戶說「哇！」所需的時間和工作。讓 API 客戶了解如何使用 API，並且發現 API 確實可以解決他們的重要問題，是每一個 API 為了贏得消費者的青睞必須努力跨越的門檻。Skok 的做法是規劃出體驗「哇！」時刻所需的步驟，並努力減少過程中的摩擦和精力。

假如有一個 API 可回傳主力產品 `WidgetA` 的潛在客戶名單，它的典型使用流程可能是：

12 Ingrid Lunden, “Stripe Closes $600M Round at a $95B Valuation,” *TechCrunch*, March 14, 2021, *https://oreil.ly/60fbh*.

13 David Skok, “Growth Hacking: Creating a Wow Moment,” For Entrepreneurs (blog), 2013, *https://oreil.ly/YyVlI*.

1. 傳送 `login` 請求來索取 `access_token`。
2. 取得 `access_token` 並儲存它。
3. 使用 `access_token` 來組合並傳送一個取得 `product_list` 的請求。
4. 在回傳的清單中尋找 `name="WidgetA"` 的項目，並取得那筆紀錄的 `sales_lead_url`。
5. 使用 `sales_lead_url` 來送出索取 `status="hot"` 的所有潛在客戶的請求（使用 `access_token`）。
6. 現在你得到一份 `WidgetA` 產品的潛在客戶的清單了。

雖然這個流程有很多步驟，但我們也看過步驟更多的工作流程。在過程中的每一步，API 客戶都有機會犯錯（例如，發送錯誤的請求），API 供應商也有機會回傳錯誤（例如，資料請求逾時）。這個例子有三種可能的請求 / 回應失敗（`login`、`product_list` 與 `sales_leads`）。TTW 就是讓一位新開發者搞清楚 API，並讓它運作所需的時間。這段時間越久，他們越不可能出現「哇！」時刻，並繼續使用 API。

在這個例子裡，我們有幾種方法可以改善 TTW。首先，我們可以調整設計，提供直接呼叫來取得潛在客戶清單（例如 `GET /hot-leads-by-product-name?name=WidgetA`）。我們也可以花時間編寫「情境」文件，告訴新用戶如何解決這個特定的問題。我們甚至可以提供一個沙盒環境來測試這種案例，讓用戶在學習 API 時跳過身分驗證工作。

API 支柱

設計、文件與測試就是所謂的 *API 支柱*。第 4 章會討論這些支柱與其他支柱。

只要你能縮短發出「哇！」的時間，你就可以提高 API 用戶對你的 API 的評價，並增加 API 被你的組織內部和外部的更多開發者使用的機會。

API 的入門引導

如同 Apple 把時間花在它的「開箱」體驗上，善用 AaaP 方法的公司也會花時間讓 API 的「入門」體驗盡可能地順暢和有意義。就像 Apple 確保新手機在開機時充飽電一樣，API 第一次被使用時也可以「充飽電」，讓開發者容易上手，並且在嘗試 API 的幾分鐘內發揮影響力。

在我們從事 API 製作與管理的早期，我們曾經告訴客戶，他們要在大約 30 分鐘之內，將一位新用戶從 API 入口的初始畫面帶到一個實際運作的例子。如果超出這個範圍，他們就有可能失去潛在用戶，並浪費用來設計和部署 API 的所有時間和金錢。但是，在我們完成 API 入門的介紹之後，SMS API 公司 Twilio 的代表走過來告訴我們，他們要在 15 分鐘之內完成初始的入門體驗。

Twilio 的領域（SMS API）是出了名地繁瑣和混亂。想像一下，當你嘗試設計的 API 需要與數十個不同的 SMS 閘道和公司合作，同時還要容易被使用和理解時是什麼情況。這不是容易的工作。實現 15 分鐘入門目標的關鍵之一，就是他們在入門教學裡大量使用衡量標準與指標來找出瓶頸（API 用戶「退出」的地方）以及確定他們要花多久完成工作。

Twilio 的 Neo 時刻

Twilio 的 API 傳教士 Rob Spectre 在 2011 年寫了一篇部落格文章，講述了他教別人使用 Twilio 的 SMS API 的經驗。他說了一個協助開發者初次使用 API 的故事[14]：

> 我們在 *15* 分鐘內執行 *Twilio* 的去話呼叫快速入門指南，在經歷一些阻礙之後，他的 *Nokia* 手機在他執行程式時亮了起來。他看看我，再看看他的螢幕，接起電話，聽到他的程式說「*Hello world*」。
>
> 「哇，兄弟」他嚇了一跳。「我做到了！」
>
> 這真是奇妙。

Spectre 稱之為「Neo 時刻」（來自駭客任務的主角 Neo），他說它對開發者來說是一個「強烈的鼓舞」。

Twilio 持續精心設計 API 與入門體驗來將這個鼓舞人心的時刻最大化。

所以，好的入門體驗不僅僅是良好的設計流程造成的結果，它包括精心製作的「入門（getting started）」與其他初始教學，以及勤奮地追蹤 API 用戶使用這些入門教學的情況。收集資料有助於獲得改善體驗所需的資訊。如同設計 API，你也要設計入門體驗。改善入門體驗意味著針對 API 用戶的回饋（包括個人和自動）採取行動。

14 Rob Spectre, "Introducing Rob Spectre, An Evangelist With A Story To Tell," Twilio (blog), September 15, 2011, *https://oreil.ly/daUWP*.

但 AaaP 並不只於入門引導。你希望獲得一群熱情的 API 愛用者，從最初的介紹之後一路死忠支持。這意味著你要關注你的 API 的整體開發者體驗，這可能包括註冊、填寫表單、同意服務條款、設定他們的環境、獲得他們的憑證、下載輔助庫、移到正確的「入門」部分、閱讀文件，這些步驟都要盡可能地簡單明了。如果你的公司礙於法律或規定，需要一些時間進行驗證，你可以在用戶等待驗證完成時，用一個沙盒來複製真實的 API 環境，讓入門體驗更好。另一個技巧是詢問開發者使用哪套技術，以便將他們直接送到他們喜歡的語言的 SDK。更廣泛地說，你應該試著實作你看過的每一個提示和技巧，讓入門體驗盡可能地令人愉悅。

開發者體驗

客戶與產品的互動在最初的開箱之後通常會延續下去。雖然確保產品「開箱即用」很重要，但同樣重要的是別忘了，客戶還會持續使用該產品很長時間（但願如此）。而且，隨著時間過去，客戶的期望也會發生變化。他們想嘗試新事物。他們對當初喜歡的東西感到厭倦。他們開始探索各種選項，甚至找出獨特的方法來使用產品及其功能，以解決產品發表時沒有涵蓋的新問題。這種客戶與產品之間的持續關係通常稱為*用戶體驗*（UX）。

Apple 也注重這種永續的關係。社交 APP Blue（*https://oreil.ly/3bKkZ*）的 CEO 及創始人、Apple 前員工 Tai Tran 說道：「每當出現『我們是否該做某件事』這種問題時，我們總是回他這個問題『這會怎麼影響客戶體驗？』[15]」如同任何一家優秀的產品公司，Apple 告訴員工，客戶是國王，員工要密切關注客戶與 Apple 產品的互動方式。而且他們不怕進行大量的改變，如果那意味著可在過程中進行有意義的改進的話。例如，在 1992 年至 1997 年期間，Apple 為它的 Performa 桌上型電腦製作了 70 多個型號（其中一些甚至沒未公開發表），每一個型號都利用他們從之前版本的客戶體驗回饋中學到的東西。

但管理產品 UX 的最佳例子，應該是 Apple 的客服方法：Genius Bar。Gartner Research 的 Van Baker 說道：「Genius Bar 對商店來說是一個真正的差異化策略，而且它是免費的，這使得他們的商店從業界的其他產品中脫穎而出。[16]」Apple 提供一個解決客戶所有問題的地方，這說明了持續維持客戶和產品之間的關係的重要性。

以上所有 UX 元素（認同持續關係、致力於進行小改進，以及提供方便的支援），都是建立成功的 API 產品與體驗的關鍵。

15 Shana Lebowitz, "Apple Employees Take on Any Projects That Will Improve User Experience," *Business Insider*, July 5, 2018, *https://read.bi/2JbmgDb*.

16 Conner Forrest, "Decoding the Genius Bar: A Former Employee Shares Insider Secrets for Getting Help at the Apple Store," *TechRepublic*, April 3, 2014, *https://tek.io/2ykZrJl*.

了解你的受眾

建立成功 API 的重點之一在於確保你鎖定正確的受眾，這意味著，你要了解誰在使用你的 API，以及他們試圖解決什麼問題。我們在第 44 頁的「設計思維」談過這一點，這也是持續的開發者關係的重要元素。關注 API 的誰（*who*）與什麼（*what*）不但可以讓你深入了解哪些事情很重要，也可以更有創意地思考 API 的如何（*how*）：API 如何協助受眾解決他們的問題。

我們在本章談到了「按照人們的需求來設計」這個概念。在發表 API 之後，你也要繼續進行同樣的工作。收集回饋、確認用戶故事（user story）、密切關注 API 的使用（或不使用）情況，都是持續的開發者體驗的一部分。我們有三項重要的元素：

- API 發現
- 錯誤回報
- API 使用情況追蹤

第 4 章會討論這三種元素（與其他的），所以我們在此只討論對 AaaP 策略的整體開發者體驗（DX）非常重要的一些層面。

API 發現

讓內部或外部開發者發現 API 及其價值的方法是建立你們之間的關係的關鍵。開發者是怎麼找到你的 API 的？由於目前還沒有 API 的搜尋引擎，正如 HithHQ 的聯合創始人 Bruno Pedro 所言，API 的發現機制通常被說成依靠「口碑和一點點運氣」。

當然，對外部 API 而言，你的交流有很大的幫助，手段包括搜尋引擎優化（SEO）、在開發者大會展示、進行線上內容行銷、買線上廣告、在企業活動裡展示。但是，API 發現仍然處於未發展階段，無法規劃出一定可讓最佳產品勝出的方案。你要發展你自己的影響力網路，這就是口碑的用武之處。當 CTO 或開發者在論壇、郵寄名單或社群網路上詢問：「做某事的最佳 API 是什麼？」時，你的 API 必須出現在別人的回應裡面。接下來，當開發者找到你時，他們需要了解你的 API 提供的價值。你要建立一個開發者入口網站，在那裡清楚地介紹你的 API 的價值。例如，Twilio 曾經使用「We make your APPlication talk」這個口號來行銷他們的 SMS API。Stripe 在他們的第一個網站上宣稱「Payment processing. Done right.」。有趣的是，他們的原始網站是 *devpayments.com*。

對大型組織的內部 API 來說，API 專案的挑戰之一是，即使有合適的 API，開發者最終仍然自行製作 API，有時在整個組織內重複多次。雖然這種行為有時被公司內部視為一種反叛（「他們不使用我們給他們的 API ！」），但這種爆炸性的功能重複，往往只是開發者無法找到他們需要的 API 的體現。API 發現往往是口耳相傳、詢問擁有這種傳統知識的同事，以及使用目錄和開發者入口網站的組合。業界將這些知識淵博的員工稱為 API 圖書館員，因為他們知道 API 在系統的哪裡、負責人是誰，以及文件在哪裡。

API 發現

我們將在第 97 頁的「發現」介紹這個關鍵支柱如何支持你的 API，並在第 282 頁的「發現」介紹發現的角色在大型的 API 園林裡的變化。

為你的 API 建立一個中央目錄可以協助解決這個問題。另一種好方法是建立 API 搜尋中心或入口網站，讓開發者可以尋找文件、範例和其他重要資訊，以提高既有 API 的易發現性。

搜尋 API

在本書出版時，世上還沒有一種普遍使用的 API 公共搜尋引擎，其中一個原因是，我們很難檢索網路上的服務，因為大多數服務都沒有公開可爬取的連結，而且幾乎不提供它的其他依賴服務的連結。另一個問題是，當今大多數 API 都位於私人防火牆和閘道後面，使得它們對任何公開運作的 API 搜尋爬蟲來說都是「隱形的」。

有一些開放原始碼專案與格式正試著做出 API 爬蟲，包括 {API}Search（*https://apis.io*）、API（*http://apisjson.org*）描述格式，以及 Application-Level Profile Semantics（ALPS）（*http://alps.io*）服務描述格式，這些專案開啟了所有人都可以使用 API 搜尋引擎的可能性。與此同時，各個組織可以在內部使用這些標準，開始建立一個可搜尋的 API 園林。

在我們訪談的公司中，至少有一家公司已經把「將 API 發表到中央發現目錄」列為建構流水線（pipeline）的必要步驟，這意味著，建立 API 的開發者在實際將 API 投入生產之前，必須先將它放到公司的 API 目錄裡，並確保組織內的所有重要 API 都可以在一個地方找到，這是提高 API 專案的發現商數（quotient）的一大步。

錯誤回報

錯誤總會發生，它們是 API 「園林」的一部分。雖然你可以用好設計來試圖減少用戶的錯誤，用測試來試圖消除程式內的 bug，但你永遠無法擺脫所有錯誤。與其嘗試不可能做到的事情（消除所有的錯誤），更好的策略是密切監測你的 API，以便記錄並回報實際發生的錯誤。記錄與回報可讓你洞悉目標受眾如何使用 API—— 進而改善開發者體驗。

API 監測

回報錯誤與追蹤 API 使用情況（接下來討論）都屬於 API 的監測支柱。我們會在第 96 頁討論 API 等級的「監測」技巧，並在第 280 頁的「監測」中，看看監測如何隨著 API 程式的成長而變化。

在創作和發表實體產品時（例如服裝、家具、辦公用品…等），有一種挑戰在於，用戶使用產品時發生的錯誤很難被看到，除非你在對方使用產品時站在他們旁邊，否則你很可能會錯過細節，並失去有價值的回饋。因此，大多數的產品公司都會進行廣泛的雛型設計，和現場監測測試。好消息是，在電子產品和虛擬產品時代，你可以內建錯誤回報機制並收集重要的回饋，甚至在產品已在用戶手中時。

你可以為 API 的多個關鍵接觸點實作錯誤回報機制。例如：

最終用戶錯誤回報

你可以在應用程式中加入錯誤回報功能，在發生錯誤時，提示用戶允許傳送詳細的資訊。如此一來，你就可以在事務的用戶端捕捉意外情況。

閘道錯誤回報

你可以在 API 路由器或閘道加入錯誤回報機制，以收集當請求第一次到達「你家門口」時的狀態，並協助發現錯誤的請求或網路問題。

服務錯誤回報

你可以在 API 呼叫的服務裡加入錯誤回報機制，以協助發現服務的程式錯誤，以及一些組件等級的問題，例如依賴項目問題，或由於你的組織的生態系統的變化而產生的內部問題。

錯誤回報是獲得關於 API 如何被使用以及哪裡出現問題等重要回饋的好方法，但是它只占追蹤故事的一半，追蹤 API 被成功使用的情況也很重要。

API 使用情況追蹤

在追蹤 API 使用情況時，你不但要追蹤錯誤，也要追蹤所有的請求，並在最後分析追蹤資訊，以找出模式。第 45 頁的「可行的商業策略」談過，建立與部署 API 的主因是為了支持你的業務。著名的 API 傳教士 Kin Lane 說過：「了解 API『如何』（或無法）協助『組織』更好地接觸受眾，就是 API 的意義所在。[17]」

用來確定 API 是否協助組織更好地接觸目標受眾的資料通常是 OKR（目標和關鍵成果）與 KPI（關鍵績效指標）。第 144 頁的「OKR 與 KPI」會更深入地探討它們。現在你只要知道，為了實現目標，你必須知道你的 API 的這些方面表現得如何，這意味著，你不但要追蹤發生的錯誤（如上一節所述），也要追蹤成功的案例。

例如，你要收集哪些應用程式正在發出哪些 API 呼叫，以及那些應用程式是否有效地滿足了用戶的需求。追蹤的額外好處是幫你在廣泛的用戶中發現模式，它們是可能無法從單一用戶發現的模式。例如，你可能會發現應用程式持續不斷地進行同一系列的 API 呼叫：

```
GET http://api.mycompany.org/customers/?last-order=90days
GET http://api.mycompany.org/promotions/?flyer=90daypromo
POST http://api.mycompany.org/mailing/
customerid=1&content="It has been more than 90 days since...."
POST http://api.mycompany.org/mailing/
customerid=2&content="It has been more than 90 days since...."
...
POST http://api.mycompany.org/mailing/
customerid=99&content="It has been more than 90 days since...."
```

這種模式可能意味著目標受眾需要一種更有效的新方法來向關鍵用戶群發送郵件，例如在一次呼叫裡結合目標客戶群與推廣內容。例如：

```
POST http://api.mycompany.org/bulk-mailing/
customer-filter=last-order-90days&content-flyer=90daypromo
```

這個呼叫產生較少的用戶端 / 伺服器流量，減少可能出現的網路故障，而且對 API 用戶來說更容易使用。而且，這不是客戶「建議」的，而是關注 API 使用資訊的結果。

17 Kin Lane, "Your API Should Reflect A Business Objective Not A Backend System," API Evangelist (blog), April 17, 2017, *https://oreil.ly/XCOTT*.

喝自己的香檳

在 2017 年，當共同作者 Medjaoui 擔任顧問時，有一家歐洲國家鐵路公司決定為它的開發者社群舉辦一些黑客馬拉松活動，其中有一場讓外部開發者參加，另一場讓內部開發者參加。

外部活動由通訊和產品領導層負責協調。他們安排 IT 部門製作了一些靜態資料供外部使用，並協助 IT 團隊設計了一套簡單的、任務導向的 API，用來取得車站位置、出發時刻表等資訊。IT 部門快速地製作並檢查那些東西，認為它們比「功能齊全」的內部 API「更弱」。這場活動相當順利。

六個月後，IT 部門使用「官方」的內部 API 舉辦了自己的黑客馬拉松。經過一段時間之後，黑客馬拉松的組織幹部發現內部的開發者團隊放棄「功能齊全」的內部 API，改用更簡單、更任務導向的外部 API。那些團隊也取得更好的效率與效果。

我們可以從這個經驗吸取一些教訓。首先，開發者比較喜歡任務導向的 API，其次，建立這些「更簡單」的 API 不需要花費太多時間或資源，第三，IT 部門應該關注哪些 API 較受歡迎且使用率較高。第三個教訓可以用「喝自己的香檳（Drinking your own champagne）」這句老生常談來概括（也有人說「吃自己的狗食（Eating your own dog food）」）。對於 API，如同任何其他產品，內部團隊最好使用與外部團隊一樣的產品。

這就帶來開發者體驗（DX）的一個更重要的領域：讓開發者容易安全地使用你的 API「做正確的事情」。

讓它既安全且容易

除了讓 API 可被直接發現，以及準確地追蹤錯誤和 API 使用情況之外，你也要為 API 用戶提供容易接觸的持續支援和訓練。事實上，在成功引導開發者之後的體驗才能確保長期的正面關係。我們在本節看過一些關注這種持續關係的案例，包括 Apple 將 Genius Bar 當成支援既有客戶的資源，你的 API 也需要它自己的 Genius Bar。

支援開發者的另一個重要面向就是讓你的產品可以安全地使用，換句話說，你要讓用戶難以濫用你的產品，進而導致某種傷害。例如，讓用戶難以刪除重要的資料、移除唯一的管理員帳號…等。關注 API 客戶（即開發者）如何使用產品，可以協助你發現可藉著加入安全措施來獲得回報的地方。

與 API 開發者建立強大且永續的關係需要同時具備兩大要素——方便與安全。

讓 API 可安全地使用

從開發者的角度來看，API 有很多代表風險的元素。有些 API 呼叫可能做危險的事情，例如刪除所有客戶紀錄，或是將所有服務價格都改成 0。有時即使連接一個 API 伺服器也有風險，例如，傳給資料 API 的連接字串可能在 URL 公開帳密，或未加密的訊息內文。我們曾經在審查 API 時看過許多這類的安全問題。

風險通常可以從 API 設計出去（*designed out*）。也就是說，你可以修改設計，降低人們遇到特定風險的可能性。例如，你可以讓一個刪除重要資料的 API 支援「撤銷」API 呼叫，如此一來，如果有人誤刪重要的資料，他們也可以用撤銷來恢復它。你也可以要求某些操作需要較高權限才能執行，例如在更新重要資訊時傳送額外的資料欄位（例如密碼）。

但有時你很難透過 API 的設計元素來降低風險，因為有時進行 API 呼叫本身就是有風險的。刪除資料的 API 呼叫都是有風險的，無論你如何修改設計。有些 API 呼叫總是需要花很長的時間來執行，可能耗用大量的伺服器端資源。有些 API 可快速執行，但產生大量的資料，例如，一次過濾（filter）查詢可能回傳幾十萬條紀錄。

如果 API 呼叫意味著不可避免的風險，你可以在 API 文件中加入警告來減少負面影響，讓 API 用戶更容易提前意識潛在的風險，避免犯下嚴重的錯誤。你可以設計文件的格式來指出潛在的風險，其中一種方式就是用一段顯眼的文字來告訴用戶問題（警告：這個 API 呼叫可能回傳一百萬筆紀錄，具體情況取決於過濾器的設定）。另一種警告 API 用戶的方法是使用符號，如此一來，你就不需要在文件中加入大量的文字了，讀者可以直接辨識警告符號。

實體產品經常使用資訊與警告符號（見圖 3-1）。

圖 3-1　家用產品

你也可以在 API 中採取類似的做法（見圖 3-2）。

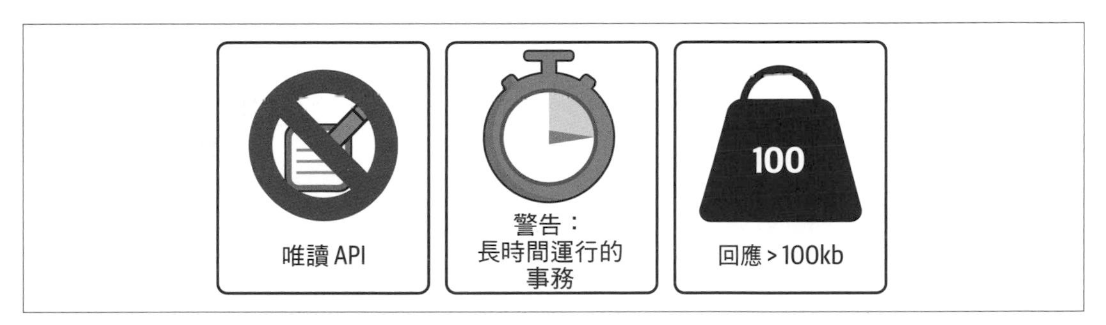

圖 3-2　API 符號

易懂的警告符號與良好的設計可讓 API 用戶無法犯下令人遺憾的錯誤，是提高 API 產品安全性的好方法。

讓 API 容易使用

同樣重要的是，你也要讓 API 容易被用戶使用。如果完成一項工作需要太多步驟，如果 API 開發者需要傳遞的引數名稱與數量令人困惑或複雜，如果 API 呼叫本身的名稱對用戶來說沒有意義，那麼你的 API 就有大麻煩，開發者不但會不喜歡你的 API，他們可能也會犯下更多錯誤。

你可以採取符合開發者的 Jobs-to-Be-Done 詞彙的命名模式，來將易用性設計進去。這又回到了解你的受眾（第 44 頁的「符合人們的需求」）與解決他們的問題（第 45 頁的「可行的商業策略」），但即使你這樣做了，如果 API 很大（例如有很多 URL 或動作）或只是很複雜（有許多選項需要處理），你也不能總是依靠設計來解決問題，你可能要設法讓 API 用戶更容易提出正確的問題並找到合適的答案，你的 API 需要一種服務開發者的「Genius Bar」。

為開發者提供 API Genius Bar 最簡單的方法或許是透過文件。除了簡單的參考文件（例如，API 名稱、方法、引數與回傳值）之外，你可以加入更多文件來將 API 文件提升到「天才（genius）」等級。例如，你可以加入常見問題（FAQ）章節來提供最常見問題的答案（或參考），你可以擴充 FAQ 支援，加入「我該如何…？」小節，為常見的工作提供簡短的逐步執行範例。你甚至可以提供功能齊全的範例，讓開發者當成他們的專案的啟動素材。

文件

我們會在第 81 頁的「文件」進一步討論文件這種 API 技能，並且在第 263 頁的「文件」說明你在這個領域的需求，將如何隨著 API 園林的成長而變化。

「改善文件」的下一級做法是提供線上支援表單或聊天頻道。支援論壇可提供一個持續的對話空間，讓開發者可向更大的群體發問和分享解答。在大型的 API 社群裡，這些論壇甚至會變成重大 bug 修復與功能請求的來源。論壇可能成為長期累積的寶貴知識庫，尤其是提供強大的搜尋機制時。

聊天頻道可以用更直接的手段來為 API 用戶提供 Genius Bar 支援。聊天往往是即時的，可為你的開發者體驗增加額外的個人化，這也是增長社群對於你的 API 的知識，以及利用那些知識的好地方。

最後，對大型的 API 社群與 / 或大型組織來說，以 API 傳教士、訓練師或故障排除人員的形式，為產品提供現場支援是很有意義的做法。你的公司可以安排聚會或黑客活動，聚集 API 用戶，一起開發專案或測試新功能。無論你的主要 API 社群是內部的（例如公司員工）還是外部的（例如合作伙伴或公共 API 用戶），這種做法都很有效。你和開發者建立的聯繫越個人化，你就越有可能向他們學習，並改善 API 的易用性。

花時間讓 API 用起來更安全、更簡單對建立正面的用戶關係有很大的幫助，這個關係可以反過來改善你的整體開發者體驗。

為何開發者在 API 經濟中如此重要？

如何讓產品演變成一個平台，進而演變成一個生態系統？答案是讓人們用你的產品來工作以及投資你的產品，而不是你為他們工作並將你的金錢和開發精力投資在他們的產品上。這就是累積 API 價值的關鍵因素。藉著降低你的解決方案提供價值的成本，你可以激勵人們和公司花時間和資金來整合你的 API。與其和所有人整合，不如讓所有人與你整合，這是一種長期累積價值的獨特方式。當 Apple 到達 100 萬個應用程式時，那 100 萬個應用程式都不需要由 Apple 建立，它們橫跨數千個市場利基，由於數量龐大，Apple 無法雇用所有必要的產品經理來分析所有的市場需求，所以 Apple 無法處理那些利基。你可以藉著累積別人的作品和投資，來將你的產品轉換成平台和生態系統。

住在矽谷的讀者應該記得 Twilio 的廣告，他們在 101 號公路和舊金山主要街道的廣告板上，以 Twilio 紅為背景，寫著「Ask Your Developer」。Twilio 是第一批大力推動開發者福音的 API 公司之一，因為他們比其他人更早知道，可程式經濟的執行者很快就會成為企業採用 API 的基石，他們明白，無論是對決策者還是對開處方者而言，開發者都是 APP 經濟的關鍵影響者。

由於開發者擁有開發 APP 的技能，他們是 API 戰略的核心利益關係人。每一次整合與每一個 APP 都會經過開發者的手。在市場策略中，他們是第一個使用你的 API 的人，也是第一個在你的平台上建立 APP 的人。開發者會向其他開發者指出可遵循的路徑，並協助你從市場牽引力（marketplace traction）受益。在大公司內部，他們將是你的內部 API 擁護者，並且會推薦使用某個 API，而不是另一個，因為他們知道前者比較好，而且用起來比較安全、有更好的設計，而且（或）有更好的文件。在這種背景中，我們從企業對消費者（B2C）與企業對企業（B2B）移往企業對開發者（B2D）模式。

換句話說，在 21 世紀，API 是新商品，它是在伺服器裡建立和儲存、透過網路的資訊高速公路上分發、由開發者運送到 APP 裡面，並在數位市集（又名 APP 商店）裡推廣的新產品，最終用戶會在那裡下載（APP）或使用 API。

為了用 AaaPs 來實現可程式商業模式，並在整合規模上累積價值，你必須透過一個專門的團隊來支援這種整合增長，始終聆聽開發者的需求，並盡量提供最佳體驗，無論是在 IT 的技術層面還是人文層面上。這就是 API 的開發者關係的整體作用。因此，業內有人認為，在可程式經濟中，每個公司都會透過 API 向他人提供核心能力，並透過 API 使用他人的核心能力，開發者關係的作用將日益重要，以致於所有公司都要成立一個開發者關係部門，就像他們有一個行銷部門一樣。

API 即產品的開發者關係

《*Developer Marketing and Relations: The Essential Guide*》第三版的共同作者 Medjaoui 寫道：在 API 策略和開發者參與（developer engagement）之間有一個清楚且重要的關係，無論是內部還是外部，這種關係包括了解社群、程式碼、內容之間的關係、了解不同的 AaaP 與產品 API 之間的差異，以及採用正確的指標來衡量開發者的參與度。最後，花一點時間討論內部或外部的 API 貨幣化策略也很重要。我們將在這一節討論這些主題。

社群、程式碼、內容

在討論 API 時，開發者關係的作用應圍繞著三個區塊討論，SendGrid 開發者關係團隊習慣將它們稱為 3C：社群、程式碼、內容。

首先，開發者關係與社群有關。只要人們還在整合 API，至少在機器可以幫我們做此事之前，社群的概念都是開發者關係的重要成分。前往開發者所在之處、與他們接觸、聆聽他們的回饋和想法、激勵他們、讓他們知道 API 對某人的影響…等，都是社群在開發者關係裡的使命。

社群層面很重要，因為它是一種軟實力，可創造更多口碑。正如 SendGrid 的 Tim Falls 所言：「一次人際聯繫比一次點擊更有價值」，他發現，有些開發者即使沒有用過 SendGrid 也會推薦它，因為他們知道 SendGrid 團隊關心他們。

社群也意味著參加開發者活動或 API 會議，以保持和社群的聯繫，以及參加和你的 API 的功能沒有直接關係的演講活動。你的主題可能是關於某人用你的 API 做出一個很酷的 hack、為社群發表開放原始碼程式包，甚至是更社會性的話題。

第二個區塊是程式碼。整合 API 與程式碼有關，開發者的工作就是寫出能夠提供價值的程式。如果他們可以利用別人提供的程式，他們就能夠更快專心實作商業邏輯。所以，開發者關係團隊的工作，就是以程式範例、SDK、雛型 APP，或 API 定義（規格）的形式將程式碼提供給開發者，讓他們可以直接使用。對開發者關係團隊的成員而言，程式碼也意味著自己編寫程式來維護開發者平台與 API，以提供更好的開發者體驗，後續章節將進一步討論這個主題。

第三個區塊是內容。開發者喜歡透明和誠實的溝通以及有用的內容。內容是吸引開發者，並讓他們成為你的部落格和生態系統的忠實受眾的最佳手段。

內容有多種不同的形式。它可能是關於最近變化的技術新聞，可能是一篇介紹很酷的客戶用例的部落格文章或 email，可能是關於建構某些功能的具體方法的工程文章，或是詳細解釋的最佳做法。它也可能更廣泛，例如介紹如何讓一家公司和它的 APP 實現碳中和的 Stripe 小冊子與部落格系列文章。

內容是你和開發者之間的關係的重要部分，它可以讓你的公司和 API 可以透過 SEO 或社交媒體共享而被發現。

總之，社群、程式碼與內容是開發者關係的三大支柱，你應該要努力實現它們。

AaaP vs. 產品 API

在討論開發者關係與 API 時，你必須明確地確認一件事。你必須考慮你的 API 究竟是產品，還是用來支援另一個產品。然後，你可以將它分別歸類為 AaaP 或產品 API。例如，Stripe、Twilio、Mailjet 與 Avalara 都是 AaaP。它們為特定的目的提供獨立的功能，例如支付、SMS、email 與稅收驗證。

另一方面，Salesforce API、Facebook API、eBay API、YouTube API 與 Twitter API 都是產品 API（product API，或 API for a product）。它們的目的是支援和訂製既有的平台。它們往往占平台和產品總流量的 50% 以上，這是很大的份量。儘管它們對企業非常重要，但它們往往可以免費使用，因為讓它們被使用可增加基礎業務的價值。

開發者關係對 AaaP 與產品 API 有不同的作用。

對 AaaP 而言，開發者關係的終極目標是宣傳、倡導和建立關係，透過 API 的使用直接擴增第一線的業務。因為 API 是被整合和銷售的產品，所以開發者關係的目標是根據商業模式，最大限度地提升有價值的整合數量。在開發者不是決策者、只是開處方者的情況下，開發者關係的目標是讓開發者接受培訓，並了解 API 的好處。他們可能在他們的組織內提出企業級的建議，導致企業整合，以及隨之而來的高收益。

另一方面，開發者關係對產品 API 而言，主要是為了激勵開發者建立 APP 來直接提升平台的價值，但不一定可以直接提升收入。當 Facebook 開放它的平台 API 時，開發者可以免費製作 APP 或遊戲，由此產生的豐富 APP 表明，Facebook 平台將持續存在，並不斷從開發者那裡匯集更多 APP。

用戶最終留下來的原因不僅僅是因為社交網路，也是因為圍繞著社交網路並支持它的整個 APP 生態系統。對 Salesforce AppExchange 來說也是如此，它在 2021 年有超過 5,000 個商業 APP。在那個背景下，Salesforce 不僅僅是客戶關係管理（CRM）軟體，更是由 CRM 支持並圍繞著 CRM 發展的完整商業 APP 生態系統，適合許多產業的用例。對產品 API 而言，開發者關係的作用是栽培那個生態系統，進而擴大產品的價值，以及在最終用戶中的銷售量。

Twitter API vs. Slack API 的故事

讓 KPI 與 API 互相協調非常重要，這可能完全改變你所建構的平台的未來。正如 GGV Capital 的 Jason Costa 在他的文章「A Tale of 2 API Platforms」中所述，Twitter 和 Slack 都有很大的開發者牽引力，因為它們都有重要的用戶群，而且它們都對建立有價值的 APP 持開放態度[18]。Twitter 認定，其商業模式的基礎不是成為貨幣化的 APP 生態系統，而是成為透過廣告創造收入的媒體平台。當他們明確地認定這件事之後，之前發表的 API 突然全部代表完全相反的平台思維模式，這也是 Twitter 高度限制第三方使用其 API 的原因，這個策略傷害了它的開發者生態系統。幾年後，Twitter 努力重建開發者關係，由 Jack Dorsey 本人發表宣言，並聘請了像 Romain Huet 這樣偉大的開發者傳教士，但開發者對其 API 的信任尚未完全恢復。

另一方面，Slack 的模式是創造一個 APP 生態系統來豐富 Slack 主要產品的價值。它讓更多商業 APP 提高 Slack 通訊平台的價值，因此商業 KPI 與 API 互相協調。時至今日，Slack 的 API 從未被開發者社群內部的緊張關係影響，這也部分解釋了為什麼開發者喜歡在 Slack 上建構軟體機器人。這兩個故事完美地反映了讓 KPI 與 API 協調，然後讓 API 與 KPI 協調，對長期管理開發者關係策略和 API 來說如何造成不同的影響。

DevRel 投資報酬率小抄：追蹤開發者關係的成功

評估開發者社群的品質和潛力是開發者關係策略的關鍵元素之一。許多公司都試圖開發內部工具來進一步了解他們的開發者社群。許多 API 管理供應商已經建立了他們所謂的內部開發者關係管理軟體，這種軟體類似 CRM 解決方案，不過是用來管理開發者。它可以根據 API 戰略目標，包括接觸率、APP 生態系統或收入，更好地溝通、追蹤和區分具有最大潛在投資回報的開發者。此外，辨識和吸引你的平台上的開發者是重新啟動他們並重新激勵他們使用你的 API 來建構軟體的一種方式。

為此，你需要 Major League Hacking 的創始人兼 CEO Mike Swift 所說的開發者關係的「堅果和螺栓」。它混合了開發商關係實踐法和指標，可有效地進行投資和追蹤。它分成兩個部分：API 使用追蹤和開發者追蹤。

Admiral Lord Nelson 說過：「沒辦法衡量的東西，就無法改善」。另一方面，正如 Goodhart 法則所述：「當衡量標準變成目標時，它就不是好的衡量標準」。如何在衡量標準和開發者關係策略的目標之間找到正確的平衡？你只要讓你的 API 符合你的 KPI 即可。

18 Jason Costa, "A Tale of 2 API Platforms," *Medium*, October 25, 2016, *https://oreil.ly/ZzAlj*.

API 有各式各樣的 KPI，我們在此介紹一些 KPI 來幫助你起步。為了從每一種 KPI 獲得最大利益，你要將它們與著名 Pirate Funnel 結合起來，也就是著名的 AARRR 模型：awareness（察覺）、acquisition（獲取）、activation（活化）、retention（留存）、revenue（盈收）與 referral（轉介）。AARRR 是著名的創業加速器 500 Startups 的創始人 Dave McCLure 發明的[19]。

API 察覺　API 察覺是指出人們如何意識到你的 API 的指標，也就是他們如何發現你的產品：

造訪開發者入口網站主頁和 *API* 文件的次數

你可以用很多方法來吸引開發者造訪你的首頁，包括付費的和有機的（organic）。為了吸引開發者使用你的 API，首先他們要發現你的價值主張和你提供的功能。吸引最多開發者是你的主要察覺指標。

部落格文章的瀏覽量和閱讀量

內容是開發者關係策略的關鍵，所以你發表的所有內容都必須追蹤。務必加入一個連接你的開發者入口網頁的連結，用它來追蹤來自你的文章的轉介，以及監測你的參與度分析。

在書面交流管道註冊的開發者數量

要求讀者註冊你的電子報，以獲得新文章和 API 更新的通知。這個數字是追蹤有多少社群成員希望繼續收到你的新消息的關鍵因素，你也可以拿它與目前向 API 註冊的開發者做比較。

公開演講預約次數

發覺來自線下的討論和現實生活（IRL）中的事件。會議、聚會以及提升 API 知名度的公開或私人活動，可以觸發無法衡量卻效果很好的關鍵因素：口碑。這也是啟動病毒式推薦階段的基礎，稍後會談論這個主題。為此，你可以記錄講座的數量、平均聽眾人數等，以計算聽眾的接觸率。此外，如果你在會場擺攤，你也可以加入和你互動的人數。

19 "AARRR Pirate Metrics Framework," ProductPlan, *https://oreil.ly/GiDgb*.

開放原始碼與貢獻 *API* 工具

提供有用的工具，或是以開放原始碼的方式來發表有價值的軟體可以讓你的公司和API 大幅提升知名度。這種做法最近為 Strapi 提供了開發者方面的成功，Strapi 發表一個用 GraphQL 來建構 API 驅動的 CMS 的工具。另外，Hugging Face API 以開放原始碼的形式釋出它的自然語言處理技術。這些公司透過開放原始碼吸引了開發者，擴大了業務規模，並從投資者那裡籌集了大量資金，分別是 1000 萬美元和 1500 萬美元，他們成功的基礎在於圍繞著開放原始碼專案，管理開發者社群，並成功建立開發者關係。

API 獲取　API 獲取是告訴我們開發者如何參與 API 入門引導流程的指標：

已註冊的開發者數量

已註冊的開發者數量是一項重要的獲取指標。但它只在剛開始時有用！不要把它當成長期的重要指標，因為當你的開發者關係專案的成熟度改變時，它就會失效。這個指標可讓你知道你所提供的 API 及其相關功能的感知價值是否吸引開發者社群。

應用程式與應用 / 開發者的數量

一個開發者帳戶通常連結一個 APP，但當你有知名度，或者，舉例來說，當你的 API 具有內在價值，很容易在其他 APP 裡面重複使用（即，它是一種交易型或商務流程即服務 API）時，你將看到每一個開發者帳戶有兩個或更多的 APP。這一點很重要，因為這些開發者可能是你的最佳口碑大使，因為他們了解你的產品的價值，所以多次重複使用它。APP 的總數和擁有至少兩個 APP 的開發人員的數量是獲取階段很好的指標。

總 *API* 呼叫數

在開始時，API 呼叫的總數可能是一個很好的指標，它可讓你的 API 開發者關係團隊更專注於提升 API 的使用量，並開始擬定創新的行銷策略。開發者關係團隊可以根據不同的常見用例，啟發開發者採取不同的用法。你應該追蹤這個指標，因為它很快就不再是個好指標了，除非你的策略和（或）商業模式附加了一些 API 呼叫，例如，附屬關係（affiliation），隨收隨付（pay-as-you go），或間接模式，例如第三方網頁的廣告。

被第三方整合到其他平台的數量

擴大開發者關係的接觸和獲取的另一種方法是和已經有開發者社群的公司合作，並建立外掛、附加組件或整合至他們的市集，來擴大規模。例如，Typeform 是一個用 API 來製作問卷的平台，它以前的做法是將一個用例整合到第三方市場，以利用他們既有的開發者社群。現在 Typeform 已經茁壯了，可以在它的平台上吸引 APP，並將「我花時間和金錢與你整合」的 API 整合策略扭轉為「你花時間和金錢與我整合」。

API 活化　API 活化指標可幫助你了解 API 帶來的參與程度，尤其是在入門引導生命週期的早期：

Time to first Hello World（*TTFHW*）

有一個重要的轉換指標是如何將有興趣的開發者轉變成活躍的開發者。為此，你要追蹤 TTFHW，也就是從開發者在你的平台註冊到他們成功呼叫你的 API 的時間。正如 Twilio 的開發者關係所建議的，在 15 分鐘之內讓開發者成功使用 API 是完美的 DX 時間。當然，並非每個組織裡的所有內部驗證和流程都能達到這個時間，但將它縮短到最低限度將直接影響你的開發者活化率。

活躍的應用程式／開發者數量

如同前面所述，你追蹤了 APP 和開發者的數量，但有些開發者只在小專案裡使用你的 API，有些強大的開發者會將你的 API 整合到商業專案裡，辨識開發者之間的差異可以幫助你決定該在哪裡投入更多的資源，或（舉例）何時該對客服工單做出更多回應。那兩種開發者之間的界限需要由 API 產品經理定義，但為了理解差異，追蹤是很重要的事情。這種差異也可以幫助你定義價格方案，並幫助你為免費方案設計公平的限制，有的開發者已經充分發展他們的 APP，成為「活躍」的客戶了。

API 留存　API 留存指標告訴我們，我們和已經完成入門流程的開發者之間的正面關係保持得如何：

「有價值」的 *APP* 數量

「活躍」和「有價值」的區別必須由 API 產品經理根據 API 策略來定義。有價值的 APP 可能是為你的 APP 生態系統提供大量能見度的 APP、吸引大量用戶的 APP，或產生大量和不斷增長的收入的 APP。

活躍的最終用戶權杖的數量

在留存階段更具體的指標就是追蹤最終用戶權杖（token）的留存，最終用戶就是「用你的 API 做出來的 APP」的用戶。由於想要增加用戶群的 APP 會把重心放在客戶上，所以他們不太可能改變技術組合與更換 API 供應商。這就是為什麼像 Stripe 這種公司依然可以收取高額的 API 費用，因為支付能力可能是你在成長過程中最不想改變的東西。如果你像 Facebook 和 Slack 的 API 那樣針對一個 APP 生態系統擬定策略，這個指標將非常有用。

API 盈收　API 盈收指標可讓我們追蹤開發者在我們的 API 上的活動產生的實際收入。

由 API 產生的直接收入

如果你的商業模式直接與支付掛鉤，這是非常直接的指標。追蹤收入也有助於影響組織內部的決策者和 C 級人員，讓他們了解是否要繼續投資開發者關係以實現 API 的貨幣化。

API 產生的間接收入

這個指標比較難定義，因為它需要主觀的方法，但是指出間接的 API 指標與業務 KPI 之間的關係，可鼓勵組織內部支援開發者關係。開發者關係會帶來中長期的回報，所以也許有些管理者想要向內部的高層展示更快的回報。將 API 指標轉換成商務 KPI 來讓高層展望開發者創造的價值，即使這種做法是間接的，它也可以協助開發者團隊繼續獲得支援。例如，如果你的 API 讓你的 APP 生態系統開始成長，而且對投資者和市場而言，這個生態系統讓公司的市值增加 100%，那麼開發者關係的價值就必須與公司的市場價值連結。

API 轉介　轉介的概念就是讓滿意的 API 用戶擔任大使，在他們的網路中提升使用你的 API 的興趣。分析轉介情況的指標如下：

談話活動

談話活動對監測而言很重要，因為開發者關係團隊可以讓開發者和產品經理參與其中，實際討論或辯論「何謂最好的 API？」、或該在哪裡找到被 API 封裝起來的功能和業務流程。這些討論可以在開發者會出現的地方進行，例如在 Discourse、Twitter、Medium、Hacker News、Reddit（*https://oreil.ly/DwVx3*）和公共 Slack 論壇。

其他人的提法

你可以尋找在講座或文章中提到你的 API 及其價值的演講者和開發者，並讓他們成為大使。為此，你必須追蹤這些提及（mention），無論是在會議上，還是在開發者部落格上，並開始接觸他們。這就是 Auth0 等公司透過其大使計畫，或 Docker 透過其 Docker Captain 計畫所做的事情，他們用那些計畫來找出最好的社群傳教士。

API 在很酷的黑客活動和黑客馬拉松裡出現和使用情況

你只能藉著監測社交網路或提及（mention）和搜尋引擎提醒來手動追蹤，但了解你的哪些 API 被別人使用、在哪裡、被誰用，都是你的開發者關係策略的重要部分。你的目標是確保他們真正開始製作酷炫工具之前，主動與你聯繫。

為 API 消費者提供資金

目前有一種原創策略是為 API 消費者和開發者成立投資基金。這個策略已被生態系統中主要的 API 驅動型公司採用，例如 Mailchimp、Twilio、SendGrid、Slack 和 Stripe。在某種程度上，他們都為使用其 API 的開發者公司專門成立投資基金。透過這個基金，他們可以直接擁有 API 消費者公司的股份，並讓他們的利益和他們的 APP 生態系統保持一致。這有很多好處，主要是它為開發者提供了在你的平台上進行建構並獲得利潤的潛力。即使每年的投資量不多，它也可以藉著展示貨幣化和（或）募資途徑，使開發者變成你的平台的忠誠擁護者，而不是競爭對手。

在另一個創業友善策略中，Salesforce 鼓勵開發者在他們的 Salesforce AppExchange 上建構，而不是在 iOS 上，因為當時在 AppExchange 上的 APP 的平均收入是 45 萬美元，但（2015 年）iOS 上的 APP 是 3000 美元。甚至法國的一家銀行，Credit Agricole，也提議根據 APP 的牽引力向開發者支付酬勞，根據「使用其公用 API 的 APP」的活躍用戶支付每月的收入。

API 即產品貨幣化和定價

很多公司都想將 API 貨幣化以創造收入，並為客戶和生態系統展示價值。既要保留最大的價值，又要在生態系統中傳播和擴大牽引力通常不容易。我們接下來要釐清 AaaP 貨幣化和定價策略中的所有變數。

基礎設施定價 vs. API 的 SaaS 定價

API 代表別人將你的功能當成服務來使用。但是當你決定自己的定位時，你必須考慮你想要讓客戶如何依靠你，以及你想要如何提供這些 API 背後的心態。在業界有兩種主要模式：基礎設施心態和 SaaS 心態。

基礎設施心態往往為相同的服務制定相同的價格，沒有守門人，就像 Amazon Web Services 和其他雲端計算供應商的做法。他們的價格是公開的，與使用量有關，與用戶創造的價值無關。無論你用一個 Amazon Bucket 產生 1 美元還是 100 萬美元，定價都是一樣的。在 AWS 的營運規模中，他們的產品團隊無法區分所有客戶，所以定價是公開的、透明的，並且與使用等級有關。

在 SaaS 思維下，你可以根據預期產生的潛在價值試著設計不同的 API 客戶等級（tier），並盡可能地獲得最大價值。例如，當用戶從每天幾千個 API 呼叫跳到幾萬個時，他應該已經開始生產了（而且有他自己的可行業務，有自己的付費客戶群），所以他可以支付的費用比剛開始使用，還在市場上測試產品時還要多。或者，如果他需要服務級別協定（SLA），這可能意味著，現在對他們來說是「賺錢」的時間，你可以讓他們支付更多費用來購買同樣的功能訪問（並規定，當你無法維持服務表現，進而影響他們的商業價值鏈時的罰則）。有些公司甚至使用 API 管理來決定 API 消費者定價等級的門檻。他們會查看生產用戶的 API 呼叫次數的中位數，然後根據這個數據來制定企業定價方案。這可以根據他們處於測試或生產階段來制定價格，並讓 API 為消費者創造最大的價值。

你必須決定可租性（rentability）與用戶獲取之間的平衡點。如果你的客戶有飛輪效應，增加生態系統的價值，你可以選擇簡化收入模式，將採用（adoption）最大化，而不是將直接收入和短期收入最大化。例如，Facebook 的商業模式是根據廣告的使用，所以 Facebook 的 API 需要將「鼓勵用戶花更多時間在 Facebook 上的第三方 APP」最大化。他們的 API 是免費的（每天最多 1 億次請求）。我們收集了一些 API 定價維度，你必須在為 API 定價考慮它們。

新鮮度：舊 *vs.* 新

如果 API 允許用戶使用那些隨著時間而變舊且過時的資源（例如公司資訊資料），你可以根據資料的新鮮程度來設計分級定價。有些金融 API 可讓你免費取得前一天的資料，但取得新鮮的資料需要付費。

精度：模糊 *vs.* 準確

如果 API 允許用戶使用在不同精度之下有不同價值的資源，你可以根據精度等級進行分級定價。天氣預測 API 可以為單日預測設定低價位，但以更大的價位來提供三到五天的預測。信用評分 API 可以用較高費用提供精確的信用評分，但以較低費用提供評分的籠統（模糊）表示形式（例如使用紅綠燈的紅、黃、綠評分）。

可消費性：事務性 *vs.* 流程性

你是提供細緻（granular）的 API，讓客戶一個一個地整合，並分別支付少量費用，還是整合複雜的業務流程，並將它們封裝成一個 API，以高價出售？例如，Checkr API 可在一次 API 呼叫中進行背景調查，幫助 Netflix 等公司回答一個問題：我們可以僱用那個人嗎？Checkr API 會從不同的公共服務和合法來源收集許多 API 呼叫並產生一個結果，對 API 消費者而言，那個結果比他們自己製作和整合各種不同的 API 呼叫更有價值。

範圍：減少的 *vs.* 所有的

API 可以讓客戶使用你的所有內部資源，或是一小組功能。你可以根據你如何定義 API 的使用範圍來設計 API 價格等級。這可能是每年、每個地理區域、每個資料類型…由你決定，前提是你要了解客戶，了解他們重視你的提議的哪些部分。

數量：少 *vs.* 多

為 API 方案進行分級的另一種方法是決定資料的數量，或允許的請求數量。你想呼叫 API 越多次，你要支付的費用就越多。有些企業在與重要客戶打交道時非常依賴資料，因此，如果你知道他們需要的資料量，你就可以按照數量設計價格階級。

性能：快 *vs.* 慢

SLA 是 API 交付價值的重要部分。保證快速且可靠的訪問，與不保證快速和可靠的訪問，可能是 API 價格方案的一種強大的差異化因素。

維護：管理 *vs.* 委託

API 需要跨版本維護。很多公司都會對 API 進行改版，讓它隨著時間不斷發展。API 消費者必須維護他們的 APP，並使用新版本來更新它們。你可以藉著讓公司付費來維護舊版本，來為 API 設計不同等級的維護費用。

支持：完整的 *vs.* 有限的

支援 API 客戶也可以成為 API 方案等級的一種差異化因素。有些客戶願意為了 24/7、多區域的穩定性，以及保證在一小時或更短時間內對 API 技術問題做出回應而付費。這些服務可以用更高的價格進行貨幣化。對於較低價位或免費方案的支援，你可以將客戶引導至公共論壇，或僅透過電子郵件提供支援。

許可：保留所有權利 *vs.* 開放

你的 API 可能允許使用一些資源，而那些資源可能不適合所有用途。你可以限制低費客戶可用的 API 功能，並開放更大的權限給高費 API 客戶。

品牌行銷：白標 *vs.* 「由…技術支援」

一些 API 供應商比較喜歡開發者社群的採用，以及知名度，而不是少量的收入，因為他們對大企業比較有興趣。有一種解決方案是免費或以非常低的價格提供 API 的使用權，並要求他們在產品和 APP 中使用諸如「本服務由…提供」之類的介紹。你可以讓客戶支付更高的金額，以免去介紹你的 API 的義務。有些評分公司強迫你在任何線上或行動出版物中提及分數的來源，並禁止你將它們的評分演算法當成一個變數來建立分數，除非你支付白標高級方案。

當然，我們也可以用其他的變數來制定 API 定價方案，但以上是最常見的變數。

重點是要知道，API 和 as-a 服務經濟採用簡單的定價與商業模式比較有利。試圖獲得最大價值的複雜模式的自我服務程度較低，需要投入更多銷售支援來獲取客戶。相較之下，扁平、公開和透明定價策略更容易引導用戶入門，並且能夠更準確地估計最終價格，即使平均而言，這種策略從每位客戶獲得的價值較少。

結論

這一章介紹了 AaaP 方法，並討論了如何使用它來更好地設計、部署和管理你的 API。採用這種做法意味著了解你的受眾，理解並解決他們的問題，並根據 API 用戶的回饋採取行動。

我們在 AaaP 領域探索的三個主要概念是：

- 使用設計思維來認識受眾並了解他們的問題
- 專注於引導客戶入門，讓客戶迅速了解如何利用你的產品取得成功
- 投資並提供開發者體驗，管理產品發表後的生命週期，並獲得產品未來修改方向的洞察力

在過程中，我們了解 Apple、Amazon、Twilio 等公司致力於實踐 AaaP 原則如何幫助他們建立成功的產品，也建立了忠實的客戶。而且，無論你的 API 專案只是只針對內部用戶，還是同時針對內部和外部開發者，忠實的用戶社群對 API 的長期健康和成功都至關重要。

掌握 AaaP 的基本原則之後，接下來要介紹一組共同的技能，我們發現成功的 API 專案都是用它們來栽培和發展的，我們稱它們為「API 支柱」，這是下一章的主題。

第四章

API 產品的十大支柱

> 把一件事做得很好的人會讓那件事看起來很簡單，但你完全不知道它有多麼複雜和困難。例如談到電影時，很多人都會想到它是一部兩小時的精采作品，但這兩小時可能需要幾百人甚至幾千人好幾個月通宵達旦地工作。
>
> —George Kennedy

我們在上一章確立了將 API 視為產品的觀點。接下來要介紹在建立與維護產品時需要做哪些工作。事實上，開發優秀的 API 需要下很大的工夫。在第 1 章，你了解 API 有三個不同的部分：介面、實作與實例，為了建立 API，你必須投注時間與精力來管理這三種面向。此外，隨著產品不斷成熟與變化，你也要保持所有東西都是最新的。為了協助你理解與管理所有複雜的事情，我們將這些工作分成十大支柱。

我們稱為支柱（*pillar*）的原因來自它們支援 API 產品的方式，如果你不投資任何支柱，你的產品注定會倒下並失敗。但這不代表你要最大限度地投資所有支柱才能讓 API 成功。我們在本章確定了十大支柱。十大支柱的好處在於，它們不必承擔同樣的重量。可能有些支柱比其他支柱強壯，你甚至可以不對一些支柱進行太多投資。重點在於，這些支柱可以一起撐起你的 API，即使它隨著時間而不斷發展和變化。

支柱簡介

每一個 API 支柱都構成一個工作領域的界限，或者，換一種說法，每個支柱都包含一組與 API 有關的決定。現實的工作不可能如此精準地分類，有些支柱會互相重疊，但無妨。我們的目的不是要為 API 工作定義一個無可辯駁的真理，而是開發一個有用的模型，來檢查和討論製作 API 產品的工作。接下來的章節將以這些支柱基本概念為基礎，開發更進階的模型，包括團隊組職、產品成熟度和園林層面。

我們為 API 工作定義的十大支柱包括：

- 策略
- 設計
- 文件
- 開發
- 測試
- 部署
- 資安
- 監測
- 發現
- 變動管理

本章將介紹每一種支柱，並研究它們是什麼，以及它們為什麼對 API 產品的成功如此重要，我們也會介紹各種支柱的決策空間，以及一些關於如何強化它的基本指引。我們不會具體說明如何實作任何一個支柱，畢竟這些領域的所有工作需要用完整的一本書才能夠充分討論，況且我們還有許多其他的 API 管理概念需要解決。但是，我們將從治理的角度，指出各個領域的一些最重要的決策。讓我們來看 API 產品的第一個支柱：策略。

策略

偉大的產品出自偉大的策略，API 產品也不例外。API 策略支柱包括兩個重要的決策領域：為什麼（*why*）你要建構 API（目標）以及 API 如何（*how*）協助你達成那個目標（戰術）。重要的是，你要了解，API 策略目標不可能獨立存在。無論你為 API 產品訂下什麼目標，它都必須為它所屬的組織帶來價值，當然，這意味著，你要先對組織的策略或商業模式有一定的了解。如果你完全不知道組織的目標，那麼在開始建立 API 之前，你必須先搞清楚這一點。

用 API 來支援企業

你的 API 產品對你的組織策略有多大影響，在很大程度上取決於你的業務背景。如果你的公司的主要收入是銷售 API 權限給第三方開發者（例如 Twilio 的通訊 API 或 Stripe 的支付 API），那麼你的 API 的產品策略將與公司的策略緊密結合，把 API 做好，公司就會盈利，API 出問題，公司就會失敗，API 產品是組織的主要價值管道，它的架構與商業模式和公司的目標隱性契合。

但是大部分的組織都有既存的、「傳統的」業務，想用 API 來支援，在這種情況下，除非公司大幅改變策略，否則 API 不會變成新的主要收入來源。例如，一家已經營了幾百年的銀行可能向外部開發者開放一個 API，以支援「開放銀行（open banking）」倡議。如果他們很狹隘，只關注 API 的商業模式，他們可能採取 API 收入模式，也就是讓開發者付費使用 API 提供的銀行功能，但是從銀行的大局來看，這種 API 策略是有害的，因為它創造了使用障礙。銀行可以採取相反的做法，免費（虧本）提供 API，期望增加銀行的數位接觸量，從而增加核心銀行產品的銷售量。

並非只有供外界使用的 API 需要考慮 API 策略，對內部 API 而言，策略也是很重要的支柱，這意味著，你也要為它們定義產品策略。內部 API 策略與外部 API 策略唯一的區別在於它們服務的用戶，對這兩種 API 而言，「了解 API 為何需要存在」以及「如何滿足這個需求」的工作是相同的。無論 API 的背景是什麼，你都要為 API 制定策略目標，來為你的組織帶來價值。

為 API 產品制定策略目標之後，你要擬定一套戰術來實現它。

擬定戰術

為了實現 API 的戰略目標，你必須為產品擬定達成那個目標的計畫，你必須為你的工作制定一套戰術來提升成功的機會。從本質上講，策略指導其他九大支柱中根據決策來進行的所有工作。你的挑戰是了解這些決策的運作領域與目標之間的關係。

我們來看一些案例：

目標：在你的平台上增加與業務相符的功能

如果你的重點是建立更多與業務目標一致的 API，你的戰術就要稍微改變你設計與製作 API 的方式。例如，你可能要讓商業關係人參與 API 早期設計階段，以確保介面公開正確的功能，你可能也要以他們為首，了解誰是主要的用戶，以及 API 的界限是什麼。

目標：將內部資產貨幣化

為了貨幣化，你要用一套戰術來將產品介紹給認識其價值的用戶社群，這通常意味著你要在一個競爭激烈的市場中運作，所以你的 API 提供的開發者體驗（DX）將非常重要。在戰術上，這意味著對設計、文件和發現等工作支柱進行更多投資，這也意味著你必須做一些市場調查，以鎖定 API 的正確受眾，並提供適合他們的產品類型。

目標：收集商業想法

如果你的目標是尋找公司外部的創新想法，你就要制定一套戰術，促使以創新的方式使用你的 API。這意味著你要向外界推銷 API，並精心設計它，來吸引可提供最多潛在創新價值的用戶社群。你也要對發現支柱進行大量投資，以提升使用率，並收集盡可能多的想法。你也要制定明確的戰術來識別最佳想法，並且進一步發展它們。

從這三個例子可以看到，你要做以下的工作來為 API 制定強大的戰術：

- 確定哪些支柱是成功的關鍵。
- 確定哪些用戶群可推動成功。
- 收集背景資料來推動決策工作。

調整策略

雖然在開始建立 API 時制定良好的戰術非常重要，但是讓策略保持流動（fluid）並隨時做好改變的準備也很重要。只制定一次策略目標與戰術計畫是行不通的。與之相反，你要根據產品的結果來調整策略。如果你沒有取得任何進展，你就要稍微改變戰術，也許要調整目標，甚至取消 API 並重新開始。

描繪你的策略進展意味著你要用一種方法來衡量 API 結果。事實上，你必須為你的策略目標制定一套衡量標準，否則你永遠無法知道你做得如何。我們將在第 7 章介紹 API 的 OKR 與 KPI 時，進一步討論目標與衡量。衡量也取決於有沒有辦法收集關於 API 的資料，所以你也要對監測支柱進行投資。

你也要預做準備，在 API 的背景發生變化時改變策略：例如，當你的組織改變它的戰略目標，或是有新對手出現在你的市場上，或政府推出新法規時。在上述的每一種情況下，快速調整可以大幅提升 API 所提供的價值。但是策略的改變受限於 API 的可變性，所以變動管理支柱（稍後討論）是必要的投資。

治理「策略」的關鍵決策

API 的目標與戰術計畫是什麼？

策略工作的核心就是定義目標及其實現計畫，務必仔細考慮這項決策工作該如何分配。你可以讓各個團隊定義他們自己的目標與戰術，以取得在地優化的好處，或是由中央單位擬定目標計畫，以提升系統優化。如果你選擇分散 API 策略工作，你就要建立激勵和控制機制，以防止任何一個 API 造成不可挽回的傷害。例如，將目標設定的核准步驟集中起來，可能會讓流程變慢，但可以防止出現意外的問題。

如何衡量決策的影響力？

API 的目標是在地定義的，但你也要治理該目標與組織利益之間的一致性。你可以將衡量工作分散出去，由 API 團隊負責，也可以集中並標準化。例如，你可以引入具有標準化指標的一致流程，讓團隊在 API 報告中遵循，以獲得系統級分析所需的一致資料。

策略何時改變？

有時目標必須改變，但是誰可以做出這個決策？改變 API 目標的麻煩在於，它往往對 API 本身和依賴它的人產生很大的影響。雖然你可能讓你的團隊自由地設定一個新 API 的目標，但你必須密切地控制目標的改變，尤其是 API 進入大量使用的階段後。

設計

當你對你所製作的東西的外觀、感覺和使用方式做出決定時，設計工作就發生了，你建立或改變的一切都涉及設計決策，事實上，本章的各個小節談到的所有決策工作也可以視為設計工作。但是我們在此介紹的 API 設計支柱比較特別，它只限於一種設計工作，在設計 API 的介面時做出的決定。

我們將介面設計視為一個支柱的原因是，它對你的 API 有很大的影響。雖然介面只是構成 API 的元素之一，但是當用戶使用你的產品時，介面是他們唯一看到的東西，對他們來說，介面就是 API。因此，無論你想出什麼介面設計，它都會大大地影響你在其他支柱中做出的決定。例如，「API 應該有一個基於事件的介面」這個決定，會從根本上改變你的實作、部署、監測與文件工作。

在設計介面時，你有很多決定要做，以下是你必須考慮的重要事項：

詞彙

你的用戶需要了解的字詞和術語有哪些？他們需要了解哪些特殊詞彙？

樣式

該介面採用哪些協定、訊息模式與介面風格？例如，你的 API 會使用 CRUD 模式嗎？還是使用事件風格？亦或類似 GraphQL 查詢的風格？

互動

API 將如何讓用戶滿足他們的需求？例如，用戶要發出哪些呼叫才能實現他們的目標？如何讓他們知道呼叫的狀態？你會在介面提供哪一種控制項、過濾器和使用提示？

安全性

有哪些設計特點可幫助用戶避免犯錯？你如何傳達錯誤與問題？

一致性

你將為用戶提供哪種等級的熟悉度？該 API 是否和你的組織或產業的其他 API 保持一致？介面的設計是否和你的用戶可能用過的其他 API 相似？還是你的創新會讓他們感到意外？你會在設計中採用已批准的業界標準嗎？

這不是一份詳盡的清單，但正如你所看到的，你有很多決策方面的工作要做，設計一個好介面是困難的工作。不過，讓我們更精準地定義目標是什麼，對 API 介面而言，什麼是好設計？如何做出更好的設計決策？

什麼是好設計？

如果你已經為你的 API 制定策略，你就已經為 API 定義了一個策略目標。我們要弄清楚，介面的設計如何協助你更接近這個目標，第 74 頁的「策略」說過，你可以為 API 制定許多不同的目標與戰術，但一般來說，它們都可以歸納成兩個共同目標之間的選擇：

- 獲得更多 API 用戶。
- 降低 API 使用（usage）的開發成本。

在實務上，若要取得成效，你就要對策略有更細微的看法。但是將目標分成兩大類可讓我們看到一件重要的事情：良好的介面設計可以幫助你實現這兩個廣泛目標。如果 API 的整體使用體驗良好，就會有更多用戶願意使用它。介面設計在你的 API 的開發者體驗中扮演很重要的角色，所以良好的介面設計應該可以帶來更高的用戶獲取。此外，良好的介面就是可以避免人們犯錯，並幫助人們解決問題的介面，這意味著，使用精心設計的 API 可減少開發軟體的工作量。

所以，優良的介面設計是值得投資的。但是，世上沒有具體的決策可讓任何介面成為「好」介面。介面的品質完全取決於用戶的目標。如果你不知道你為誰設計，你就無法提高易用性與體驗。值得慶幸的是，如果你已經確定為什麼要建構這個 API，那麼釐清你為誰設計應該是個相當簡單的工作，你可以鎖定那個用戶群，並且做出設計決策，以改善他們使用你的 API 的體驗。

開發者體驗（DX）

在本章與本書中，我們將談到 API 的開發者體驗。DX 實際上只是你的 API 提供的用戶體驗，只不過 API 的對象是一種非常特別的用戶——軟體開發者。API 的 DX 就是開發者與你的 API 產品的所有互動的總和。介面設計是其中的一個重要成分，但你的文件、行銷與支援都有助於你創造的體驗。說到底，DX 是衡量你的用戶群有多麼幸福（或不幸福）的指標。

使用設計方法

為了讓介面設計工作發揮最好的效果，最好的選擇是使用方法或流程。設計創作有很大一部分是猜測或假設你認為會成功的東西，你必須從某個地方開始做起，所以你可能會先複製一個你喜歡的 API 介面，或遵循部落格文章的指引，雖然這種做法完全可行，但是如果你想要讓介面設計提供最大的價值，你就要用一種方法來測試這些假設，並確保你做出最佳決策。

例如，你可以採用下面的輕量級流程：

1. 想出介面的雛型。
2. 編寫使用該雛型的用戶端。

3. 根據你學到的東西更新雛型，再試一次。

比較費勁的流程是：

1. 與利害關係人（即用戶、支持者和實作者）舉行早期設計會議。
2. 一起設計介面的詞彙。
3. 調查用戶群。
4. 建立雛型。
5. 在目標用戶群中測試雛型。
6. 與實作者一起驗證雛型。
7. 在必要時進行迭代。

這兩個例子最大的差異是你投入的資源，和你收集的資訊。決定在設計過程中投入多少資源是一種策略決策，例如，與你自己的開發團隊使用的內部 API 相比，你可能會更仔細地檢查在競爭激烈的市場中銷售的外部 API 介面。但切記，即使是輕量的設計流程也可能帶來巨大的回報。

API 說明格式

你可以用機器可讀的介面說明格式來說明介面，讓你的設計工作更輕鬆。並非每一種風格的 API 都有現成的標準格式可用，但比較常見的風格都有標準格式，例如，如果你正在設計 SOAP API，你可以使用 WSDL 格式（*https://oreil.ly/YZ97v*），如果你正在設計 CRUD 樣式的 HTTP API，你可以使用 OpenAPI Specification（*https://oreil.ly/qJqEt*），或者，如果你正在設計 gRPC API，你可以使用 Protocol Buffers（*https://oreil.ly/oI7gG*）。以上的說明格式都能幫助你用工具產生雛型，並以檔案來保存和分享介面說明。

治理「設計」的關鍵決策

設計限制是什麼？

如果 API 團隊可以隨心所欲地進行設計，他們可以做出非常容易使用，且提供最佳體驗的介面模式。但是易用性是為用戶量身打造的，通常會犧牲用戶的彈性。這意味著，這種局部優化會影響系統。如果你正在製作許多 API，而且你的用戶需要使用其中的一個以上，你就要針對設計決策施加一些約束。這代表你必須將設計工作中心化，或將設計師的選擇中心化。有一些中央團隊會發表「樣式指南」來記錄這類的設計條件，它可能包含官方允許的詞彙、樣式與互動方式。

如何分享介面模型？

決定介面的模型該如何分享，意味著決定 API 設計作品該如何持久保存。例如，如果你將這項決策完全中心化，你可以要求所有 API 團隊都以 OpenAPI 說明格式來提供設計。這種做法的缺點在於：它會將所有可能的設計選項限制在 OpenAPI 規格內的選項，但也會讓團隊更容易分享工作，並在整個系統中使用一致的工具與自動化機制。

文件

無論你的 API 介面設計得多好，如果你沒有向用戶提供一些協助，他們就沒辦法開始使用它。例如，你可能要教導用戶：API 位於網路上的哪裡、訊息與介面裡面的詞彙是什麼，以及他們應該以什麼順序發出呼叫。API 文件支柱描繪的就是創造這種 API 學習體驗的工作。我們將這個支柱稱為「API 文件」而不是「API 學習」的原因是，最流行的 API 學習體驗大都是以人類可讀的文件形式來提供的。

提供良好的文件很有價值，原因與設計良好的介面很有價值一樣：更好的開發者體驗會轉換成更多的戰略價值。如果你沒有良好的文件，你的 API 將更難學習和了解，如果它太難學習如何使用，使用它的人就會更少。如果開發者被迫使用它，他們會花更長的時間來開發軟體，而且更有可能出現 bug。事實上，開發良好的文件是創造良好的開發者體驗的關鍵。

記載方法

你可以用許多不同的方式提供 API 文件：你可以提供類似百科全書的 API 資源參考、提供教學與概念性的內容，甚至提供高度文件化的、複雜的示範 APP 供用戶複製與學習。技術文件的樣式、格式與策略有令人難以置信的多樣性。為了方便起見，我們將 API 文件分成兩種廣泛的基本做法：教而不說法與說而不教法。根據我們的經驗，如果你想要為用戶創造更好的學習體驗，你就要同時採取這兩種做法。

教而不說文件的重點是傳達關於 API 的事實，以協助用戶使用它。這種基於事實的例子包括記錄 API 的錯誤代碼清單，以及提供它使用的訊息主體綱目（schema）。這種文件可當成介面的參考指南。因為它高度根據事實，所以非常容易設計與開發，事實上，你可以使用工具來快速製作這種風格的文件，尤其是當介面的設計已經被序列化成機器可讀的格式時（見第 80 頁的「API 說明格式」）。整體而言，這種關於介面的細節與行為的事實性報告比較不需要費心進行設計與決策。關鍵的決策與選擇 API 的哪些部分需要記錄有關，而不是如何以最好的方式傳達那些資訊。

反過來說，教而不說法側重於設計一種學習體驗。這種做法不是只列出事實來讓讀者過目，而是為用戶量身定製學習體驗。其目的是協助 API 用戶實現他們的易用性目標，同時以一種重點式的、針對性的方式來學習如何使用 API。例如，如果你有一個地圖 API，你可以寫一個包含六個步驟的課程，教你的用戶如何取得一個街道地址的 GPS 資訊，如此一來，你可以協助他們用最小的精力完成一項相當典型的任務。

文件不一定是被動的。參考資料、指南與課程都很有幫助，但你也可以部署工具來協助用戶以更具互動性的方式來了解你的 API。例如，你可以提供一個使用網路的 API 探索工具來讓用戶即時傳送請求給你的 API。一個好的 API 探索工具不僅僅是一個「靜默」的網路請求工具，它也可以提供一連串的活動、詞彙、建議與更正，來引導學習體驗。互動式工具最大的優點在於它縮短了用戶的回饋迴路，即學習一些東西、嘗試應用學到的東西，並從結果中學習的迴路。如果沒有工具，你的用戶就要花時間編寫程式，或尋找與使用外部工具，導致更長的迴路。

開發者入口

在 API 領域中，開發者入口是存放 API 的所有補充資源的地方（通常是一個網站）。你不一定要提供開發者入口，但它可以提供一種方便的方式來讓用戶學習你的產品和與它互動，進而改善 API 的開發者體驗。

投資於文件

只提供一種 API 文件很可能無法滿足用戶群的需求。不同的用戶有不同的需求，如果你關心他們的學習體驗，你就要設法迎合所有人。例如，新用戶可從教而不說文件獲益良多，因為它是規範型的，易於遵循，但經驗豐富的用戶比較喜歡說而不教文件，因為他們可以快速找到需要的事實。同樣的，互動式工具可以吸引喜歡現場體驗的用戶，但不太適合喜歡理解與規劃的用戶（或單純偏好閱讀的用戶）。

在實務上，提供所有類型的 API 文件可能要付出很高的成本，畢竟你要安排人員設計與編寫它們，而且不只一次，而是在 API 的整個生命週期。事實上，API 文件工作的困難之處在於讓文件與介面和實作的變動維持同步，如果文件是錯的，用戶很快就會變得非常不滿。所以，你必須明智地決定，你可以為 API 持續進行多少文件工作。

做出文件投資決策的關鍵因素是考慮 API 的學習體驗對你的組織的價值。例如，優秀的文件有助於讓 API 產品和競爭對手有所不同，對不熟悉內部 API 所屬的系統、業務或產業的開發者來說，也有很大的幫助。在競爭激烈的市場裡的公共 API 通常可以獲得比內部 API 更高的文件投資規模，這是 OK 的。最終，你要決定多少文件對你的 API 來說是足夠好的，好消息是，你總是可以隨著 API 的成長而增加這種投資。

治理「文件」的關鍵決策

學習體驗是如何設計的？

與學習體驗設計有關的決策經常與 API 設計、實作與部署分開治理。如果你有很多 API，用戶比較喜歡在所有 API 上獲得單一、一致的學習體驗。但是，將這個決策中心化通常會付出一種代價：創新減少，API 團隊的限制更多，以及技術寫作中心化的潛在瓶頸。你必須平衡一致性的需求 vs. 你需要支援的多樣性和創新量。有一種做法是採取混合模式，也就是讓大部分的 API 使用中心化文件，但允許各個團隊在嘗試新東西時創作他們自己的學習體驗。

何時該編寫文件？

團隊開始編寫文件的時間點有很大的差異性。由於設計和實作可能變動，在早期進行寫作的成本較高，但它可以在早期暴露易用性問題，因此這種做法是有價值的。你必須決定這個決策權可以安全去中心化，還是需要中心化管理。例如，是否每一個 API 在發表前都必須具備書面文件，無論它的用途為何？還是團隊應該自行判斷並做出這個決定？

開發

API 開發支柱包括你將 API 化為「現實」時做出來的所有決定。在開發 API 的實作時，讓它和它的介面設計保持一致是很辛苦的工作。開發支柱有龐大的決策空間，你要決定將用哪些技術和框架來實作 API、實作的架構長怎樣、需要使用哪些程式和組態（configuration）語言，以及 API 在執行期應如何表現。換句話說，你要設計和開發 API 的軟體。

事實上，API 用戶並不關心你如何實作 API，關於程式語言、工具、資料庫和軟體設計等實作決策對他們來說毫無意義，最重要的是最終的產品。只要 API 以正確的方式做該做的事，用戶就會開心。你使用什麼資料庫或什麼框架來製作 API，對用戶來說只是旁枝末節。

但是用戶不關心你的選擇並不意味著你的開發決策不重要。事實上，開發決策非常重要，對那些必須在整個 API 生命週期內建構、維護和修改 API 的人來說更是如此。如果你選擇難用的技術，或公司內部沒人理解的深奧語言，API 將更難維護。同樣地，如果你選擇太難用的工具或程式語言，API 將難以變動。

在考慮 API 開發支柱時，人們往往只關注建構第一個版本時做出來的選擇。它們確實很重要，但它們只是挑戰的一小部分。更重要的目標是做出可以在 API 的整個生命週期中持續改善品質、擴展性、可變性以及易維護性的開發決策。用這個觀點來開發軟體需要經驗與技巧，所以你要在人員與工具上進行良好的投資。畢竟，任何人都只要上幾堂程式設計課程就可以開始寫程式了，但編寫大規模運作、可並行使用、可在實際的情況下處理所有邊緣情況，同時為其他開發者提供可維護性和可修改性的程式需要真正的專家。

沒有具體的規則可以協助你設計和架構 API 軟體，就像沒有任何規則可以幫你設計任何軟體一樣。但是，有很多指引、哲學和建議教你應該如何設計軟體。一般來說，你可以將任何基於伺服器的優良開發法運用在 API 開發領域上。對 API 來說，不同之處只有 API 專用框架的健康生態系統，以及用來開發實例的工具。我們來看一下你可以利用的選項有哪些。

使用框架與工具

任何典型的開發流程都會使用大量的工具，但是對 API 開發而言，我們對一種特殊的工具感興趣——可協助你在建立新 API 版本時，降低 API 相關決策與開發工作負擔的工具，這些工具包括讓 API 程式設計更輕鬆的框架，以及提供「無碼（no-code）」或「低碼（low-code）」實作的標準工具。

*API 閘道*是 API 管理領域中特別流行的工具。API 閘道是一種基於伺服器的工具，旨在降低在網路部署 API 的成本。它們通常會被設計成高度可擴展、高度可靠且高度安全——事實上，在系統架構中引入閘道的主要動機，通常是為了改善 API 實作的安全性。

它們很有用的原因是它們可以大大地降低開發 API 實例的成本。

使用閘道之類的工具可以降低開發成本，因為它是為了解決你的大部分問題而製作的。事實上，在多數情況下，使用這些工具只需要做極少量的程式設計工作。例如，具備一定品質的 HTTP API 閘道只需要做一些設定來讓它開始執行，就可以立刻監聽 HTTPS 連接埠的請求、解析 JSON 請求主體，以及和資料庫互動。當然，這一切都不是憑空發生的，必須有人寫出這種工具來執行以上所有事情。說到底，我們是將開發 API 的成本轉嫁給外部組織。

有效的工具是天賜的禮物。但使用 API 閘道等工具的代價是，它們只能做它們被設計來做的事情，這就好像使用任何一台機器時，你的靈活性將被限制在那台機器提供的功能上。所以，選擇正確的工具是重要的開發決策。如果你的 API 策略和介面設計引導你做很多非標準的事情，你可能要自己承擔更多開發工作。

介面與實作關係

支援 API 的決策與介面的設計是開發工作的首要目標。無論你的架構多棒、程式多容易維護，如果 API 不能做到介面設計所要求的那樣，你就失敗了。我們可以從這句話得出兩個結論：

- 讓實作符合你公布的介面設計是很重要的品質指標。
- 每當你改變介面時，你就必須更新實作。

這意味著在你完成一個介面設計之前，你不能開發 API。這也意味著，從事開發工作的人需要以一種可靠的方式來了解介面的樣子，以及它何時發生變化。API 產品有一個巨大的風險在於設計團隊決定的介面設計不切實際，或不可能正確實作。如果介面設計者與實作開發者是同一個人，或屬於同一個團隊，這不是什麼大問題，但如果不是這樣，在你的 API 設計過程中，一定要讓實作團隊審核介面。

使用貼近程式碼的 API 說明語言

將介面說明整合到實作裡面可以增加實作與介面保持同步的機會。例如，如果你有一個代表介面設計的 API 說明格式，你可以把那個檔案放入程式碼版本庫，甚至開發自動測試來驗證你是否遵守介面。你甚至可以根據說明格式產生一個程式碼骨架，儘管這種做法只適合第一版。

你也可以採取相反的做法，直接手動將介面說明嵌入程式碼裡，而不是接收介面說明，並在程式中使用它。例如，有些框架可讓你使用註解來描述 API 介面。程式碼和介面註解的組合可以當成介面的「真相來源」，甚至可以用來產生 API 文件。這些方法都可以確保實作不違背介面設計的承諾。

治理開發的關鍵決策

可用哪些來實作？

這是實作的核心治理問題，這個問題很廣泛，包含許多決定：你可以選擇哪些資料庫、程式語言與系統組件？哪些程式庫、框架與工具可用來支援工作？你必須與哪些供應商合作？你可以使用開放原始碼程式嗎？

當筆者行文至此時，人們喜歡將這種決策去中心化，以提升在地優化。很多公司發現當團隊被賦予更多實作自由時，他們的 API 更高效、更容易建構，而且更容易維護。但是去中心化也有常見的代價：降低一致性，以及更少系統優化機會。事實上，這意味著人員更難在團隊之間流動、獲得規模經濟的機會更少，以及降低整體實作的能見度。

根據我們的經驗，提供更多實作自由是值得一試的，但是你也必須考慮系統可以承受多少決策自由性。在實施決策去中心化時，有一種簡單的做法是將選擇元素中心化，這意味著將技術選項中心化，並讓團隊進行選擇和核准。

測試

如果你關心 API 的品質，你就要花一些精力測試它。在 API 測試支柱中，你要決定你必須測試什麼以及如何測試它。一般來說，API 測試和其他軟體專案中的品保（QA）工作大同小異。你可以用優良的軟體品質管理方法來處理 API 的實作、介面與實例，就像處理傳統軟體 APP 一樣。但如同開發支柱，工具、程式庫和輔助程式的生態系統使得 API 領域和一般的測試領域略有不同。

需要測試哪些東西？

測試 API 的主要目的是確保它可以實現你在建立它的過程中定義的策略目標。但是本章談過，那個策略目標是由十大支柱的決策性工作促成的。因此，API 測試的次要目標是確保你在各支柱所做的所有工作，都有足夠的品質可以支持你的策略。例如，如果 API 的易用性與易學性非常低，這可能影響「獲取更多 API 用戶」這個策略目標，這意味著你要定義具體的測試來評估介面的品質，你也要測試已完成的工作是否具備內部一致性，例如，你要檢查你所開發的實作是否與你設計的介面一致。

以下是 API 負責人使用的典型測試種類：

易用性與 *UX* 測試

找出介面、文件與發現的易用性 bug。例如，提供 API 文件給開發者，並且在他們用它來編寫用戶端程式時，執行「肩上」觀察測試。

單元測試

在更細微的層面上找出實作中的 bug。例如：在每一個 build 裡，對著 API 實作的 Java 方法執行 JUnit 測試。

整合測試

對實例發出 API 呼叫來找出實作與介面 bug。例如：在開發環境中執行測試腳本，對著正在運行的 API 實例發出 API 呼叫。

效能與負載測試

在已部署的 API 實例和實例環境中找出非功能性的 bug。例如：在類生產測試環境中，對著正在運行的 API 實例執行測試腳本，模擬產品等級的負載。

安全測試

找出 API 介面、實作與實例的安全漏洞。例如：聘請一個「老虎團隊」找出在安全測試環境裡運行的 API 實例的漏洞。

產品測試

在 API 產品已經被發表到產品環境後，找出易用性、功能性與性能 bug。例如：使用 API 文件進行多變數測試，向不同的用戶提供略有不同的內容，並根據結果改善文件的易用性。

以上當然不是詳盡的清單，可執行的測試還有很多。事實上，即使是上述的測試也可以分出更多子類別。在測試支柱中，最重要決策是多少測試才算足夠好，理想情況下，你的 API 策略可以協助決定這項決策。如果品質和一致性是高度優先事項，你可能要先花費大量的時間和金錢來測試 API 才能發表它。但如果 API 是實驗性的，你可以採取容忍風險的方法，執行最低等級的測試。例如，一家成熟的銀行的支付 API、和一家初創公司的社交網路 API 的測試政策，應該有大異其趣的範圍。

API 測試工具

測試的成本可能很高，所以改善流程來讓品質更容易提高很有幫助。例如，有些組織成功地實踐了「測試驅動」方法，也就是在建立實作或介面之前，先編寫測試程式，這種方法的目標是將團隊文化改成以測試為中心，從而使所有設計決策都能產生有利於測試的實作。成功執行這項策略可做出更高品質的 API，因為它隱含高度的可測試性。

除了改善流程與文化之外，你也可以使用工具與自動化程序來減少測試的執行成本。在 API 測試工具中，最實用的工具是模擬器與測試替身（test double 或 mock），因為 API 軟體的互連性質讓事情很難被孤立地測試，所以你要設法模擬其他組件。尤其是，你可能要用一些工具來模擬這些組件：

用戶端

當你測試 API 時，你需要模擬來自 API 用戶端的請求，有許多工具可以做這種事情。好的工具可讓你靈活地設置和改變請求，產生非常類似你在產品環境中收到的訊息種類和流量模式。

後端

API 可能有一些依賴項目，它們可能是一組內部 API、資料庫，或第三方的外部資源。為了進行整合測試、性能測試和安全測試，你可能要設法模擬這些依賴項目。

環境

當你執行生產前測試時，你也要設法模擬生產環境，在幾年前，你可能要為此特別維護和運行一個預定的環境。現在，很多組織都使用虛擬化工具，以更低廉的方式重建測試環境。

API

有時你甚至要模擬自己的 API，當你測試一個支援組件時就會出現這種情況（例如在開發入口裡面，對著 API 發出呼叫的 API 探索工具），但是 API 模擬版本也是可讓用戶使用的寶貴資源。這種 API 模擬版本通常稱為沙盒，大概是因為它可以讓開發者肆意玩弄 API 和資料而不必承擔任何後果。沙盒需要投資，但可以大幅改善開發者體驗。

讓沙盒感覺起來就像產品一般

如果你要發表沙盒給 API 用戶使用，你要讓沙盒盡可能地重現產品環境。如果你可以讓用戶寫好程式後，只要稍做修改，就可以將它指向你的生產實例，你將擁有一群非常幸福的用戶。如果用戶花大量的時間和精力來處理 API 整合問題，卻發現生產實例的外觀和行為不一樣，他們將無比沮喪。

治理「測試」的關鍵決策

該在哪裡測試？

多年來，測試流程已經變得越來越分散，最重要的治理決策就是決定我們介紹過的各種 API 測試階段的中心化或去中心化程度。將測試程序中心化可讓你有更多控制權，代價是可能會產生瓶頸。有些瓶頸可以用自動化來緩解，但你必須決定由誰來設置和維護這個自動化系統。大部分的組織都同時採取中心化和去中心化系統。我們建議將早期測試階段去中心化以提升速度，將後期階段中心化，以保證安全。

多少測試才夠？

即使你讓各個團隊進行他們自己的測試，你可能也想集中規定他們最少要做哪些測試。例如，有些公司使用代碼覆蓋率工具來產生「有多少程式碼已被測試」的報告，雖然覆蓋率對指標和品質而言並不完美，但它是一種量化數據，可讓你設定所有團隊必須遵守的最低門檻。如果你有合適的人才，你也可以將決策權下放，讓各個 API 團隊做適合他們的 API 的事情。

部署

API 的實作就是將介面化為現實的東西，但實作必須正確部署才能發揮其作用。API 部署支柱包括「將 API 實作轉移到目標用戶可以使用的環境」的所有工作。已部署的 API 稱為實例，你可能要管理很多這種實例才能讓 API 正常運作。API 部署工作的挑戰是確保所有實例都有一致的行為、讓用戶可以持續使用它，以及在必要時容易改變。

當今軟體部署涉及的工作比過往複雜許多，主要是因為軟體架構變得越來越複雜，並且比以往任何時候具有更多彼此牽連的依賴關係，除此之外，公司對系統的可用性與可靠性有很高的期望——他們希望系統在任何時刻都能正常運作。喔，別忘了，他們也希望變動可以立刻釋出，你必須為 API 部署系統做出良好的決策，以滿足以上所有期望。

處理不確定性

改善 API 部署的品質意味著確保 API 實例的行為符合用戶的期望，顯然，實現這個目標所需的工作，很多不屬於部署支柱。如果你想減少生產環境的 bug，你就要寫出良好的、簡潔的實作程式，並嚴格地測試它，但有時即使你採取了所有的預防措施，生產環境還是發生不好的事情，因為已公開的 API 有很高的不確定性與不可預測性需要處理。

例如，當 API 產品的需求量暴增時會發生什麼事？你的 API 實例能夠處理這種負載嗎？或者，如果操作者不小心部署了舊版的 API 實例，或你的 API 依賴的第三方服務突然故障了，又會怎樣？不確定性會在許多不同的地方出現，來自你的用戶、來自人為錯誤、來自你的硬體，以及來自外部依賴項目。為了提升部署安全性，你要同時採取兩種彼此相反的做法：消除不確定性，同時接受不確定性。

在 API 部署中消除不確定性有一種流行的方法：運用不變性（*immutability*）原則。不變性是無法改變的品質，用另一種說法，它是「唯讀」的。你可以用許多種方法應用不變性，例如，如果你絕不允許你的操作員改變伺服器的環境變數或手動安裝軟體包，你就可以說你擁有一個*不變的基礎設施*。同樣的，你可以建立不可變的 API 部署包裝，也就是不能修改，只能替換的可部署包裝。不變性原則可提升安全性，因為它可以排除人為干預帶來的不確定性。

然而，你永遠無法完全消除不確定性，你無法預測每一種可能，也無法測試每一種可能性。所以，你的決策工作有很大一部分是釐清如何保持系統安全，即使是在意外發生時。這類工作有些發生在 API 實作層面（例如編寫防禦程式），有些發生在園林層面（例如設計有韌性的系統架構），但很多工作發生在部署和營運層面。例如，如果你能夠持續監測 API 實例和系統資源的健康狀況，你就能發現問題，並在用戶被影響之前修復它們。

設計堅韌的軟體

在提高已部署的 API 的安全性的資源中，我們最喜歡的是 Michael Nygard 的書籍《*Release It!*》（Pragmatic Bookshelf）。如果你還沒有看過這本書，你應該買來看。它是一座蘊藏實作和部署模式的寶庫，可提高 API 產品的安全性和韌性。

API 的變化是你不得不承受的不確定性，雖然你可以在 API 能夠可靠地運作時凍結所有的變動，但變動是不可避免的，你要為它做好準備。事實上，你應該將「盡快部署變動」視為部署工作的目標。

部署自動化

讓部署更快的方法其實只有兩種：減少工作量，和加快工作速度。有時，你可以藉著改變工作的方式來加快部署速度，例如，採用不同的工作方式，或引入新的文化，這很難，但真的有幫助。我們將在第 8 章討論人員與團隊時，更詳細地探討這個主題。

提升速度的另一種做法是將人工部署工作自動化，例如，將測試、組建、部署 API 程式的流程自動化，只要按下一個按鈕就可以釋出新版本。

部署工具與自動化可以快速生效，但你要注意長期的成本。在工作流程中引入自動化就像在工廠引入機器一樣，雖然它可以提升效率，但也會限制彈性。自動化也伴隨著啟動與維護成本。它不太可能開箱即用，也不太可能自己適應不斷改變的需求與環境。所以，當你用自動化來改善系統時，你必須準備在一段時間之內支付這些代價，包括維護那個機制和最終更換它的成本。

APIOp：API 的 DevOps

本節介紹的許多內容都與 DevOps 文化的理念非常吻合。事實上，目前甚至有一個新術語代表將 DevOps 方法運用在 API 上：*APIOps*。我們認為 DevOps 很適合 API 領域，無論你要怎樣稱呼它，它都值得學習。

治理「部署」的關鍵決策

誰來決定何時可以發表？

「誰可以發表」是部署治理的核心。如果你有可以信任的人才、容錯的架構、可容忍偶發失敗的商業領域，你就可以完全下放決策權。否則，你就要釐清這個決策的哪些部分必須中心化。下放這項決策通常有微細的差別，例如，你可以讓受信任的團隊成員「推送發表（push to release）」，或發表到一個測試環境，讓中央團隊做出「給過 / 不給過」決策。請根據你的限制條件來分配權力，以實現最快的速度，以及正確規模的整體安全性。

如何包裝部署？

近年來，包裝與交付軟體的方式已經變得非常重要了。事實證明，這種決策可能慢慢地將整個系統帶往另一個方向。例如，日益普及的容器化部署可用更低廉且更輕鬆的方式來建構不可變、雲端友善的部署。你必須考慮誰應該為你的組織做出這個重大決策。去中心化的、在地的優化決策者可能不了解他的決策對安全性、相容性和規模的影響，但完全中心化的決策者可能沒有適合各種實作與軟體的解決方案。像往常一樣，以某種方式來限制選項與下放決策權是有幫助的。

除了中心化與去中心化的問題之外，你也要考慮哪個團隊最適合做出最高品質決策。該讓營運和中介軟體（middleware）團隊定義包裝選項嗎？還是讓架構團隊定義？或者由實作團隊做決定？人才的分布是這個問題的關鍵因素：哪些團隊有可以做出最佳判斷的人？

資安

API 可讓軟體更容易互相連結，但它也會產生新的問題。API 的開放性讓它們成為潛在的目標，代表一種新型態的攻擊面，攻擊者有更多門戶可以入侵，且寶藏更豐富！所以你必須花一些時間改善 API 的資安。API 資安支柱的重點是做出決策來實現下列安全目標：

- 保護你的系統、API 用戶端與最終用戶免受威脅
- 保持 API 正常運行，供合法用戶合法使用
- 保護資料與資源的隱私

這三個簡單的目標隱藏著一個極其複雜的主題領域。事實上，API 產品負責人可能犯下一個大錯，認為保障 API 的安全僅僅意味著做出一些技術決定。我們並不是說關於資安的技術決策不重要，它們當然重要！但如果你真的想要強化 API 資安支柱，你就要擴大與安全有關的決策範圍。

採取全面的方法

為了真正提升 API 的安全性，你必須讓它成為本章談過的所有支柱的決策過程的一部分，這樣做的主要原因是在執行期實作資安功能的工作。首先，你需要提取身分、驗證用戶端及最終用戶的身分、允許使用，以及實施費率限制。你可以自己寫很多東西，也可以採取更安全且快速的方法，用工具和程式庫幫你做這些事。

但是 API 資安包含許多發生在用戶端和 API 軟體互動之外的事情。你可以改變文化來改善安全性，透過向工程師和設計師灌輸安全第一的思想。你也可以改善流程來防止不安全的變動進入生產環境或停留在生產環境內，你可以審查文件來確保它不會在無意間洩漏重大資訊，你也可以訓練業務員或客服，避免他們無意間提供私人資料，或協助進行社交工程（social engineering）攻擊。

當然，剛才談到的事情比傳統的 API 資安領域大得多，但事實上，API 的安全不可能獨立存在，它是一個互相連結的系統的一部分，必須當成你的公司的整體安全方法的一個元素來考慮。假裝它與大規模的安全策略沒有任何關係沒有任何好處，企圖入侵系統的人絕對不會這樣看待它。

所以，你必須決定如何將 API 工作與公司內部的資安策略整合。有時這很容易做到，有時很難。對 API 來說，最大的挑戰之一是如何在開放性和可用性的願望 vs. 鎖定事物（lock things down）的願望之間取得平衡，你要根據組織策略與 API 策略目標來決定最終的結果。

治理「資安」的關鍵決策

哪些決策需要被核准？

組織裡的所有人做出來的決策都有可能引入安全漏洞，但你不可能仔細審查他們做出來的每一個決策。你必須確定有哪些決策對 API 的資安有最大的影響，並確定那些決策是好的。這在很大程度上取決於你的背景。在你的架構裡面有沒有「可信任」的區域需要安全「邊界」？設計師與實作者有沒有豐富的資安實踐經驗？所有工作都在內部進行，還是會與第三方實作者合作？這些背景因素都會改變核准決策的重點。

API 需要多少資安？

資安支柱有很一大部分是將保護系統及用戶的工作決策標準化。例如，你可能有關於檔案可以儲存在哪裡，或應該使用哪種加密演算法的規則。提升標準化的程度會降低團隊和人們創新的自由度。在資安背景下，有人可能用一個錯誤決策的影響來證明的這一點，但並非所有 API 都需要採取同樣強度的審查與保護。例如，與記錄性能資料的 API 相比，讓外部開發者用來做金融交易的 API 需要更多的資安投資。但誰來做這個決定？

像往常一樣，背景、人才和策略是關鍵的考慮因素。將這個決策中心化可讓資安團隊根據他們對系統背景的理解進行全面評估。但是，有時這些籠統的規則會遺漏一些事項——特別是當 API 團隊正在進行新的或創新的事情，但中央團隊沒有考慮到那些事情時。下放決策權可讓團隊做出評估決定，但團隊本身必須有相當程度的安全知識。最後，如果你的領域需要優先考慮資安和風險緩解，你最終可能強迫所有事情都達到最高的資安等級，而不考慮這樣做對在地環境和速度造成的影響。

> **OWASP API Security Project**
>
> OWASP API Security Project（*https://oreil.ly/Vn5YA*）是一項很棒的資源，可以檢查你是否已經做了應有的努力來保護你的 API。Open Web Application Security Project（OWASP）是一種非營利性的、基於社群的基金會，提供網路 APP 資安的指導。近年來，他們一直在用 API 專屬的素材來支援該社群，以協助解決 API 所有者面臨的常見的威脅。如果你想要為 API 的資安做出更好的決定，務必讓你的團隊在開始進行設計和開發之前，先閱讀並了解 OWASP API 安全建議。

12 條 API 資安原則

以下是 API 資安的 12 條主要原則，你可以用它來指導你的團隊實作安全和可靠的 API。這份清單來自 Yuri Subach 的 API 資安檢查表：

API 機密性

限制對資訊的存取是 API 資安的第一條規則。透過 API 存取的資源只能被獲得授權的用戶使用，並在傳輸、處理或備用期間受到保護，以防止非預期的接收者。

API 一致性

API 提供的資訊必須是值得信賴和準確的。資源必須受到保護，以防止被有意或無意地改變、修改或刪除，而且必須自動檢測多餘的改變。

API 妥善性

妥善性就是保證獲得授權的人可以可靠地獲得資訊。妥善性伴隨著關於基礎設施和 APP 層面的需求，也需要和組織的適當工程流程結合。

機制的經濟性

系統 API 的設計和實作必須盡可能保持簡單。複雜的 API 很難檢查和改善，而且更容易出錯。從資安和易用性的角度來看，極簡主義是一件好事。

API 預設失效安全（fail-safe）

對任何 API 端點 / 資源的訪問在預設情況下應拒絕，只有具備特定權限的情況下，才允許其訪問。好的 API 資安在「訪問應被核准時」遵循保護計畫，在「訪問應被限制時」不遵循保護計畫。

完全仲裁（*complete mediation*）

對 API 的所有資源的訪問都要經過驗證。每個端點都必須配備一個授權機制。這一條原則將安全考量帶到整個系統的層面。

開放 *API* 設計

好的 API 資安設計不應該保密，而是必須記錄下來，並根據既定的安全標準和開放的協定來設計。API 資安涉及組織的所有關係人，也可納入合作伙伴和消費者。

最低 *API* 權限

系統的每一個 API 用戶都應該以完成工作所需的最低 API 權限進行操作。這可以限制與特定 API 用戶有關的事故或錯誤造成的損害。

心理可接受度

有效的 API 資安實作應該保護一個系統，但不妨礙系統的用戶正確使用它，也不阻礙他們遵循所有的安全要求。API 的安全等級必須與威脅的等級相應。對用戶來說，為不敏感的資源製作繁重的 API 安全機制可能是不成比例的做法。

將 *API* 攻擊表面區域降到最低

限制 API 的表面攻擊區域就是盡量減少可被惡意用戶利用的東西。若要減少 API 表面的攻擊區域，你可以只公開需要的東西，並限制範圍和速率，在進行進一步的用戶驗證之前，限制 API 呼叫的數量，以及對用例進行盡職的調查，來限制區域損害。

深度的 *API* 防禦

多層的控制可讓 API 更難被入侵。你可以把針對伺服器的訪問限制在幾個已知的 IP 位址上（加上白標籤），實行雙因素認證，並實施許多其他技術，以增加 API 資安實踐的深度。

零信任政策

零信任政策意味著默認第三方 API 供應商和第三方 API 用戶是不安全的，無論是外部還是內部，也就是針對內部和外部 API 實施所有相關的 API 安全措施，彷彿它們都是外部的，而且是不可信任的。

讓 *API* 在故障時是安全的

所有 API 經常由於輸入錯誤、請求過載或其他原因而無法處理事務。在 API 實例內部的任何故障都不能覆蓋安全機制，API 必須在故障情況下拒絕訪問。

正確修復 API 安全問題

一旦你確定 API 安全問題，你就要集中精力妥善解決它，避免採取快速的「權宜之計」，雖然那些做法可在短期內完成工作，但只是治標不治本。開發人員和 API 安全專家必須了解問題的根本原因，為它製作一個測試，並在對系統影響最小的情況下修復它。完成修復後，系統應在所有支援的環境和所有平台上測試。API 安全漏洞通常發生在 API 團隊已發現卻未能正確修復的故障中。

監測

培養 API 產品的可觀察性（observability）品質非常重要。如果你無法準確地掌握 API 的性能和最近的使用情況，你就無法正確地管理 API。API 監測支柱就是為了取得和使用那些資訊而進行的工作。隨著時間的過去和規模的擴大，對 API 管理而言，「監測 API 實例」與「設計介面和開發實作」同樣重要，畢竟 API 不可能永遠不出錯。

API 實例有很多東西可以監測：

- 問題（例如錯誤、故障、警告與崩潰）
- 系統健康（例如 CPU、記憶體、I/O、容器健康）
- API 健康（例如 API 正常運行時間、API 狀態與已處理的訊息總數）
- 訊息紀錄（例如請求與回應訊息內文、訊息標頭與詮釋資料）
- 使用數據（例如請求的數量、端點 / 資源的使用情況、每位用戶的請求）

更深入了解監測

除了監測 API 與使用情況之外，我們介紹的衡量標準並非只能用於 API 軟體組件。如果你想要尋找關於網路軟體組件監測的指南，我們推薦 Google 的《*Site Reliability Engineering*》（*https://oreil.ly/Il6Iu*）（O'Reilly），它詳細地介紹了軟體系統設計，並且提供一份相當全面的清單，列出你應該監測的事情種類。另一個很棒的資源是 Weaveworks 的 RED Method（*https://oreil.ly/qJKtI*），它指出微服務的三類指標：速率、錯誤與持續時間。

這些指標可以用各種方式來協助你的 API。健康和問題資料可協助你檢測和處理故障，可減少任何問題造成的影響。訊息處理資料可以協助你處理 API 與系統級問題。使用數據可協助你了解用戶究竟如何使用你的 API，以協助你改善 API 產品。但首先，你必須設法產生那些資料，當然，你也要用可靠的方式收集那些資料，並以有用的方式來呈現它。

你可以產生的資料越多，你能夠了解與改善產品的機會就越多。所以在理想情況下，你會從 API 產生永無止境資料。不過，產生、收集、儲存與分析資料的成本會不斷增加，有時這些成本是無法承受的，例如，如果你的 API 為了記錄資料而讓往返時間增加一倍，你就要減少一些紀錄，或找出更好的做法。你要考慮的重要決策之一是，你能夠負擔得起什麼監測機制。

另一個重要的決策是，你的 API 監測機制需要多大的一致性。如果 API 提供監測資料的方法與其他工具、業界標準或組織規範一致，那麼它將更容易使用。設計監測系統很像設計介面，如果你的監測介面是與眾不同的，那麼學習使用它和收集資料的時間就會更長，如果你只有一個 API 而且只有你負責監測它，這種做法沒什麼問題，但是如果你有數十個或上百個 API，你就要設法減少監測成本。第 7 章會進一步討論這個概念。

治理「監測」的關鍵決策

該監測什麼？

決定監測的數據是個重大的決策。你可以先將它下放給各個團隊決定，但是在規模擴大的情況下，使用一致的 API 監測將讓你受益匪淺。一致的資料可以提升觀察系統影響與行為的能力，這意味著你要將一些決策中心化。

如何收集、分析與交流資料？

將監測實作的決策權中心化可讓 API 資料更容易使用，但可能限制 API 團隊的自由。你必須決定有多少這種決策權必須中心化，以及要將多少權力下放與去中心化。如果你有需要保護的敏感資料，這一點特別重要。

發現

被用戶使用的 API 才有價值，但首先，它必須被找到。API 發現支柱是讓 API 更容易被目標用戶發現的工作，這意味著，你要協助用戶輕鬆地了解 API 的作用、他們可得到什麼幫助、如何上手，以及如何呼叫它。發現是 API 開發者體驗的重要品質，需要好的設計、好的文件與好的實作選擇，但你也要做一些額外的發現工作，來真正改善 API 產品的可尋找性。

API 領域有兩種主要的發現類型：設計期與執行期。設計期發現的重點是讓 API 用戶更容易了解你的 API 產品，這包括了解它的存在、它的功能與它可以處理的用例。另一方面，執行期發現發生在 API 被部署之後，它協助軟體用戶端根據一組過濾器或參數找到你的 API 的網路位置。設計期發現的目標是人類用戶，主要是透過推廣與行銷活動，執行期發現的目標是機器用戶端，依賴工具與自動化。我們來了解一下它們。

執行期發現

執行期發現是提升 API 園林的變化性的一種方式。如果你有很好的執行期發現系統，改變 API 實例的位置只會對 API 用戶端造成輕微的影響。如果你有很多 API 實例同時運行，這點特別有用，例如，微服務風格的架構通常支援執行期發現，來讓服務更容易被發現，實現這一點的工作絕大多數都屬於 API 的開發與部署支柱。

執行期發現是一種實用的模式，如果你正在管理一個複雜的 API 系統，那麼這個模式值得你實作。我們沒時間探討它的細節，但你必須在園林、API 與客戶層面做一些技術投資。當我們在本書中談論發現支柱時，通常都是在討論設計期發現。

設計期發現

為了幫助人們在設計期認識你的 API，你必須製作合適的 API 文件。你要用文件來說明 API 的作用，以及它可以解決哪些問題，並讓用戶很容易找到文件。這種產品行銷「文件」是發現的重要成分，但它不是唯一重要的東西。協助用戶找到那些資訊是這個支柱的關鍵成分，你要和用戶社群接觸，並向他們推銷，才能獲得成功，具體的做法和用戶群的背景有很大的關係：

外部 *API*

如果你的 API 主要是讓你的群體或組織之外的人使用的，你就要將訊息傳給他們，這意味著你要用類似行銷軟體的方式來行銷你的 API 產品，包括搜尋引擎優化、活動贊助、社群參與，以及打廣告。你的目標是確保 API 的潛在用戶都能了解你的 API 如何協助他們解決需求。當然，具體的行銷活動和你的背景、API 的性質，以及你鎖定的用戶有很大的關係。

例如，如果你在開發一個 SMS API，並想獲得更多開發者用戶，你就要在潛在用戶可能出現的地方打廣告，例如網頁開發者會議、討論雙因素驗證的部落格，以及電信會議。如果你的目標是獨立開發者，你可能要使用數位廣告。如果你鎖定大型企業，你可能要投資一個銷售團隊及其關係網路。如果你的市場競爭激烈，你可能要付出很大努力來將自己差異化，但如果你的產品很特別，你可能只要做一些搜尋引擎優化，就能吸引人入門。講到產品行銷，你的背景是重中之重。

內部 *API*

如果你的 API 是讓自己的開發者使用的，你可能有一群被迫使用它的受眾，但是這不意味著你可以漠視 API 的可發現性。內部 API 必須被發現才能被使用，而且隨著時間過去，如果它太難找到就會出問題。如果內部開發者不知道它，他們就無法使用它，

> 甚至可能浪費時間製作另一個功能相同的 API。在內部有競爭激烈的 API 市場通常是健康的跡象，何況企業經常高估可重複使用的機會，但是如果公司裡的人們僅僅是因為不知道有 API，而重複製造另一個 API，那就很浪費資源。
>
> 內部 API 的行銷方式與外部 API 大致相同。它們之間只有生態系統不同。雖然你可以用 Google 搜尋引擎來行銷外部 API，但是對於內部 API，也許你只要將它列入公司的 API 電子表格就可以了。對外部 API 而言，贊助開發者會議可能有效，但是對內部 API 而言，較好的做法可能是直接接觸公司的開發團隊，並介紹你的 API。

行銷內部 API 的挑戰通常是組織缺乏成熟度和標準化。事實上，如果你在大型企業中推薦 API，那個企業極可能有不只一個 API 清單被四處流傳。為了把工作做好，你要確保你的 API 被列在所有重要清單與登記處裡面。同樣的，認識公司的所有開發團隊並且獲得和他們相處的時間可能非常困難，但如果 API 被使用對你非常重要，這就值得投資。

治理「發現」的關鍵決策

發現體驗是什麼樣子？

> 你必須為 API 用戶設計良好的發現體驗，這意味者你要決定發現工具、用戶體驗與目標受眾。你也要決定這個體驗的一致程度，如果你希望高度一致，你可能要將設計決策中心化。

何時與如何宣傳 *API*？

> 行銷 API 有時間與精力成本，所以你要決定由誰來決定何時行銷 API。你可以讓各個 API 團隊決定，或集中做出這項決定。如果你將決定權下放給團隊，你必須確保中心化的發現工具與程序不會阻礙他們的發現目標。

如何保持發現體驗的品質？

> 當 API 隨著時間而變動時，在任何發現系統裡面的資訊都會變得不太準確。誰負責確保發現系統的準確性？誰負責確保用戶體驗不會隨著時間而大規模降低？

變動管理

如果你永遠不需要改變 API，那麼 API 管理工作就會非常容易。但是 API 需要修改、更新和改進，你要隨時做好修改 API 的準備。變動管理支柱包括你在處理變動時必須制定的所有計畫和管理決策。這是一個極其重要且複雜的領域——事實上，變動管理支柱就是本書真正的主題。

一般來說，變動管理有三大目標：

- 選擇要做的最佳改變
- 盡快實施改變
- 不要讓這些變動破壞任何東西

選擇最佳改變意味著做出能夠實現 API 策略目標的改變，這也意味著你要學會如何根據成本、背景與限制條件來決定變動的優先次序與時間表。這其實是產品管理工作，這也是我們在上一章介紹「API 即產品」這個概念的原因之一。如果你設定了明確的戰略目標，並且決定了目標用戶族群，你就可以準確地決定哪些變動是最有價值的。一旦你越了解其他九大支柱的工作，你將越了解成本。充分了解成本與價值的資訊之後，你就可以為 API 做出明智的產品決策。

在「變動的安全性」與「變動的速度」之間取得平衡是困難的工作，但這是必要的。你在 API 產品支柱做出來的每一項決定都會影響變動的速度和安全性。成功的訣竅是盡量提升其中一項，同時盡量減少另一項需付出的代價。在第 5 章、第 7 章與第 8 章，我們將從變動成本、隨著時間進行的變動，以及組織和文化對變動的影響進一步探討這個概念。然後，在本書的最後一章，我們要介紹一個額外的複雜性：規模。第 9 章、第 10 章與第 11 章將討論 API 園林的變動管理，而不僅僅是一個 API。

實施變動只是變動管理工作的一半，另一半工作是讓人們知道他們有其他事情要做，因為你已經改變某些東西了。例如，如果你改變了一個介面模型，你可能要讓設計師、開發者和營運團隊知道，他們有新工作要做了。根據變動的性質，你可能也要讓用戶知道他們必須更新用戶端軟體。做法通常是對 API 進行版本管理，版本的管理方法與 API 的風格和你使用的協定、格式和技術有很大的關係，第 263 頁的「版本管理」會進一步討論這個主題。

治理「變動」的關鍵決策

哪些版本需要快速發表，哪些變動必須安全？

「如何對待不同類型的變動」是很重要的治理決策。如果你將這個決策中心化，你可以建立一致的規則，用它來影響不同的發表程序。有人將這種做法稱為「bimodal」或「two-speed」，但是我們相信複雜的組織有超過兩種速度。你也可以下放這個決策權，讓各個團隊自行評估。下放權力的風險在於，你的團隊可能無法準確評估變動對系統的影響，所以你要確保你有一個堅韌的系統架構。

一起使用支柱

本章定義的支柱包括大量的決策與工作。但我們並未對它們進行編號或排序，這是有意為之的。不同組織的專案和產品交付方法有巨大的差異。因此，我們想提供一種結構化的方法，來定義你需要解決的關鍵決策和工作，這些方法可以用你喜歡的任何軟體開發方法來實踐。

但是，將決策和工作分成支柱可能會讓人以為它們分屬不同的、獨立的工作類別，但實際上幾乎都不是如此。在本節中，我們將探討一起使用 API 支柱以實現 API 產品開發目標的一些常見方式。我們將審視特定支柱如何互相影響，以及在使用這些支柱時需要採取的整體視角。稍後，在第 7 章，我們將看看針對各個支柱的投資在 API 生命週期中如何變化。

我們先來了解如何一起使用 API 支柱，以解決規劃和設計 API 的挑戰。

在執行規劃時應用支柱

近年來，規劃和設計階段的名聲不太好，許多實踐者擔心落入「Big Design Up Front（BDUF）」陷阱（*https://oreil.ly/0tDY1*），也就是團隊在設計階段花了太多時間，與實際的實作情況完全脫節。隨著我們的產業持續接受 Agile（敏捷）原則、Scrum 方法和 Kanban（看板）管理，人們更強調「做」、測試、了解的方法，我們認為這是一件好事。

但是，我們也知道，用明確的目標、連貫的策略和清晰的藍圖來推動交付，是有巨大價值的。規劃和設計的需求在 API 產品中尤其重要，因為介面的任何改變總是伴隨著成本。我們都經歷過這種挫折：在 APP 改變其用戶介面時，被迫重新學習如何做某些事情。修改 API 可能特別昂貴，因為它們很容易影響別人的程式碼，甚至別人的整個商業模式。

這就是為什麼，無論你採取哪種交付方法，你都要先為你的 API 制定一個明確的計畫。根據我們的經驗，即使是高度敏捷的 API 團隊也可以從前期的規劃中獲益。對 API 產品來說，重點是從正確的方向開始，並讓各支柱的工作與那個方向保持一致。尤其是，我們已經確定了三個需要關注的領域：設計調整、雛型設計和界限定義。

測試你的策略和設計的一致性

正如我們在第 77 頁的「設計」中提到的，讓你的策略和設計工作保持一致很重要。將 API 化為現實的設計（第 77 頁的「設計」）和開發（第 83 頁的「開發」）過程涉及極其廣泛的決定。我們目睹許多沒有運用明確的目標或指標來推動工作的從業者陷入困境。

為了提高一致性，你一定要不斷地根據你的策略檢測你的設計。在做出設計和實作決定時，我們很容易失去工作的策略視角。你要根據你的策略目標來檢測這些決定，並重新進行校正。如果你已經定義了 KPI 或 OKR，那麼檢測你的決定將容易得多。

比較兩種策略：Twitter 與 Slack

比較通訊 APP Twitter 和 Slack，可讓我們了解策略面的決定如何影響在其他支柱做出的所有決定。Jason Costa 在「A Tale of 2 API Platforms」中，強調了策略方向（或缺乏策略方向）對 API 產品發展的影響。他特別介紹了 Slack 是如何藉著有目的的設計、開發和變動管理決策來推動其策略目標[1]。Costa 拿這種方法與 Twitter 所採取的更有機且更不穩定的策略方向進行比較，Costa 說，Twitter 在他們和使用其 API 的開發者之間製造了可能無法修復的裂痕。

他的案例研究強調任何 API 製作者的一項重要考慮因素：在某個策略支柱中做出的決定，可能對所有其他支柱造成震撼性的影響。

早期雛型

現代軟體交付方法強調迭代、衝刺和較小批次變動的重要性。根據我們的經驗，這是 API 產品獲得成功的一項重要因素。只要有可能，你就要盡快實現你的策略，以便測試其可實施性。這意味著即使你仍處於發展策略的過程，你也要進行開發（第 83 頁的「開發」）和測試（第 86 頁的「測試」）工作。

這種測試和學習活動有很多名稱：概念驗證、前導研究（pilot）、「鋼絲（steel thread）」、MVP…等。無論你如何稱呼，儘早實現的價值是很大的。事實上，這種持續改進的理念是貫穿本書的關鍵主題之一。

1 Jason Costa, “A Tale of 2 API Platforms,” *Medium*, October 25, 2016, *https://oreil.ly/ZzAlj*.

API 雛型設計工具

幾年前，設計 API 的雛型意味著讓工程師編寫自訂程式。但是，當今有大量的工具可以提供幫助，其中包括像 Spring Boot 這類的框架，它可以加速第 83 頁的「開發」中討論的工作，讓團隊能夠快速做出雛型、可測試的 API。團隊也可以使用介面設計工具，迅速將文件支柱（第 81 頁的「文件」）的工作化為現實。坊間有基於網路和 IDE 外掛的生態系統可以幫助你快速建立 API 規格，而且那個生態系統仍在不斷成長。有些工具甚至可讓團隊使用既有的資料組或資料庫來快速建立 API。建議你在設計和規劃階段儘早找到工具，以幫助你把重心放在 API 的設計和使用方面。

定義界限

在實務上，你的 API 產品可能由一系列單獨的組件組成。這在「微服務」架構風格中尤其明顯，在 API 的實施中，這種風格變得越來越流行。因此，為了實現你的 API 產品策略，儘早規劃組件的界限變得越來越重要。

何謂微服務？

微服務沒有官方的、公認的定義。它代表一種基於 API 的架構風格，在 2010 年代隨著技術和組織的變化而不斷發展。幾乎所有微服務實作都可以藉著將 APP 拆成一組支援 API 的組件來描述，這些組件具有「合適的大小」，可為企業提供價值。

在實務上，這意味著設計單一 API 的部分工作已變成決定如何將它拆成多個部分。要把這件事做好，最難的工作是為組件定義正確的界限。團隊越來越常在早期進行最初的界限定義工作，以便建立更符合策略的組件。

使用支柱來創作

為了將 API 策略化為現實，我們必須實作 API 產品。在第 7 章，我們將從生命週期的角度探討實作 API 產品的意義。但是，在那之前，我們應該考慮如何完成實際的工作。到目前為止，我們已經介紹了在建構 API 時真正重要的四個支柱：設計、文件、開發和測試。現在，我們要探討如何以有價值的方式一起使用這些支柱。

如果你有軟體開發經驗，你應該知道我們為了建構 API 而定義的支柱不是全新的概念。我們現在編寫所有軟體，無論是不是 API，都要經歷設計、開發、記錄和測試這些傳統階段。有很多軟體開發方法可以用那些方法來管理這些支柱的工作。例如，從業者喜歡採用 Kanban、Scrum 和 Scaled Agile Framework 應用敏捷原則（*https://oreil.ly/lTAEJ*）來交付產品。我們相信，你的組織也有一套成熟的軟體建構方法，而且你能夠將它應用在你的 API 工程工作上。

但是，建構 API 的獨特之處在於，API 將許多不同的概念封裝成一個可交付的產品。我們曾經在介紹理解介面、實作和實例的挑戰時提到這一點（第 4 頁的「介面、實作與實例」）。你必須釐清如何應用各種創造性支柱來將這些部分結合起來。如何設計、開發、記錄和測試 API 來讓介面與實作提供最大的策略價值？

很遺憾，沒有萬用的鑰匙可以解鎖那種價值。但是，好消息是，我們已經整理出從業者一直在使用的三種成功方法：文件優先、程式碼優先和測試優先。讓我們來看看它們是什麼，並學習何時最適合使用它們。

文件優先

當我們進入 API 的工程層面時，我們通常會關注它的技術要素，即驅動執行期行為的程式碼和組態設定。但是，如果沒有人開發用戶端程式來使用 API，那些執行期活動都不會發生。這就是為什麼有些團隊的 API 執行方法採取「文件優先」。

文件優先意味著團隊優先考慮 API 的人類介面（文件）的設計。他們不先思考 Go、Java、NodeJS 或任何其他語言的技術問題，而是在 API 出現之前，先專心將它記錄下來。例如，在建構支付 API 時，我們可能在編寫任何程式之前，先進行文件支柱（第 81 頁的「文件」）中的決策和工作。

這樣做的一個好處是，我們可以在投資與 API 有關的任何實作工作之前，先測試 API 的人類介面。例如，我們可以為新的支付 API 編寫用法和範例指南，然後請一群潛在開發者測試它，根據他們的回饋修改文件比修改實際的 API 實作要容易得多。

但是，文件優先並不代表只做文件。在實務上，你可以在將規範定稿的同時，開始進行第 83 頁的「開發」和第 86 頁的「測試」活動。你可以更進一步，開發雛型或文件化的 API 的「mock」，以便提供一個現實的、可呼叫的產品來進行早期測試。

文件優先的關鍵在於，我們將執行決策的重點放在 API 的可學習性、可消費性（consumability）和易懂性上。如果你想確保你的團隊在建構階段把消費開發者放在首位，這是一種很好的技術。這也是提供早期的可交付作品和資產給非技術關係人和贊助者的好方法。

文件優先方法的挑戰在於，它可能導致產品過度承諾和交付不足。你要確保記錄在案的介面，能夠被負責建立這些介面的工程團隊實現。在某些情況下，你可能要在一組複雜且無法改變的下游能力之上進行建構。當記錄在案的理想狀態和實作者產生的現實作品有很大的不同時，建立 API 的成本可能令人負擔不起。

程式碼優先

程式碼優先方法關注的是實作 API 內部程式時的複雜性，這意味著團隊要優先考慮第 83 頁的「開發」和第 86 頁的「測試」活動，以便快速且有效地交付 API 產品的第一個版本。但是，團隊並非不需要提供任何 API 文件，而是文件中的設計將遵照實作的過程中做出來的決定，而不是反過來。

程式碼優先適合在 API 的發表速度，比 API 的可消費性和可用性更重要時使用。例如，建構微服務的團隊往往優先考慮工程工作，因為他們不打算和其他團隊分享他們的微服務。在這種情況下，他們的重點可能是讓程式容易修改和發表，而不是被消費。

這種方法也可以用來快速研究和測試 API 產品的可實作性，當成「概念證明」或「技術刺探（spike）」，以確認高風險因素是否都已被識別或緩解。例如，API 團隊可能在第一步就開始為超媒體或 GraphQL API 編寫程式，因為他們不熟悉這種 API 風格，需要評估設計的實用性。

程式碼優先的團隊仍然可以（而且應該）為他們的介面製作文件。根據專案的性質，那些文件可能比文件優先團隊的要輕量一些。例如，程式碼優先團隊通常用機器可讀的 API 描述語言（例如 OpenAPI）來記錄他們的 API，而不是製作人類可讀的指南。在一些極端情況下，團隊會聲稱程式碼就是文件。但是，程式碼優先方法的關鍵在於，它的文件工作只專注在傳達程式編寫階段已做出的設計決策上。

正如你所期望的那樣，程式碼優先方法很容易將技術和實作層面投射到介面設計中。若要讓程式碼優先的 API 更容易被外部人員使用，你經常要在它之上修改程式碼或製作另一個 API。值得注意的是，在直屬團隊或組織之外，在一個受控制的環境裡，這種方法恐怕難以長期維持。

測試優先

測試優先是程式碼優先和文件優先的一種現代變體。在這種 API 開發方法中，API 的可測試性優先於它的可記載性或可實作性。它是測試驅動開發（TDD）在 API 領域的應用。

> **測試驅動開發**
>
> 測試驅動開發的概念是由 Kent Beck 在他的《*Test-Driven Development by Example*》（*https://oreil.ly/ZP66W*）一書中提倡的。在實務上，人們會以幾種方式正式和非正式地實行 TDD。但關鍵在於，與生產有關的程式碼必須先設計和製作出來才能測試。

測試優先是指 API 團隊要先建立符合想要實現的狀態的測試案例，再編寫程式來讓那些測試案例可以通過（pass）。對於開發而言（見第 83 頁的「開發」），這通常意味著在編寫 API 之前，要先編寫呼叫 API 的測試。例如，在開發支付 API 時，我們要先寫一個透過 HTTP 請求進行支付的測試案例，再寫程式來處理和完成請求。

當我們開始考慮文件支柱，事情就變得更加有趣了（見第 81 頁的「文件」）。採取測試驅動方法意味著文件至少應反映我們開發的測試案例。實際上，建立測試案例就是在設計介面。但是，有些團隊進一步嘗試利用寫好的測試案例來自動產生文件和範例程式。

先進行測試是提高 API 產品可測試性的絕佳手段。它讓未來的改變更安全且更容易預測，因為團隊對自己測試作品的能力有信心。然而，測試優先會帶來額外的開發成本，也可能延遲首次發表的時間。在實務上，許多團隊採用文件優先的方法來製作 API 產品，並採用測試驅動法來進行開發。

使用支柱來營運和運行

在過去的 20 年裡，軟體製作者的壓力越來越大，因為他們既要製作能夠快速交付和改變的軟體，又要讓它以穩定、安全和可靠的方式運行。這導致軟體的開發和運行方式發生改變。越來越多企業採用 DevOps 文化、現場可靠性工程，和 DevSecOps 等方法，來將資安嵌入開發流程。

提早維運

幾年前，開發人員通常會在編寫 APP 之後，將它交給營運團隊，讓他們運行和支援 APP。但是，現在的人們越來越想要用不同的方式來開發 APP，具有 DevOps 文化的團隊會將開發和營運的世界結合起來，從一開始就將 APP 設計成可營運的。在許多現代開發團隊中，營運已經成為開發過程的一等公民，而不是事後諸葛。

用這種方法來開發 API 意味著設計、開發、測試、部署和監測等支柱必須保持一致。在實務上，這意味著團隊要將決策工作，以及創作支柱和營運支柱的工作分享出去。API 團隊在決定工具和框架時，必須同時考慮編寫程式碼的問題，以及部署和運行的問題。

在實務上，大多數的組織最終會實作一種 DevOps 自動化工具平台，以滿足 API 開發團隊的需求。這些工具的目標是加快製作和改變 API 的時間，同時提高其可運行性。這些工具通常能夠將測試、部署和監測工作標準化和自動化。

例如，當筆者行文至此時，企業組織可能會推出一個附帶以下工具的 DevOps 平台：

CI/CD 流水線

這是一種持續改進（CI）和持續交付[2]（CD）工具，可將測試和部署軟體組件的過程自動化。在 API 領域，CI/CD 流水線通常經過設置，以確定 API 在部署到生產環境之前不會引入破壞性改變。這種檢驗和交付自動化，可以應用在你的 API 產品的所有交付品，包括設計資產、文件和實作。

容器化

現在的 API 通常被做成容器，可以當成獨立的部署單元來營運。採用容器化可從根本上改變實作 API 的方式。很多將 API 容器化的組織最終引入「微服務」方法，將 API 產品分成更小的、可獨立部署的部分。

可觀察性工具

為了幫助監測和排除故障，越來越多 DevOps 團隊開始採用有助於收集、可視化、和 log 整合及監測資料的工具。對 API 團隊而言，這意味著設計和開發工作必須遵守 DevOps 團隊決定的標準化介面和格式。API 產品有一種特殊情況是，可觀察性工具通常被延伸到 API 的外部消費者。例如，開發者入口網站可為 API 產品的第三方用戶提供使用和故障排除分析數據。

---

2 或持續部署。

提早確保安全

正如我們在安全支柱中提到的，API 為潛在的惡意行為者提供了特殊的攻擊面，API 實作者必須在整個文件入口、介面設計、資料儲存和程式實作中考慮如何減輕威脅。近年來出現了三種安全模式，它們正在改變 API 領域的工作方式：

DevSecOps 自動化

以營運為重點的工具影響了 API 的開發方式，以資安為重點的工具也產生了同樣的影響。越來越多企業將漏洞掃描器放入他們的 CI/CD 流水線，以便在漏洞出現在生產環境之前，快速、有效地檢查所有的改變。例如，很多企業的 API 團隊使用掃描器來檢查 API 實作有沒有 OWASP 威脅。讓這種漏洞掃描成為程式編寫過程的一部分可以確保團隊在開發過程中儘早解決安全漏洞問題。

自動檢測威脅

現今的企業不僅會在掃描器被觸發時被動地檢查程式碼，也會主動掃描資產，以發現漏洞和問題。現在有一個健康的工具生態系統，可以幫助團隊持續監測 log、程式碼版本庫、資料庫，甚至活躍的 API。對威脅進行這種持續監測有助於改變 API 團隊的行為，讓他們在開發過程中儘早考慮安全問題。

零信任安全模式

幾年前，大多數的資安模式都會建立一道安全的圍牆，並信任圍牆內的系統。但是，近年來，Google 已將「零信任」模式普及化，也就是你不應該單純因為任何系統的位置而信任它。這種轉變是現代軟體工程的相關組織和部署模式日益中心化的結果。對 API 團隊來說，「零信任」意味著 API 創作者必須考慮如何執行存取控制，這是他們的設計和開發工作的一部分。

執行期平台

在設計、開發和測試的支柱中引入營運和安全工作是有代價的。傳統上只需要專心編寫程式的團隊現在必須了解營運系統、基礎設施和資安的詳細層面。然而，現在有一套新興的工具和平台可幫助減少其中的一些代價。

API 團隊越來越依靠執行期平台，在上面運行他們的軟體，因為現代平台可以處理很多複雜的問題，包括運用營運和執行支柱而產生的問題。人們使用的具體工具、技術和平台正在不斷變化，但在筆者行文至此時，有三項技術脫穎而出，並產生了很大的影響：Kubernetes、服務網格（services meshes）與無伺服器（serverless）。

Kubernetes 將部署單位標準化（例如，做成一個「可交付的」容器）已經幫助很多團隊改善營運和運行 API 的方式。但是，在生產環境中安全和靈活地運行容器仍然需要大量的精心計畫和管理。這就是為什麼很多團隊開始採納 Kubernetes（*https://kubernetes.io*）容器編配平台。Kubernetes 提供一種部署、擴展、運行和監測容器工作負荷的標準化手段。它吸引人的地方在於，它讓你不需要花時間去尋找完成這些任務的最佳解決方案，因為它已經幫你完成了。但從支柱的角度來看，重點在於了解這個「營運和運行」決策如何影響其他所有 API 支柱的工作。當你把 API 組件部署到 Kubernetes 時，你要描述它的部署、路由和擴展組態（configuration）。這意味著，負責做出設計、開發和測試等決策的團隊也必須充分了解 Kubernetes，這樣才能建構可行的軟體。從理論上講，確保開發團隊為營運和運行支柱進行設計和建構是很好的想法，也體現了 DevOps 的精神。但是，要注意的是，在實務上，具有如此廣泛知識的人才可能很難找到（而且很貴）。

服務網格 現在微服務風格已經普及化了，有越來越多的軟體產品用更小的、結構化的軟體模組和 API 組成。但是，把一個 API 分解成更小的部分之後，用可營運的方式把這些部分組合起來將變得比較困難，因為你有更多事情需要管理。為了協助管理這些成本，有些團隊納入一個稱為服務網格的平台概念。服務網格可以降低軟體組件透過網路進行溝通的營運成本。引入服務網格通常會在營運和運行支柱方面帶來較高的初始複雜性成本，因為大多數的服務網格工具都不容易設置、安裝和維護。但是，服務網格可以為設計和開發的支柱提供巨大的紅利，它可讓 API 團隊自由地以一種可以安全運行的方式來建構較小的部署單位。

無伺服器，低程式碼，與未來 API 執行期平台的創新有一個共同點在於，它們可以幫助我們更快、更容易地建構高度可擴展和高度靈活的軟體。我們看到的大多數創新都是藉由隱藏複雜性成本和引入標準化來實現的。這種趨勢隨著「無伺服器」架構的興起而延續下去，無伺服器將運行平台的所有複雜性隱藏在一個標準化、事件驅動的介面之後。同樣的，「低程式碼（low-code）」架構將支援 API 的架構的複雜性，隱藏在一個標準化的開發介面後面。

無伺服器、低程式碼、服務網格和 Kubernetes 的細節超出本書的範圍。但是，從 API 管理的角度來看，你必須了解這些平台創新如何影響各個支柱領域的決策和工作。例如，採用無伺服器平台可以大大降低開發支柱的成本和範圍，但它也為設計、營運和運行支柱帶來無伺服器專業知識的需求。

結論

我們在這一章認識了構成 API 產品工作基礎的十大支柱。在每一個支柱裡，都有影響最終 API 產品的決策。並非所有支柱都需要付出同樣多的工作，你要根據 API 的背景和目標來決定每個支柱的重要程度。隨著 API 園林的增長，你也要考慮如何下放這些支柱裡的每個決策權。我們將在第 11 章詳細說明這一點。我們也看到，有些支柱是一起發揮作用的，對整個 API 實踐有更多影響和糾纏。我們將了解如何管理「改變生命週期互動」的成本，以及如何在適當的 API 成熟度進行適當規模的投資。

但在那之前，我們要更詳細地探討第十個支柱，變動管理。對 API 進行修改需要多少成本？我們將在下一章揭曉這個問題。

第五章

持續改善 API

沒有改變的必要，就沒有生存的必要。

—W. Edwards Deming

上一章介紹了 API 生命週期，並定義了你必須關注的十大工作支柱。生命週期定義了發表第一版 API 需做的工作。API 被發表後，在它的整個生命週期中，當你進行改變時，這些支柱也很重要。管理 API 的變動是 API 管理策略的關鍵元素。

變動 API 可能對軟體、產品與用戶體驗產生巨大的影響，當一個破壞既有 API 的變動被發表出去時，它可能對使用它的組件造成災難性的連鎖反應。即使你的變動沒有破壞 API 的外部介面，如果它以意想不到的方式改變 API 的行為，它也會造成很大的問題。更重要的是，在你的組織內，一個受歡迎的 API 可能產生一長串的依賴關係，這些依賴關係可能難以記錄，甚至難以看見。因此，變動管理是 API 管理的重要因素。

如果一個 API 發表之後就不需要修改了，那麼管理它將是一項相當簡單的任務。但是對一個被積極使用的 API 而言，變動是不可避免的一部分。有時你也要修改 bug、改善開發者體驗，或優化程式碼，這些工作需要對已部署的 API 進行干擾性的修改。

API 變動的管理會隨著它的範圍變大而變得更加困難。API 產品不僅僅是介面，它是許多元素的組合：介面、程式碼、資料、文件、工具與流程，API 產品的這些元素都有可能改變，你必須謹慎地管理它們。

管理 API 變動並不容易，但這是必要的工作，這也是一種釋放，如果 API 被部署出去之後就不准變動，第一版 API 將更難推出，因為如此一來，你就要用設計太空設備和火箭發射設施的傳統方法來設計 API，你要做 BDUF 規劃和開發投資，以確保 API 可以長期運行，你也要考慮所有可能出錯的情況，並建立相應的措施。

幸好你不需要如此，事實上，將可變性當成 API 的特點可以帶來巨大的回報，改變的成本更低且更容易意味著你可以更頻繁地進行改變，可以讓你自由地承擔更多風險（因為減少修復問題的時間），這意味著你可以進行更多 API 改進。

本章將介紹擁抱變動的 API 持續改進理念。你將了解一系列小規模的、漸進的、連續的改變為何是改善整體 API 產品的最佳舉措。你也會了解為何 API 難以改變，以及如何提升它的可變性。首先，讓我們探討一下「管理持續變動」在 API 的領域是什麼意思。

持續管理變動

雖然支援 API 的持續變動聽起來是很吸引人的目標，但你一定要記住支援變動的原因。當我們運用第 3 章的 AaaP 思維時，我們可以把變動視為*改進* API，而不僅僅是為了改變而改變。這意味著，我們花在改變 API 的時間都應該是合理的。評估這種改進的兩種關鍵方法是關注 (1) 對開發者體驗的改進和 (2) 對產品贊助商維護成本的降低。

當然，不是每一個單獨的改變都可以立刻改善 API 產品，例如，你可能會改善 API 的擴展方式，以滿足未來的需求，這種變動在使用量提升之前不會帶來回報。這類變動不會立刻帶來可衡量的開發者體驗的改善，但是可以防止未來體驗的退化。重點在於，在進行任何變動時，你都要考慮它改善產品的能力，即使這種投資不會立刻帶來回報。

在本章的這一節，我們將重點討論隨著時間的過去處理變動的兩個基本要素：(1) 在你的組織內採用漸進改進的模式，以及 (2) 全面提高變動的速度。首先，我們來探討一下變動管理技術的漸進主義概念。

漸進改進

如果變動是改進 API 產品的途徑，那麼合理的管理目標應該是讓 API 的變動盡可能的容易。API 的最佳版本來自持續且週期性的變動或改進，有些變動可能沒有提供什麼直接的改進，事實上，有些變動甚至會暫時降低 API 的開發者體驗，如果發生這種情況，你就要再做另一次改進，來消除失敗的實驗所帶來的影響。隨著時間的過去，你的產品和開發者體驗將受益於這些持續且漸進的 API 改進。

漸進改進意味著你對將來的方向有一個想法，並朝著那個目標邁出一小步，而不是發表一個試圖滿足所有未來需求的「大霹靂」式變動。採取一系列小規模的變動可讓 API 團隊有機會對每個變動的結果做出回應，有效地執行一系列小實驗，找出前往不斷改變的目標的最佳路徑。

我們可以用很多方法實踐漸進式改進，在此介紹其中的三種：Deming 的 Plan-Do-Study-Act 模式，Boyd 的 OODA Loop，以及 Goldratt 的限制理論（Theory of Constraints）。他們採取稍微不同的觀點來建立持續改進模式。

Plan-Do-Study-Act

持續進行小改變的概念是來自製造業的一種成熟的變動模式。在 1980 年代，品管先驅 W. Edwards Deming 用他所謂的「深刻知識體系」的哲學來闡述他對於這個概念的看法。Deming 的系統考慮了大型工人組織的複雜性質，並應用科學方法來改進產品的生產方式。該方法的基礎包括運用計畫（Plan）/ 執行（Do）/ 研究（Study）/ 行動（Act）（PDSA）來定義迭代的、實驗驅動的流程改善方法（圖 5-1）。

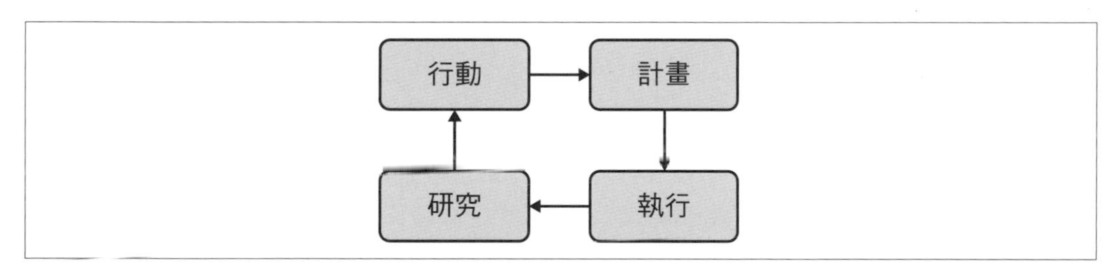

圖 5-1　Deming 的 PDSA 週期

PDSA 程序定義了四個改善步驟。首先，你要制定一個計畫，也就是關於如何根據目標改善系統的理論，以及為了測試那個理論需要做的改變。接下來，你要執行計畫中列出的變動。接著，你要研究，監測與測量這些變動的影響，並且拿結果與計畫進行比較。最後，根據這些新資訊，你可以採取行動，更改目標、理論或變動行動，以進一步改善系統。

例如，如果你想要改善 API 的開發者體驗，你可以先設定目標，減少開發者學習介面如何運作的時間，你的計畫可能是修改文件，讓開發者更容易了解它，接著，你可以「執行」這個計畫，著手修改文件資產，再研究已閱讀新文件的開發者出錯的數量。有了這些衡量結果之後，你可以重新評估應該做哪種類型的文件變動，甚至決定對介面模型本身進行更有影響力的變動。

PDSA 循環描述了一種迭代式的、以實驗為基礎的系統改進程序：進行小規模的變動、衡量這些變動的影響，並使用你獲得的知識來持續改進系統。它可以有效地處理複雜的系統（那種很難準確判斷一個小變動會產生什麼結果的系統）。

Deming 的 PDSA 很適合一種公司：對實驗有較高容忍度，而且有完善的實作審查和分析文化的公司。

Deming 的思想和他的 PDSA 循環，原本是為了改善工廠與組裝廠的品管流程而設計的，但這種模式已被證實在任何需要改善複雜系統的地方都很有用，包括軟體系統。Lean、Kaizen 與 Agile 等軟體方法論，都有「持續改進一個已確定的目標」這個原則。有時你要改進的目標是流程，有時是產品，但無論如何，連續進行目標導向的改變是實現敏捷與成功的要素。

Observe-Orient-Decide-Act

John Boyd 的 OODA Loop（*https://oreil.ly/M5oeN*）是另一種持續創造高品質決策的模式，它也非常流行。OODA 是 *Observe*（觀察）、*Orient*（定向）、*Decide*（決定）與 *Act*（行動）的縮寫。與 PDSA 模式一樣，OODA 模式是互動式的，當你試圖進行持續改進時，你會不斷地重複相同的步驟。在 1950 年代，Boyd 注意到美國戰機飛行員在韓戰期間的空戰中不斷獲勝，儘管事實上北韓飛行員駕駛的是更先進的飛機。Boyd 聲稱他的研究可以合理地解釋這個矛盾，他的研究指出美國飛行員在空戰中採用更好的策略，也就是 OODA Loop。

Boyd 的 OODA 有個多彩豐富的背景故事，並依賴一些非常有趣的「內幕」資訊，也就是美國飛行員在戰鬥時「即時」做出決定的表現。事實上，Boyd 大多數的研究的重點都是戰爭和衝突方面。根據我們的經驗，戰爭的情況不一定適合致力於不斷改進的 IT 組織。但 OODA 仍然是某些領域裡的熱門話題。關於 OODA Loop 在組織中的影響，請參考 Robert Greene 的文章「OODA and You」（*https://oreil.ly/XqZn8*）。

簡而言之，這是將 OODA Loop 應用在組織內的情況：

觀察

選擇你的目標問題（擴展、資安、某一組功能…等），並從盡可能多的角度收集盡可能多的資訊。這個階段的重點是收集大量的資料，不需要進行任何過濾、編輯或分析。

定向

將你的經驗、知識和資料分析技能應用在你收集的資料上。此時要濾除「不適用」的資料，並將範圍縮小成幾個可能的選項。

決定

權衡你的選項，考慮成本和效益，評估最好的行動。

行動

最後，執行規劃好的行動來執行該決策。當然，故事還沒結束。由於這是個循環，行動的結果將變成觀察的目標，使你回到 OODA Loop 的起點。

值得一提的是，這個模式是為了訓練需要瞬間做出決定的飛行員而設計的。他們會不斷地、快速地迭代這個循環。事實上，Boyd 的關鍵見解之一，就是*速度很重要*。如果你的行動比對手更迅速，你就能佔上風，即使嚴格來說，你的實力不如對手。由於這個原因，OODA 經常在競爭激烈而且提早發表和經常發表具有明顯優勢的市場中使用（例如 IT 商店）。

由於 OODA Loop 的基礎是做出關鍵決定和快速行動，當你需要在競爭中脫穎而出，並且已經做好準備，可根據豐富的市場回饋迅速執行時，這種模式將非常有效。

然而，在很多情況下，速度不是最重要的因素。在這些情況下，專注於一兩個特定的問題，並在處理下一個問題之前先解決每一個問題可能更有幫助。Goldratt 的限制理論是符合這條準則的方法之一。

限制理論

限制理論（TOC）是 Eliyahu M. Goldratt 與 Jeff Cox，在 1984 年撰寫的《*The Goal*》（*https://oreil.ly/t9Xda*）一書中提出的。該書虛構了一位經理試圖在一家失敗的生產工廠永久倒閉之前的 90 天內「扭轉乾坤」的情況。主角透過遠程諮詢一位好友，獲得了洞察力和技能，並學會使用 TOC 來改善公司的營運。

Goldratt 和 Cox 的書籍持續暢銷並廣受閱讀。他們在 2014 年，發行了「30 週年紀念版」。儘管這本書的重點是 1980 年代的實體工廠營運，但書中的許多教訓仍然適用於今日的 IT 組織。

Goldratt 的 TOC（*https://oreil.ly/Hl8SS*）的基本原理圍繞著這個概念：成功的關鍵是找出組織的瓶頸（或限制），並透過一系列的步驟來「打破瓶頸」，完成這項工作之後，找出新的瓶頸，並重新開始。

以下是 Goldratt 和 Cox 在書中列出的步驟：

1. 找出系統的瓶頸（限制因素），並鎖定其中一個瓶頸。
2. 決定如何利用（exploit）限制因素（基本上是修改系統）。
3. 讓其他的一切都服從於先前的決定（雷射聚焦）。
4. 減少瓶頸（修復、替換或移除限制因素）。
5. 「打破」瓶頸之後，回到步驟 1。

在 TOC 裡，限制因素是指任何阻礙系統（你的公司）實現目標的東西。對 Goldratt 和 Cox 來說，這個目標就是獲利。另外，值得注意的是，在 TOC 中，瓶頸可能根本不是什麼「不對」的事情，它可能只是效率低下、成本高昂或不可靠的做法。

即使事情順利運作，在某個地方可能也會有值得關注的瓶頸。

在 API 的領或裡，TOC 可以用來改善開發者的體驗以加快產品上市時間，創造更好的 API 設計以滿足產品功能需求，實施更有效和高效的後端服務以提高可靠性…等。

由於 TOC 的原則是雷射聚焦於阻礙組織實現目標的關鍵瓶頸，這種方法很適合在市場上沒有受到直接威脅、並希望將漸進式的改進應用於營運的公司。

接下來該怎麼做？

我們介紹了一些支援組織漸進式改進的既有方法。但引入持續改進的方法不是只有這些，我們列出的這些方法可能不適合你的公司文化和價值觀。這些例子是為了鼓勵你制定自己的改進策略，制定適合你的組織風格的策略。我們讓你自己設計機制，但持續不斷的改進週期是讓 API 產品持續維持高品質的關鍵條件。

API 變動速度

如果你要對 API 產品進行許多小規模的改進，你要確保這些變動可被快速地應用，否則，持續變動的成本將會成為一個大問題。無論你目前的變動速度如何，加快改進的速度可縮短 API 發起人的創新途徑，在市場上更有競爭優勢，但是，你的變動必須有合理的品質水準，否則你可能會損害 API 產品的可靠性和品質。

無論你的 API 是公用的、私用的，還是讓合作伙伴使用的，提高變動的速度與品質都很重要。如果你不能快速地將品質的改動套用至介面，你就會減緩用戶體驗的改善速度、新產品的推出速度，和提升業務能力的速度。優化 API 變動週期的速度與安全性，有助於提升組織的整體變動速度。

但是在人員、資金與時間有限的情況下，你該如何優化這些資源，對 API 進行變動？當你提議的變動經歷 API 發表週期的每個階段時，如何確保你用最快的速度前進？

在不降低品質的情況下，有三種重要的方法可以提高 API 生命週期的速度：透過工具、組織設計和減少工作。

工具與自動化

要改善變動的速度與安全性，有一種做法是引入工具和自動化來代替人力。工具是很有吸引力的選項，因為它可以減少人為錯誤的可能性，同時減少工作的時間。例如，CI/CD 工具可以將測試與發表 API 實作的流程自動化，大幅降低部署 API 變動的成本。

但是工具的實用性取決於它的品質，以及你願意投入多少時間來安裝和設置工具。使用工具總會有前期的初始成本和風險，所以如果 API 產品已經做得很好，而且被積極使用了（這是一個 API 階段，稍後稱之為實現階段），你就要在實驗的基礎上謹慎地做這件事。

所有 API 變動種類都可以用工具來自動化。在筆者行文至此時，API 安全、文件、部署和組態設置工具已經有一個健康的市場了，可促進更快速且更高靠的變動程序。

組織設計與文化

當我們對 API 進行變動時，我們所做的工作可以歸類為知識工作，一種需要協調決策過程的工作。如果你在一個小團隊裡面建構單一 API，協調工作的規模通常很小，但是在擁有多個 API 與軟體組件的大型組織裡，協調決策的高成本很快就會成為單一團隊變動 API 產品的阻力。

在變動流程中，這種人為因素通常是實現高速度的最大瓶頸，主要是因為它是最難理解和改變的。我們不能像購買 API 文件或 CI/CD 工具那樣購買組織設計或文化。

第 8 章會花更多時間深入研究 API 管理的組織層面，包括建立一個促進高速、高品質變動的決策平台的機會。

消除浪費的精力

另一種加快改進速度與提升改進品質的方法是減少投入改進的勞力。如果你可以移除為產品目標提供最少投資回報的 API 工作，你就可以大幅提高改變的速度。消除浪費的精力也可以消除出錯的機會，從而使淨變動程序更加可靠。

例如，開發團隊為自己製作的 API 應該不用像一個被上百位第三方開發者使用的公用 API 那樣針對文件進行大量投資。這個問題需要考慮很多排列組合與變數，在第 7 章，當我們討論 API 產品生命週期時，我們會介紹一組變數，它們可以當成你的起點，讓你考慮你要做的各種投資。

變動 API

我們曾經在第 1 章介紹了 API 產品的各部分之間的區別：介面、實作和實例。在你的 API 發表後，你要管理針對以上所有部分的修改。有時你需要一起修改所有元素，有時會獨立修改其中一些 API 元素。本節將討論發生在這些部分中的變動造成的影響。我們甚至會加入一種新的 API 元素，稱為*支援資產*，它包括純粹用來加強開發者的產品體驗的 API 部分。

以持續、漸進的理念來改進 API 產品（並快速地）相當於有目的地設計一種變動流程，來進行全部的四種 API 變動。這四種 API 變動也有互相依賴的關係，它們形成一堆互相依賴的變動：對介面模型進行改變將產生深遠的影響，對支援性資產進行改變則很容易單獨完成。在探討每一種變動類型時，你將進一步了解這些依賴關係存在的原因。

API 發表週期

當你對軟體進行修改時，它就會發生改變。你的發表程序就是在最短的時間內，以最佳的品質，做出正確的改變而採取的步驟。API 與軟體一樣有發表程序，它們是你進行修改時遵循的一系列步驟，我們將這種程序稱為生命週期，因為變動有週期性：當一個變動完成時，就會有另一個變動準備執行。了解發表週期非常重要，因為它對 API 的可變性有很大影響。

你對 API 執行的每一個變動都必須部署。發表週期是執行這種變動部署的步驟，它定義了如何將最初只是個想法的變動變成系統的一個完成的、被維護的部分。發表週期以一系列的協調工作來將第 4 章介紹的所有支柱結合在一起。

如果發表週期很慢，API 的變動速度就會降低。如果發表週期缺乏品質保證，修改 API 會有更大的風險。如果發表週期偏離變動需求，API 變動的價值就會降低。正確的發表週期非常重要。好消息是，API 發表週期與軟體或系統的推出週期沒有任何不同，這意味著，你可以將現有的軟體發表準則應用在 API 的組件上。我們來看一下最熱門的準則有哪些。

最廣為人知的軟體發表週期是傳統的*系統開發週期*（SDLC）。這種週期從 1960 年代開始就以某種形式出現了，它定義了一套建構與發表軟體系統的階段。各種組織所使用的階段數量與名稱各不相同，但典型的階段組合是：啟動、分析、設計、建構、測試、實作與維護。

如果你依序遵循這些 SDLC 步驟，你就是以*瀑布風格*建構軟體。Winston Royce 發明的瀑布模型其實不是這一個，但是現在大家都用這個名稱來稱呼這種週期，這意味著你要先完成 SDLC 的一個階段才能進行下一個階段，所以，你的變動會從最上面的步驟開始往下面的步驟掉落。

瀑布週期的一個缺點是，你必須充分確定需求和問題領域，因為這種週期不太適合大規模處理規格的變動。如果這對你來說是個問題，你可以改用迭代式軟體開發程序。*迭代式*方法可讓軟體團隊針對一組需求執行多次迭代修改，每一次迭代都會交付一小組需求，目標是透過連續的迭代來滿足所有需求。這種迭代模式與我們在第 112 頁的「漸進改進」提到的方法一致。

你可以延伸迭代概念，採用*螺旋式* SDLC。在這種發表系統中，軟體的設計、建構和測試都是在迭代階段進行的，每一次迭代都有可能形成原始需求。螺旋式 SDLC 體現了 Agile 和 Scrum 方法的精神。

以上是三種熱門的軟體週期形式，它們各有優缺點，請從中選擇最適合你的發表週期。本書希望讓你自由使用你喜歡的任何風格。當我們談到「變動」時，我們是指你的發表週期，但我們不會告訴你支柱活動應該採取哪種順序進行，或你應該使用哪一種軟體週期，反之，我們將把重點放在發表週期帶來的產品改進。但是在討論這個主題之前，我們先談談發表週期需要支援的 API 變動類型。

變動介面模型

每一個 API 都有一個介面模型，它是一種從消費者的角度描述 API 行為的資訊，它描述了一組決定 API 該如何表現的抽象，包括通訊協定、訊息與詞彙等細節。API 模型的顯著特徵在於它沒有被實做出來，模型是一種抽象，無法被電腦系統用來做任何事情。

雖然介面模型無法被軟體程式呼叫，但是它可以與人分享。分享模型需要保存或表達它，例如在白板上用方框與線條來表達介面模型。你無法呼叫你所畫的模型，但是抽象的模型可以協助團隊合作設計 API。

介面模型不是只能用白板或餐巾紙上的草圖來表達，你也可以用模型驅動（model-driven）語言，甚至用程式碼表達它們。例如，OpenAPI Specification 是一種描述介面模型的標準化語言，使用標準化的模型語言有額外的好處：你將繼承一個工具生態系統，可降低實作模型的成本。

你可以隨意畫出或組合模型，模型的詳細程度或交流格式沒有硬性的規定。但切記，無論你選擇用什麼方法來表達模型，它都會對細膩程度和你可以加入的說明產生很大的影響。白板與自由手繪提供了最大的思考自由，但物理尺寸和可實施性有限。API 描述語言提供更快速的實作途徑，但是大量的固定語法與詞彙將限制你的自由。

API 週期的設計支柱的重點是製作與修改介面模型，所以我們描述的大部分工作都與它相符。但是與介面模型有關的事情不是只有這種設計工作，事實上，API 週期的多數支柱都依賴你所定義的介面模型，或是受其影響，因為它們也表達了你的模型。

就像你在白板上用圖片或使用 OpenAPI 語言來表達介面模型一樣，你也會用應用程式碼、API 文件與資料模型來表達模型。當介面被發表後，開發者開始使用它來編寫程式時，他們也會在他們的實作中表達你的模型。模型的這些表達形式意味著一種依賴關係——這就是為什麼改變模型會產生最大的影響。

領域驅動設計

這種「以模型驅動軟體，將實作視為模型的表達的體現」的想法，來自 Eric Evans 的領域驅動設計（DDD）軟體設計法。如果你還沒有看過《*Domain-Driven Design: Tackling Complexity in the Heart of Software*》（Addison-Wesley）一書，請將它列入你的書單！

最好的 API 產品組合在整個表面上都有一致的介面模型，這意味著，開發者不必因為不同 API 所表達的模型在某種程度上有所不同，而去協調文件和已發表的 API 之間衝突。這種對一致性的需求提升了修改介面模型的挑戰，因為這些變動必須在整個 API 產品中同步進行。

使用一致的模型不意味著程式碼和內部資料庫都必須使用與 API 介面一樣的模型。事實上，讓你的介面、程式碼與資料使用相同的模型通常不是好事，因為適合介面用戶的東西不一定適合放在你自己的實作內。與之相反，使用一致的模型意味著 API 實作的內部部分，在到達 API 的表面之前應轉換成一致的介面模型。

變動介面模型會造成很大的影響，但是對任何使用中的 API 而言，這些變動都是難免的。你可能會支援新功能、做一些變動來改善 API 易用性，或許因為商業模型有根本性的變化，所以要廢棄部分的介面。因為介面模型的變動涉及所有的依賴項目，所以它可能會對使用 API 的 APP 的既有程式碼造成潛在的影響。

介面模型的變動對 API 用戶的潛在影響，與他們的程式碼和你的介面間的耦合程度有很大的關係。如果你設計和實作的 API 提供寬鬆耦合的特點，你就可以在較小的影響之下進行較大規模的介面模型修改。例如，使用事件導向或超媒體風格的 API，可讓用戶端程式碼與 API 之間的耦合度較低。在事件導向系統中，你或許可以更改模式匹配演算法，不需要對傳送事件的元件做任何變動。超媒體 API 也許可讓你操作一個呼叫所需的屬性，而不需要更改發出呼叫的用戶端的程式碼。

選擇合適的介面樣式有助於減少介面模型的變動成本，增加 API 的可變性不是沒有代價的，你必須建構適當的基礎設施，並且在用戶端與伺服器端進行實作，才能讓它們運作。通常你的制約因素和背景會限制你的選項，例如，為你的 API 編寫用戶端軟體的開發者，可能不具備編寫超媒體 APP 的專業知識。在這種情況下，你只能接受介面模型變動的高成本。

為了減少介面模型的變動對外部造成影響，最佳做法是在介面被分享出去之前做這些變動。正如 Java Collections API 的設計師 Joshua Bloch 所言：「公用的 API 像鑽石一樣是永恆的。[1]」一旦你將介面分享給別人，你就很難對它們進行修改。明智的 API 負責人會在設計階段盡可能地對介面模型進行前期修改，以避免在 API 發表之後付出高昂的變動代價。

1 Joshua Bloch, "Joshua Bloch: Bumper-Sticker API Design," *InfoQ*, September 22, 2008, *https://oreil.ly/ibvwF*.

修改實作

API 的實作就是用 API 的組件來表達的介面模型，那些組件將模型化為現實。實作是讓介面可以被其他的軟體組件實際使用的東西。API 實作包括程式碼、組態、資料、基礎設施，甚至協定選項，這些實作組件通常是產品的私有部分——它們是讓 API 可以運作的東西，那些細節不需與使用它的消費者分享。

如果沒有實作，你的 API 就無法發表。你會在 API 的整個生命週期不斷修改實作。因為實作是介面模型的體現，當模型改變時，實作也要改變。但是有時你可以單獨改變實作，例如，你可能要修改實作程式碼裡面的 bug、降低性能不良的 API 的延遲時間，甚至完全重寫程式，只因為你不喜歡它了。

在這些情況下，實作的變動與模型無關，變動的影響會被隱藏在 API 的介面之後，這意味著消費者不需要做任何變動就可以利用你新增的改進。這不意味著他們不受影響——例如，性能優化可能讓最終用戶有很不同的感覺，但是這意味著你不必管理 API 用戶端軟體的變動，所以，當你在 API 被發表和分享之後修改實作時，你不必付出改變介面模型的代價。

獨立進行的變動會帶來一個風險：它會降低 API 產品的可靠性、一致性與可用性。例如，如果程式碼的改變破壞了正在運作的 API 實例，或導致實作的行為和文件的敘述不同，用戶端 APP 將受影響。對實作進行改變可能影響 API 實例與支援資產，所以你要對每一個元素進行相應的更新、測試與驗證。

更改實例

如前所述，API 的實作將模型表達成一個可呼叫的、可使用的介面。但是除非那個實作在使用它的 APP 可以連接的網路上的機器內運行，否則它就無法被真正使用。API 的實例是受管理的、處於運行狀態的介面模型的體現，可讓你的目標消費者使用。

當你對介面模型或實作執行任何變動時，也要對 API 的實例做相應的部署或變動。在更新用戶端 APP 在執行期使用的實例之前，API 並未被真正改變。但是你也可能獨立改變 API 實例，而不更改模型或實作，例如簡單地改變組態值，或是比較複雜的情況，複製並摧毀運行中的 API 實例。這類變動的影響只限於系統的執行期屬性，其中最受關注的屬性是可用性、可觀察性、可靠性與感知性能。

為了減少改變獨立的 API 實例對系統的影響，你要特別考慮系統架構的設計。稍後介紹 API 園林時，我們將討論最重要的系統特性與因素。

改變支援資產

如果 API 是產品，它的程式碼就不僅僅是在伺服器上運行的模型表達程式碼了，我們在第 1 章了解到，支持使用 API 的開發者完成工作是 API 即產品理念的重要因素之一。為了創造更好的開發者體驗，你應該要提供介面實作之外的支援資產，例如 API 文件、開發者註冊、故障排除工具、重要素材分配，甚至安排支援人員協助開發者解決問題。

在 API 的生命週期期間，你也要更新和改進支援 API 產品的教材、程序與人員。通常這是對 API 的介面模型、實作或實例進行逐級改變的結果；當你改變 API 的任何部分時，在「下游」的支援資產也會受影響。這意味著，API 的變動成本會隨著你為開發者體驗開發更多支援資產而增加。

你也可以獨立修改支援資產。例如，在執行現代化工作時，你可能會改變文件頁面的外觀與感覺。這種變動可能對 API 產品的開發者體驗造成很大的影響，但是對介面模型、實作或實例沒有任何影響——除了由於產品的使用量或興趣的提升而間接導致的影響。

變動支援資產最不容易造成連帶影響，但它們也會產生最高的變動成本，因為它們對其他 API 元素的依賴性最強。設法降低支援資產的變動成本可以大幅降低 API 產品的整體變動成本，所以你可以投資設計、工具與自動化來減少這些資產的變動成本。

改善 API 的可變性

我們已經確定了一些在 API 週期採取持續改進方法的充分理由了。我們也指出，快速執行許多小規模的修改是改善 API 產品的理想方法，並深入探討實現這個目標必須進行的變動與改進類型。但是在實務上，我們很難將持續改進理念應用在 API 上，因為變動的成本會隨著介面越來越複雜並且開始被其他團隊使用而提高。

變動 API 有三種可能妨礙可變性的成本：執行工作的成本、變動的機會成本，以及與改變依賴組件有關的成本。將這三種變動成本降到最低可帶來更多自由，讓你以更快的頻率變動 API。變動次數變多代表你有更多逐步改進產品的機會。

勞力成本

在變動 API 的介面模型、實作、實例或支援資產時，最明顯的成本就是在 API 週期推動變動時需要花費的時間、精力與金錢。如果你可以減少這些基本的變動成本，你就可以大大提高對 API 產品進行更多改進的機會。

我們曾經談過變動速度的必要性（見第 117 頁的「API 變動速度」），並指出工作量減少、工具化和組織變革有助於降低 API 的一些工作成本。但事實上，提升變動速度是複雜的問題。

進行 API 變動所需的資源至少是以下幾種因素的產物：問題的複雜性、執行這項工作的人的經驗與才能、變動流程的設計，以及實作的複雜度與品質，除此之外還有許多因素。幸運的是，減少工作成本是專業軟體開發的核心目標，目前已經有大量的研究、建議與意見可提供協助了，適用於軟體修改的方法，通常也適用於 API 產品。

找出減少工作負擔的變動方法、品管流程、架構、實作與自動化工具不在本書的討論範圍。我們試著介紹一些核心策略、模式與理論來協助你迅速進行變動，但你也要努力地將那些一般性的建議轉化成適合你的組織的東西。

機會成本

另一種可能妨礙變動的成本是為了想先收集更多資訊而避免改變 API，變動 API 的代價是失去收集更多資訊的機會。Lean 軟體開發法的創造者 Tom 與 Mary Poppendieck 將這種行為稱為：拖到最後關頭才做關鍵決策。

更複雜的是，你也要考慮不做變動的代價，以及錯過改善產品和收集關於變動的回饋的機會。在很多情況下，忽略「最後關頭」原則是比較好的選擇，以免為了等待一段時間來掌握更多資訊，而攪亂你的思緒。當你稍微修改一個已發表的軟體組件的程式時，你可能認為這個決定沒那麼關鍵，所以不必擔心這類的機會成本，當你收到一個關於錯誤的即時回饋，而且修復問題的時間很短時更是如此。

API 產品的許多典型的變動都符合這種非關鍵性且容易修復的特性。例如，修改給人看的 API 文件的外觀與感覺很容易獲得是否成功的回饋，如果有問題，也很容易復原。但有些 API 變動很難恢復，必須謹慎對待，例如，變動 API 的介面模型可能會造成深遠的影響。你必須妥善地管理這類的變動，務必仔細考慮在沒有足夠的資訊下進行變動的成本。

減少變動的機會成本的一種方法是先做好資訊收集工作。第 9 章會介紹能見度系統品質，它可以大幅減少進行 API 變動的機會成本。

耦合成本

在 API 領域，尤其是 API 的介面模型，阻礙你自由且輕鬆地進行修改的最大因素是 API 和它的用戶端之間的耦合。API 有很多不同的風格，無論你選擇哪一種，在訊息的傳送方與接收方之間，最終必定會引入某種依賴關係或耦合。這種耦合對你可以改變 API 的什麼地方，以及你何時可以自由地改變它有很大影響。

API 只是軟體模組互相進行交流與對話的管道。人類的交流使用彼此都能理解的詞彙、手勢與訊號來進行有意義的對話，軟體組件也要用共享的知識才能進行對話，例如，關於訊息詞彙、介面訊號與資料結構的共享知識，都可以協助兩個組件有意義地互用。對 API 來說，重要的可變性因素是：有多少這類的對話規則被寫死在已發表的組件的程式碼裡面。如果 API 的語義（semantic）是在設計期定義的，那麼變動介面的成本就會上升。

這種耦合是不可避免的，可能在各種地方以各種形式存在。事實上，當你聽到人們討論某個 API 是「緊耦合」還是「鬆耦合」時，你通常要再打聽一些事情才能了解真正的意思：他們是指 API 的網路位址被寫死了嗎？還是在討論訊息的語義與詞彙的可變性？或者，他們指的是，如何輕鬆地製作 API 實例而不影響 API 用戶端。

例如，人們常說，事件導向架構（EDA）在事件的傳送者與接收者之間提供寬鬆的耦合，但是，仔細研究可發現，這種鬆耦合只涉及訊息發送者了解有哪些組件正在接收它的訊息。事實上，事件訊息的結構、格式或詞彙都可能引入緊耦合，成為訊息接收組件損壞的源頭。關於 API 風格的選擇如何影響耦合的更多資訊，見第 6 章。

有些 API 風格在設計期的定義方式十分制式。如果你要建構 RPC 風格的介面，你幾乎一定會使用某種介面定義語言，以高度準確地記錄介面模型。擁有高度具體的介面模型可讓程式更容易編寫，事實上，RPC 風格的 API 通常有充足的工具來讓它盡可能容易上手。

當你想要修改高度具體的介面模型，你會發現它的問題非常明顯。如果你採取持續改進模式，你可能會發現，你的介面有很多小型的改進機會。但是，由於 API 的語義被寫死在已發表的用戶端，所以當你變動介面模型時，你也要對 API 的所有用戶端的程式碼進行相應的修改。

一般來說，我們希望避免破壞依賴 API 的用戶端，但實際上，有些用戶端的可靠性受關心的程度可能低於其他用戶端。舉例來說，如果有一種變動會破壞不常用的第三方 APP，另一種會破壞你讓客戶使用的行動 APP，那麼進行第一種變動比較合理。

關於 API 適合的耦合程度，以及何時該進行變動等問題沒有黑白分明的答案。如果鬆耦合是零成本的，我們都會這麼做，但是長期的價值伴隨著短期的成本，建構能夠面對變動需求的 API 需要付出前期的努力。你要在很早期就決定變動的成本，以及你需要的 API 類型。

切記，如果 API 模型的可變性很低，而且變動代價很高，那就意味著你不應該採取持續改進策略。否則，在最好的情況下，你的持續改進頂多只是進行不會破壞用戶端的介面模型變動。在這種情況下，你最好在介面模型被大量採用之前，先採取 BDUF 方法。

難道不是所有做法都是 BDUF 嗎？

如果你知道敏捷宣言（Agile Manifesto），你可能會納悶，本節是不是在講敏捷實踐者想要避免的 BDUF 反模式？簡單的回答是「是也不是」。首先，我們當然明白在進行軟體工程時限制規劃工作（在時間和資源方面）的價值。正如敏捷宣言（*https://oreil.ly/khE1R*）所述，雖然「遵循計畫」有價值，但支持「回應變化」是有道理的。從變動管理的角度來看，關鍵在於：遵循計畫是有價值的。

在 API 領域進行變動可能很困難，因為變動會對使用 API 的 APP 程式碼造成連鎖反應，尤其是由控制 API 服務程式碼的團隊編寫的 API 用戶端程式碼。你的組織所使用的第三方 API 是一個很好的例子，你無法控制 API 的設計或實作，但你卻期望那個介面是穩定可靠的，無論是現在還是未來。

你可以將你自己的 API 視為公司的其他團隊的「第三方 API」。當你修改這些 API 時（你必須長期遵守的介面承諾），你一定要維持穩定性和可靠性。你也要進行足夠的規劃以了解 API 的目標受眾，正確地說明 API 的目的，並對設計需要遵循的方向有大致的想法，以滿足目標受眾的需求（目的）。然而，正如我們在第 112 頁的「漸進改進」中指出的，你不需要在開始之前就描繪出所有的細節。你要牢記長期目標，同時沿著你假設的路徑進行迭代，以到達該目標。

同樣重要的是，切記，減少一般變動的成本可降低執行 BDUF 方法的需求，延伸的「規劃」活動通常是為了量化和緩解變動本身的風險。為了減少變動成本所付出的勞力往往會抹煞仔細研究、記錄和定義新功能（這些新功能是變動的主題）的工作。這就是為什麼小規模的迭代在變動管理工作中是如此有價值。變動越小，潛在的風險就越小，遇到意外就越容易「撤銷」。

根據我們的經驗，把事情做好的公司都是那些對發展方向有明確且持久願景的公司。同時，他們會一步一步地管理進度，並不斷尋找新的證據，以調整短期的展望。成功進行持續變動的組織都有一套內在的實踐法，就像我們在本章中所呼籲的那樣。

結論

我們在這一章介紹了變動的持續改進模式，並說明為什麼它是可以用於 API 的好方法。我們也介紹了四種 API 變動：針對介面模型、針對實作、針對實例，以及針對支援資產。為了讓一切順利進行，我們強調了快速變動的重要性，並介紹 API 可變性的主要障礙，包括用戶端程式碼和 API 之間的耦合。

在下一章，我們將介紹一個成熟度模型，它可以幫助你在不斷發展 API 產品的背景下，建構持續變動的框架。

第六章

API 風格

設計在很大程度上取決於限制條件。

—Charles Eames

在組合數位組件的基礎設施中，API 是一種必要的設計元素。API 可讓各種組件互相溝通，以這種角度來看待它，即可了解 API 的一般模式實際上是什麼。這裡說的「模式」是指 API 支援的一般溝通互動。請注意，這個定義比「定義模式的具體實作方式的特定技術」更抽象。

既然 API 是一種籠統的模式，問題來了，API 是否有一種正確的設計方法？答案不出所料，這個領域沒那麼單純。

有一個很好的例子是關於「REST 與 GraphQL」的爭論，它已經以各種形式存在好幾年了。如果我們拋開「某種 API 方法通常比另一種更好」的奇怪爭論，我們很快就會發現，這個問題是在不同的層面上進行比較的。我們來簡單地看一下這些層面，因為它們提供了一種區分模式（我們稱之為 API 風格）和技術的好方法。

REST 是一種模式，這意味著世上沒有「REST 技術」或「REST 協議」。HTTP 可以當成有用的基礎來實現那個模式，但它也要用媒體類型（web 領域稱呼「透過 API 來交換的酬載」的說法）來實現 RESTful 架構。

另一方面，GraphQL 是一種技術，它定義了用戶端如何查詢伺服器管理的資料模型。它定義了使用 GraphQL API 所需的一切，其中最重要的是交換格式，以及如何交換它們來讓 GraphQL API 發揮作用的語義。將查詢模式轉換成具體技術的方法不是只有 GraphQL，但它是目前最有名的一種。採用這種查詢模式的技術還有企業 IT 領域的 OData，以及更加研究導向的 SPARQL。

這告訴我們，區分「API 所使用的一般設計模式」和「實現這種設計模式的具體技術」是很有幫助的。如此一來，我們就可以更針對性地討論 API 所採取的一般設計方法，或討論具體的 API 設計所使用的特定技術。

我們將這些不同的設計方法稱為 *API* 風格。下一節將介紹 API 領域的五種基本風格，以及它們的屬性和典型應用領域是什麼。回顧前面所做的比較，它們都是基於五種風格中的兩種；第一種將資源視為最基本的 API 抽象，而第二種是將查詢能力視為 API 的主要抽象。

API 是語言

在深入了解這些風格之前，讓我們先後退一步，看看 API 到底是什麼。它們只不過是一種語言，定義了各種 APP 如何進行溝通。如同任何其他語言，API 語言需要兩項關鍵因素才能發揮作用。API 語言要設法交流個別訊息（相當於人類語言中的句子），也要設法將訊息的交流轉換成有意義的對話（相當於人類進行有意義的對話時的共同目標）。

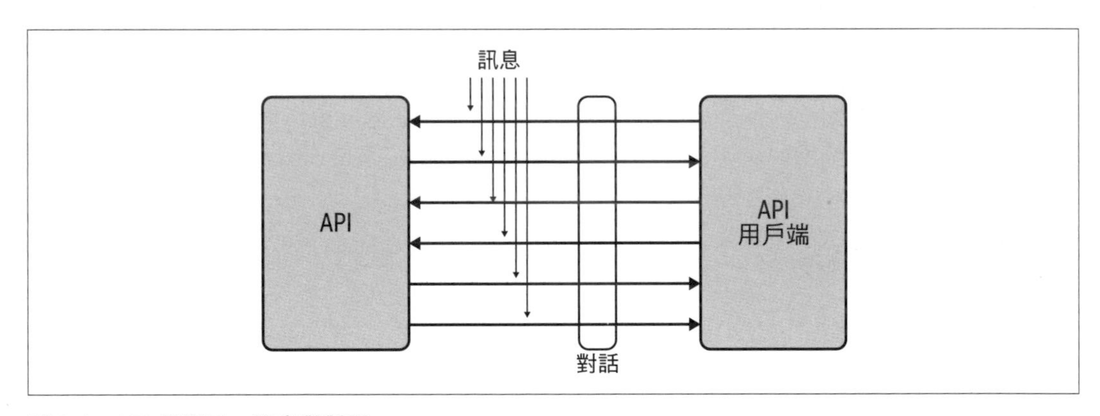

圖 6-1　API 是語言：訊息與對話

因為 API 是 IT 領域的語言，考慮它們底層的主要抽象也很重要。這些主要抽象體現在通訊模式和通訊元素（交換的訊息）中。

在接下來的關於五種 API 風格的討論中，我們將仔細研究一種 API 風格底層的主要抽象（API 風格的「第一原則」），以及一種基本的互動模式。在所有這些案例中，我們要看看它如何呈現給 API 用戶端（只「看到」API，看不到實作的人）和 API 開發者（開發實現 API 的程式的人）。

我們來看兩個簡單的真實案例，了解一下它們想解決的問題對決定合適的解決方案而言有多重要。

對於允許用戶端提交東西（例如訂單）的 API 來說，選擇採取相當傳統的控制流程的 API 可能很有道理。如果 API 支援購買流程，它可能有一個請求產品資訊、提供購買資訊、接收購買確認和提供送貨資訊的工作流程。這些動作在傳統的請求 / 回應 API 中都可以順暢運作，使用這種模式的風格可能特別適合將買東西的動作表示成一個引導程序。

如果 API 需要將某些事件通知給用戶端，具有不同互動模式的 API 風格可能有幫助。例如，如果 API 可以在客戶的地址改變時通知用戶端，你可以讓 API 觸發事件，讓用戶端監聽事件，並在事件發生時獲得通知。如此一來，我們不必讓用戶端做任何形式的輪詢，就可以快速有效地傳播和處理這些事件。

重點是切記，在這兩種情況下，你都可以用所有風格來設計和實作有效的 API。只不過，當你決定風格和技術時，API 所解決的問題是很重要的限制因素。常言道：「如果你的工具只有一把錘子，那麼所有問題看起來就像釘子。」將樣式放入 API 工具箱可讓你使用更多 API，並讓你更有機會擁有不只一個「樣式工具」來協助你用更好的方法解決問題。

當然，我們還有其他的重大限制因素，此外還有 API 園林，API 的期望受眾（私人 / 合作伙伴 / 公開）、對消費者的偏好的了解…等。我們將在第 139 頁的「如何決定 API 風格與技術」中，詳細地討論這些額外的限制，但首先，我們將討論個別風格。

五種 API 風格

API 風格就是 *API 的互動模式*，建立在互動模型和 API 底層的主要抽象之上。互動模式的意思是 API 風格將決定 API 如何設計，以及這種設計將如何用特定的技術來實作。

API 風格最重要的層面之一是，在理想情況下，API 的設計條件、風格的選擇，和實作的技術應該是一致的。若非如此，這種不一致可能導致糟糕的設計（當設計條件和風格不一致時）或糟糕的實作（當風格和技術不一致時）。

接下來要介紹的五種風格，是根據 API 領域曾經流行或正在流行的互動模式和技術來選擇的。雖然我們可以介紹不一樣的風格，但接下來的風格對我們自己的 API 而言有很好的效果，它們提供了實用的框架，協助你更加了解既有的許多 API 技術。

在每一種風格中，最重要的層面是互動模型和主要抽象，它們是我們在介紹風格時關注的主題。正如我們在介紹各種風格之後即將討論的那樣，沒有一種風格在本質上比其他風格「更好」或「更不好」，它們都有具體的歷史和動機。它們的適用性取決於具體的 API 設計任務的限制。

我們將為每一種風格提供一張圖表，以說明該風格的主要屬性，即互動模型和主要抽象。我們也會介紹那種風格如何對映到技術，並提出一些著名的例子。

隧道風格

隧道風格的主要基礎是從 IT 的角度考慮如何公開既有的功能，它可以追溯到遠端程序呼叫（RPC）等想法，其目的是設計分散式系統，並讓它們大致上「感覺起來」像一個本地系統。這種風格的理念是：API 是為現有的「程序」（或任何程式設計領域用來稱呼一個程式碼單元的名稱）定義的。所以，API 其實只是本地程式設計場景之下的「程序」的簡單擴展形式。

從開發者的角度來看，隧道風格很方便，因為製作 API 花費的精力很少。這種風格的主要抽象是程序，而程序往往已經存在了。你可以用工具來將程序做成公開的 API，在這種情況下，你可以將很多「製作 API」的任務自動化。這種風格應該仍然有一些保護 API 安全的管理層，但你可以使用 API 閘道等組件來解決。

圖 6-2 是這種簡單的模型：API 是以實作（implementation）來公開的，通常每個實作都有自己的一個「端點」，所有公開的程序都是 API。針對這些程序的呼叫都會穿越該端點的「隧道」，隧道風格因此得名。如果用戶端使用在不同的實作內公開的 API，它們必須使用它們各自的端點。

這種風格有一個問題是，「API 端點」與它公開的實際 API 沒有什麼關係。它只是一個技術訪問路徑（隧道），所有的呼叫都必須經過它。這可能讓網路層面的資安和其他問題管理起來略顯複雜。在端點後面訪問 API 的方法看起來是相同的，所以比較不容易使用未被嵌入實作的組件來管理 API。

雖然 API 管理問題可視為單純的技術問題，但隧道風格有一個更深的問題：它非常注重公開實作，這意味著，沒有步驟會先從用戶端的角度考慮 API，然後再根據該角度進行設計，最終實作 API 以滿足用戶端的需求。

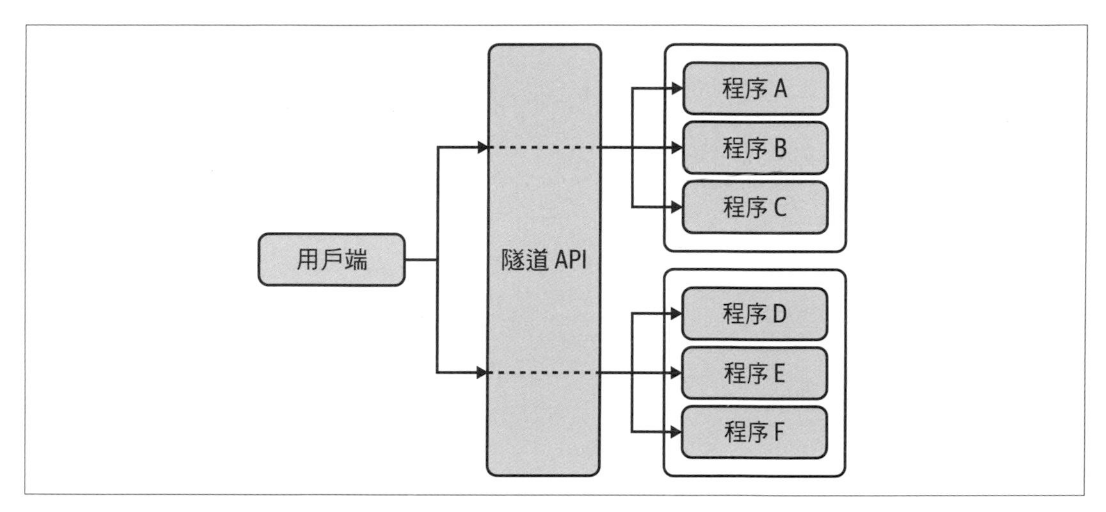

圖 6-2 API 風格：隧道風格

隧道風格是第一波「網路服務」（在 1990 年代末期和 2000 年代初期）選擇的風格，它們使用 SOAP，即一種採用 XML 的遠端呼叫程序協定。SOAP 最終沒有實現大多數人所期望的承諾，原因不只一個。但是，大多數的 SOAP 端點都直接暴露了實作細節，這些細節對潛在的 API 用戶端來說，往往難以理解和使用，對提升採用率沒有什麼幫助。

SOAP（和其他隧道風格協定）使用 HTTP 這種簡單的傳輸協定來「隧道傳輸」至端點。這也是這種設計最終如此的主因之一，因為將這些端點加入 HTTP 防火牆組態相對容易，所以一般認為這種設計可提升採用率。

「隧道」法的另一個好處是，SOAP 和類似的協定可以用不同的「傳輸協定」來進行隧道傳輸。如此一來，IT 和具體的安全團隊就可以在各種傳輸協定之間逐步進行轉換，同時確保將傳輸協定當成隧道是既穩健且安全的。

然而，第二波「網路服務」開始以不同的方式看待 HTTP。他們宣稱，HTTP 設計上是為了和單一資源（在網路上，它們是網頁、圖像和類似的資源）互動，與網路比較一致的 API 風格比較適合用來設計和實作 API。這就是資源風格出現的原因。

資源風格

與隧道風格相比，資源風格從一開始就以用戶端為中心。它關注的是哪些資源應公開給用戶端，讓他們能夠和那些資源互動。在此，資源的範圍很廣泛，事實上，它的範圍和你設計網站時，在網頁中使用的資源相似。那些資源可能有持久性概念，例如產品、產品類別和客戶資訊。但也可能有程序導向概念的資源，如訂購產品或選擇貨運選項。簡而言之，值得確認的任何概念（因為供應端和使用端用它們來進行互動）都要被轉換成資源。

如圖 6-3 所示，這種風格的一般結構與隧道風格沒有什麼不同。但是，這其實是從很高的視角來觀察它的結果。它們之間最大的區別在於圖中的組件是如何建立的。之前的隧道風格中的程序只是公開實作所定義的內容，但現在，資源從用戶端的角度出發，建立了一個模型。

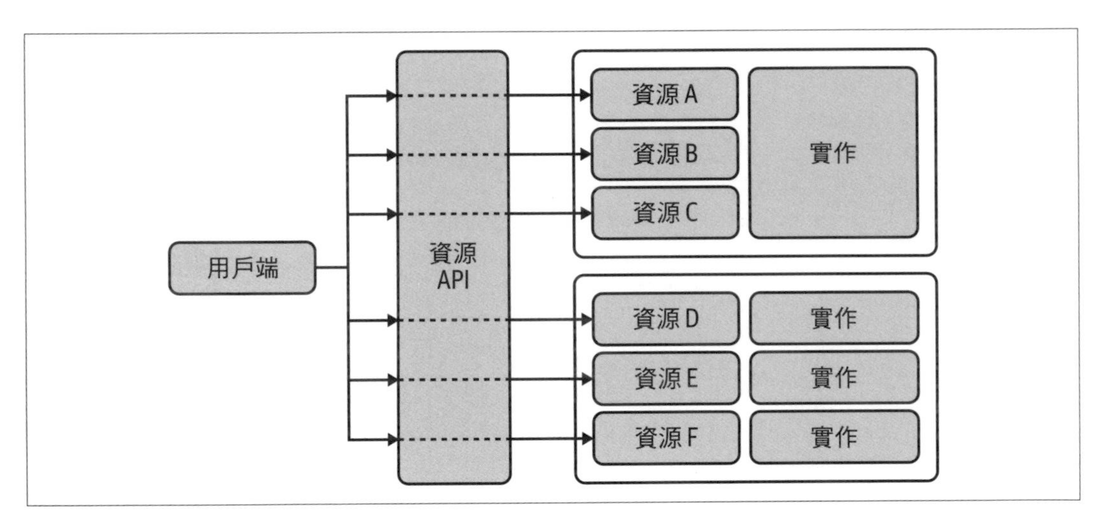

圖 6-3　API 風格：資源風格

例如，訂購程序可能有各種資源需要處理。那些資源可能非常類似你在許多購物網站上看過的網頁：瀏覽產品並將它們加入購物車來選擇產品，前往結帳網頁，付款，最後提供你的貨運資訊。這個過程中的每一步都是與你互動的資源，設計購物網站在很大程度上意味著將整個購物過程的各個環節對映到資源中。

在精心設計、資源導向的購物 API 中，這些步驟會以個別的資源來表示。他們可能需要一些資訊來連接各個步驟（例如購物車代號，以及接下來的訂單代號），我們將在以下的「超媒體風格」中討論如何以更優雅的方式來處理這個問題。但除此之外，API 的用戶端會根據 API 的功能在各個資源中是如何分解的來使用 API，這些過程在現實生活中也是一連串定義明確的互動。

資源的概念提供一個好方法來公開 API 功能的相關層面，並將實作細節隱藏在資源後面。然而，這種風格無法準確地表達一個事實：一般情況下，這些資源之間存在著工作流程。如果你只想公開資源，這也許不是個問題。但資源之間往往存在流程（或其他類型的關係），若是如此，那麼超媒體風格可為資源風格增加一個解決這些問題的關鍵元素。

超媒體風格

超媒體風格採用資源風格，並增加網路的基本要素：資源之間的連結。如同網路，你可以使用資源之間的連結來瀏覽最重要的資源路徑（而不是分別了解每一個資源，並在瀏覽器的網址欄中輸入它們的 URI），超媒體風格也是如此，不過是對於 API 的資源而言。

這意味著，表面上，超媒體風格與資源風格相似。超媒體 API 的主要抽象是相連的資源，而資源本身是以類似資源風格的方式來公開的。但它們之間的本質區別在於，超媒體風格有另一個基本的抽象：資源之間的連結，如圖 6-4 所示。

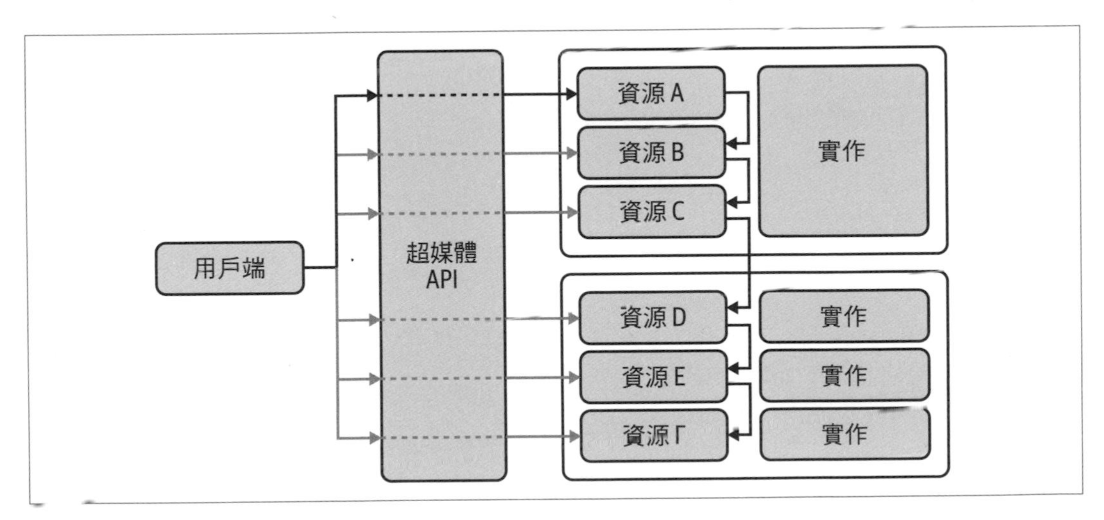

圖 6-4　API 風格：超媒體風格

網路是超媒體系統的一個明顯例子，網路與 API 有一個重要的區別：在網路上，人類閱讀網頁，然後決定要跟隨哪個連結，但是在多媒體 API 上，決策通常是由機器做出的。這意味著，連結必須有機器可讀的標籤，讓機器能夠識別可選的項目，然後做出選擇。這些標籤在概念上類似人類在網頁上按下的連結文字，但這些標籤是用機器可讀的資源表示的，目前通常是 JSON。

在網路上，你可以用連結來「導航」你的瀏覽器，在超媒體 API 裡也可以這樣做，你可以透過資源之間的連結來「導航」它們。若要了解這種資源風格的主要差異，你只要想像一個沒有連結的網路即可，它是完全不同的東西，不是嗎？

相較於資源 API，超媒體 API 有兩項主要優勢，這些優勢都是加入連結造成的。

連結對具有「主要工作流程」的場景很有幫助，因為在這種情況下，使用 API 時，你只要追隨可完成工作的正確連結即可。精心設計的超媒體 API 一定會提供所有必要的連結，以提供可選擇的下一步。其中有些連結可能依背景而定。例如，在購物 API 的工作流程中需要使用貨運資訊的部分可能提供不同的選項，這取決於客戶的身分和其他情況，例如他訂購的貨物和送貨目的地。將這些選項設計到 API 裡面可帶來良好的開發者體驗（DX），因為它可以清楚地展示工作流程所提供的下一步。

連結是跨資源的，那些資源無論是由一個 API 提供的，還是由多個 API 提供的都無所謂。這意味著超媒體是提供統一的、容易使用的跨資源體驗的好方法，即使那些資源是由各種 API 提供的。正如我們將在第 9 章討論的，API 的設計和良好的 DX 不僅針對單一 API，它們在整個 API 園林中也很重要。因為超媒體可以跨 API 連結，如果 API 提供跨 API 互連的資源連結，開發者將更容易使用那些 API。

以上的情況聽起來都很正面，當然，作為一個非常大型的、非常容易擴展的資訊系統，網路的成功說明超媒體應該是一個很好的模式，可以遵循。有一些流行的 API 正在使用超媒體風格，但它使用頻率仍然比資源風格低得多。

其中一個原因是，對開發者來說，超媒體最初用起來可能有挑戰性。軟體開發者的傳統的思維是，他們寫的程式是控制流程，並在過程中使用功能（第 132 頁的「隧道風格」）或資源（第 134 頁的「資源風格」）。我們必須改變思維方式和程式寫法，才能用收到的資料來引導我們，這可能是超媒體風格成長緩慢的原因之一。

如同技術領域的所有事情，沒有解決方案適合所有問題，API 風格也是如此。雖然超媒體確實有一些有用的屬性，但它也可能導致「多話」的 API，需要大量的互動來訪問所有需要的資訊。如果 API 用戶端從一開始就知道他們想要什麼，那麼讓他們說出他們想要的東西不是更有效率嗎？這就是下一節介紹的查詢風格背後的理念，它的基本模型是讓用戶端透過 API 來接觸可能很複雜的資源集合，並允許用戶端寫一個查詢來獲得他們想要的東西。

查詢風格

查詢風格與資源和超媒體風格相當不同，因為它提供單一入口來讓用戶端接觸可能非常大型的資源集合。查詢風格的理念是由 API 提供者以結構化的形式來管理這些資源。這個結構可以被查詢，其回應包含查詢結果。在某種程度上，你可以將它視為類似資料庫的工作方式。它們有一個用來儲存資料的底層資料模型，以及一種可用來選擇和檢索部分資料的查詢語言，如圖 6-5 所示。

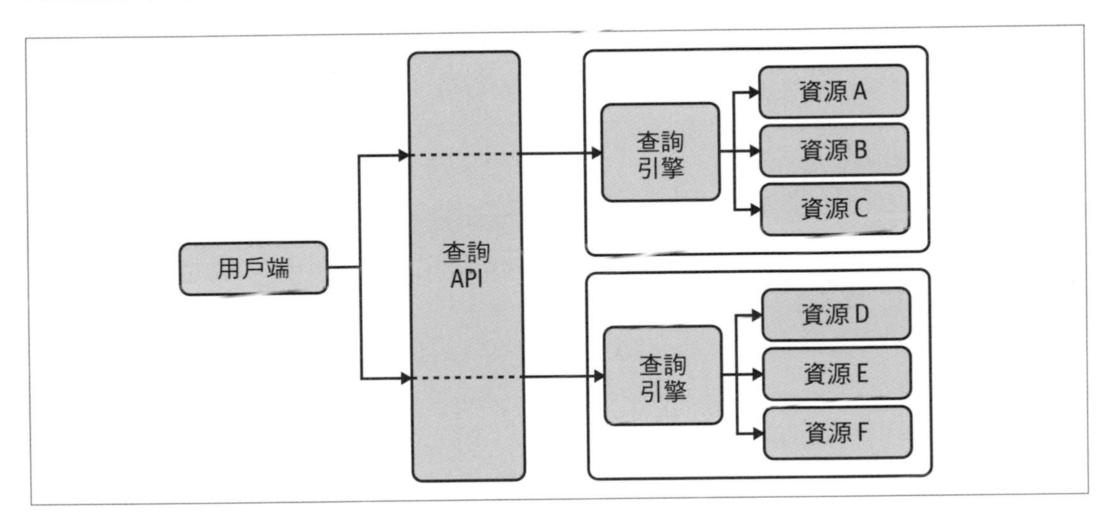

圖 6-5 API 風格：查詢風格

與資料庫一樣，資料模型和查詢語言可能因技術的不同而異。但重點在於，每個 API 請求都是一個具體的查詢，由 API 來解釋和解決那些查詢，因此這種模型和資源及超媒體模型相當不同，後兩種的資源使用相當固定的表示形式，可以用 API 請求來取得。

查詢風格有一個優點：每個用戶端都可以準確地請求他們想要的東西。這意味著，你可以用一個查詢來結合多個結果，但那些結果在資源 / 超媒體 API 可能要發出多次請求。然而，為了這樣做，用戶端必須充分了解底層資料和查詢模型（以便知道如何正確且有效地使用查詢 API），並理解 API 的領域模型（以便知道應該在 API 提供的複雜領域模型中查詢什麼）。

如前所述，在不考慮圍繞著 API 的約束條件的情況下，沒有「單一最好的 API 風格」。根據當今 API 技術的發展趨勢，在建構單頁 APP（SPA）時，查詢風格的 API 似乎特別成功。這些 APP 使用一般僅供同組織內部的後端團隊和前端開發人員使用的私用 API，例如，用於行動或網頁 APP。在這種情況下，共享領域知識是非常好的做法，團隊可以互相協調如何對資料模型進行改變，一般來說，更高的效率值得用更多協調精力來換取。

到目前為止介紹的所有樣式（第 132 頁的「隧道風格」、第 134 頁的「資源風格」、第 135 頁的「超媒體風格」和第 137 頁的「查詢風格」）都有一個基本假設：API 是以請求 / 回應的方式來使用的，用戶端要發送一個請求，並期望收到一個回應。這種模式很適合在用戶端是互動的起點時使用，但是當伺服器端發生了一些事情，而 API 用戶端希望得到通知時，情況又會如何？第五種也是最後一種風格，基於事件風格，很適合這種情況。

基於事件風格

與之前所討論的風格相較之下，基於事件風格的基本理念是扭轉互動模式。這種風格不是讓用戶端向提供者發出請求，而是由提供者製造事件，並傳給 API 的用戶端。這種互動模式帶來一個問題：這種傳遞是如何完成的？如何知道用戶端對接收某些類型的事件感興趣？

我們只能藉著採用某種基礎設施才能解決這個根本問題，你可以採取幾種不同的做法，有時這種基礎設施採取發布 / 訂閱（PubSub）模式，有時它是一個更解耦合的階層，按照類型來管理事件，讓你可以根據這些類型來產生和使用事件。無論哪一種做法，這種模式如圖 6-6 所示。

一般來說，基於事件風格的概念是，互動是由事件觸發的，因此，API 基本上將事件當成主要的抽象。一般來說，在具體的架構中有兩種實現的方式。

其中一種方法是，將事件*用戶端*直接連接到事件生產者，再將那些生產者所產生的事件傳給用戶端。有時這是在很底層執行的，例如從一些設備取得衡量數據，其中的每一個事件都代表設備做的一次衡量。在這種情況下，訂閱意味著從那個來源取得事件。

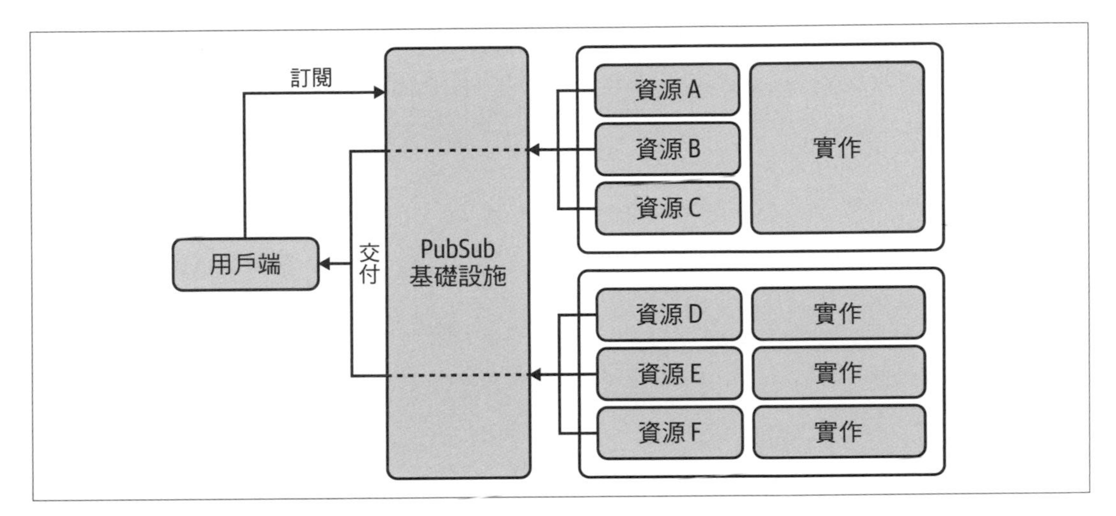

圖 6-6　API 風格：基於事件風格

另一種方法是將事件用戶端連接到一個交付結構（delivery fabric，有時稱為訊息掮客，*message broker*），用那個結構將它們與事件生產者解耦。交付結構負責管理事件，用戶端必須訂閱某種事件類型，讓交付結構可將那種類型的事件傳遞給訂閱者。在這種情況下，架構主要是圍繞交付結構，所有的事件生產者和用戶端都與那個結構連結。

和其他風格一樣，它的主要的抽象是程序（第 132 頁的「隧道風格」）、資源（第 134 頁的「資源風格」和第 135 頁的「超媒體風格」），以及模式 / 查詢（第 137 頁的「查詢風格」）。這意味著，當你使用基於事件風格時，一切都應該用事件來驅動。AsyncAPI 是一種以事件（它稱之為訊息）為中心的描述語言，最近越來越受歡迎。

基於事件風格有一個有趣的差異在於其底層架構。所有其他風格本質上都是分散的，因為它們假設用戶端和生產者之間是同步互動的。現今使用基於事件風格的系統大部分都使用前面提到的交付結構（訊息掮客），因此這種風格依賴一個集中式基礎設施，所有人都與它互動。雖然像 Kafka 這種現代產品具備高度的可擴展性和韌性，但它與其他採取去中心化方法的風格相比有明顯的不同。

如何決定 API 風格與技術？

認識這五種風格之後，我們的問題是如何在這些風格中進行選擇，以及如何決定實現該風格的技術。我們將在接下來的兩節中探討這些問題。

選擇風格

如同在所有設計工作和工程工作中常見的情況，我們無法從上述的五種風格中選出「單一最佳風格」。這一切都取決於限制因素，而這些限制因素大體上可以分為三類：

問題

　正如我們在各個風格中討論的，每種風格都有某些重點和某些優勢。因此，你一定要考慮用 API 來解決的問題，它的工作重點是讓用戶端取得結構化的、可能很複雜的資料嗎？也許查詢風格很適合。該問題公開了用戶端可以導覽的程序嗎？也許超媒體是很好的選擇。或者，該問題是用戶端想要知道的事情？事件風格應該很適合。

消費者

　每一個 API 都是為了被使用而建立的，因此 API 的消費者始終是重要的設計層面。由於 API 最好可以重複使用，所以我們不可能為所有消費者和他們的限制條件進行規劃，但至少應在設計時考慮到一些消費者，並對其他消費者做出假設。消費者可能提出他們喜歡的風格或技術的形式，但也可能提出 API 應該多麼容易了解或使用，以及哪些場景將推動 API 的採用。

背景

　大多數的 API 是 API 園林的一部分。這種園林可能有不同的受眾和範圍，取決於 API 是供私人、合作伙伴還是公共使用。但無論如何，你一定要考慮到這個大背景。畢竟，API 的目標應該是在它被使用的背景下，扮演一個好 *API*。因此，如果一個 API 園林傾向某種風格，那麼毫無疑問地，當你在那個園林裡面設計新 API 時，應採用那種風格。

最後，你一定要把挑選風格當成 API 程序的一部分來考慮，第 44 頁的「設計思維」曾經告訴我們，應時刻關注消費者。因此，在開始設計實際的 API 之前，你要先考慮風格是否符合消費者的需求，然後挑選一個與之對應的技術。

為特定的風格選擇技術

選好風格之後，下一個任務就是挑選一種適合該風格的技術。如前所述，每種風格都有各種選項供你選擇。

例如，資源風格有 REST 架構模式，但這不代表 REST 有具體的技術。在使用 REST 時，很多人選擇 HTTP 當成協定，至於表示格式，JSON 已經遠遠超越任何其他表示方式了（例如在 JSON 出現之前流行的 XML）。

對查詢風格而言，GraphQL 是目前最流行的選擇。此外也有一些替代方案，例如 SPARQL，它通常在圍繞著 Resource Description Framework（RDF）技術層的場景中使用。GraphQL 最大的優勢在於它可以插入以 JSON 為基礎的生態系統。雖然 GraphQL 不使用 JSON 來進行查詢，但它以 JSON 格式回傳結果，所以在以 JSON 為中心的環境裡很容易處理。

至於基於事件風格，目前流行的做法是在同一個組織內以那種風格來實作所有 API。正如我們將在下一節討論的那樣，這不是唯一的方法，但這是一個逐漸流行的想法，而且每當人們討論這種方法時，他們通常會提到 Kafka。雖然在這種情況下，Kafka 經常變成組織的 API 策略的關鍵和核心部分，但他們也可能在各個 API 的基礎上處理事件，在這種情況下，舉例而言，你可以用諸如 Server-Sent Events（SSE）或 WebSockets 等協定來向瀏覽器上的 APP 發送事件。

避免死守一種風格

如同建築學的很多事情，在單一設計領域裡，幾乎不會有可以處理所有問題的最佳方法。API 風格也是如此。世上沒有「最佳」的 API 風格。它們都有長處和短處，取決於你要解決的問題。

我們在這本書裡不希望只介紹個別的問題和解決方案，所以，我們不想只關注一個 API 並告訴你如何決定該 API 的風格（和技術）。我們想「把鏡頭拉遠」，綜觀大局，正如我們將在第 9 章討論的。

更大的現實情況是，API 正在不斷發展和變化，根據變化來設計園林是一個重要的考慮因素。過去的方法有時在風格和技術上相當僵化，以前有以 SOAP 為重心的園林（基於隧道風格），以 HTTP 為重心的園林（基於資源風格，或較罕見的，基於超媒體風格），幾年前開始流行以 GraphQL 為重心的園林（基於查詢風格）。最近似乎流行 EDA 形式，通常結合 Kafka，採取基於事件風格。

你也可以不是只「挑選」其中一種風格（和一種技術）並用單一的方式來設計，而是擁抱多樣性，並確保 API 園林具有一定的多樣性。這是我們在第 2 章經常討論的一個主題，當時有一個目標是在兩件事情之間找到平衡點：「為 API 園林帶來一些秩序和組織」和「不至於對園林施加太多限制」。在它們之間取得平衡不容易，這個主題本身就值得寫一本書。

但是，回到本章介紹的風格（以及引言：「設計在很大程度上取決於限制條件」），對任何大型組織來說，限制性太強，試圖用一種風格來解決所有問題，幾乎都不是好選擇。與之相反，將 API 風格（和技術）視為 API 試圖解決的問題的函數，更容易培養出在多樣性和一致性之間取得平衡的 API 園林。

傳統 IT 背景往往導致我們認為：為了實現互用性（interoperability）和規模經濟，我們必須嚴格控制技術。與之相反，為了打造更堅韌且更靈活的園林，你要認同世上沒有最好的 API 風格，並接受 API 園林使用不止一種風格。

結論

總之，API 風格是一種看待 API 設計的方式，它不太關注具體的技術細節，而是關注 API 的一般互動模式。我們討論了五種 API 風格，以及它們的主要抽象，和通常很適合使用它們的場景。我們也討論了如何挑選一種與你的問題搭配的風格，以及接下來如何挑選一種與風格搭配的技術。

最後，我們簡要地討論了 API 風格與 API 園林裡的多樣性的關係。如果說本節有什麼重點，那就是當人們圍繞著 API 技術進行激烈的爭論時，你要有更精細的觀點。API 可能被用來公開非常不同的功能，那些功能也許是為非常另類的用戶端者設計的。「避免死守一種風格」是一項很重要的想法，而且隨著你的 API 園林不斷演變和增長，這一點只會變得更加重要。

第七章

API 產品週期

變老是不得不然的，成長是自行決定的。

—Chili Davis

在 API 管理領域，了解變動的影響至關重要。上一章談過，API 的變動有各種成本：工作成本、機會成本與耦合成本。變動的整體成本和你要變動 API 的哪個部分有很大的關係。

此外，API 的變動成本不是永遠不變的，變動 API 的成本會隨著背景的改變而不同。例如，無人使用的 API 的耦合成本接近零，但是同一個 API 如果被上百個用戶端 APP 使用，它的耦合成本將非常巨大。

事實上，API 變動管理的實際情況比這個例子還要複雜。如果你的 API 只有一個用戶，但他剛好是公司的主要合作伙伴呢？如果你擁有上百位已註冊的開發者，但是他們尚未讓你的核心產品創造收入呢？如果你所管理的 API 正處於盈利狀態，但是它已經不適合你的商業模型了呢？以上的每一個例子的變動成本都不一樣。事實上，我們可能有數以千計的背景變化需要考慮，這些變化讓我們很難為所有的 API 產品進行全面的 API 成熟度評估。

雖然前景充滿挑戰，但是如果我們有一個普遍適用的 API 成熟度模型仍然是一件好事。首先，它提供一個通用的方法來衡量 API 成功與否，其次，它提供一個框架，讓你在 API 週期的各個階段管理它，特別是關於可變性成本方面。所以，接下來我們將盡力提出一種適合所有人的模型。

本章將介紹一種 API 產品週期，為你提供一個 API 成熟度模型。我們將介紹和所有 API 有關的五個成熟度階段。為了讓模型適合你的情況，我們也會介紹一種定義里程碑的方法，以配合你自己的商務和產品策略。最後，我們將探討各個產品週期階段如何影響你的 API 工作支柱。但是在討論產品週期之前，我們要找出一種衡量 API 產品的方法。

衡量標準與里程碑

本章介紹的 API 產品週期有五個階段，每一個階段都用一個里程碑來劃定。週期階段的里程碑定義了 API 的進入標準（entry criteria）。API 會在建立、產生價值、除役的過程中經歷這些里程碑。為了定義產品里程碑，你必須設法衡量與監測 API。

第 4 章曾經介紹過「監測」這個 API 管理支柱。建立資料收集系統是衡量 API 產品進展的第一步，如果你不知道你在哪裡，你就無法規劃進度。「收集資料」這種技術挑戰可以藉由良好的設計與工具來克服，但你要採取不同的方法來決定可衡量產品週期的正確資料。

你必須定義對你的 API、你的策略與你的公司有意義的產品里程碑。定義里程碑後，你可以建構一套通用的週期階段，讓你可以在你獨特的背景中使用。為了建立這些里程碑，你必須定義一組對你的產品有意義的目標與衡量標準。本節將介紹兩種協助你進行這些定義的工具：OKR 與 KPI。

OKR 與 KPI

在本書中，當我們需要衡量某種東西的價值或品質時，我們都會使用關鍵性能指標（*key performance indicator*，KPI）。KPI 不是神奇的魔法，它只是一個代表特定的資料收集方法的花俏術語而已。KPI 描述了被衡量的目標的表現。使用 KPI 困難的地方在於用最少量的衡量標準來獲得最多見解，這就是這些衡量標準稱為關鍵性能指標的原因。

KPI 有用的原因在於它們代表一種有目的的衡量標準。KPI 資料是精心挑選的，與收集一般的資料不同。KPI 可為管理團隊帶來關於團隊或產品的見解，它們可讓你明確地看到關於衡量對象的性能，以協助你優化它。例如，話務中心團隊的 KPI 可能是被掛掉的通話量，以及來電者的平均等待時間。經常評估這些話務中心指標，加上改善這些指標的渴望，將大大地影響管理決策。

既然性能指標對管理決策有很大的影響，那麼謹慎地選擇資料就非常重要了。不良的衡量標準會導致不良的決策，所以選擇正確的 KPI 組合至關重要。這意味著，有人必須找出組織最關鍵的成功因素，並制定相應的衡量標準。但是要怎麼做？

有些公司使用 *OKR* 來尋找他們的目標與實現目標的關鍵結果。OKR 迫使管理團隊回答「我們想去哪裡？」與「如何到達那裡？」 OKR 要嘛與 KPI 有緊密的關係，要嘛完全取代它們，取決於你要聽誰的。無論如何，OKR 都有用，因為它們將組織的階段目標和取得進展所需的結果和績效結合起來。

LinkedIn 的 *OKR*

有些組織發現 OKR 對成功的動力有不可思議的幫助。例如，LinkedIn 的 CEO Jeff Weiner 認為 OKR 是讓團隊及個人策略與組織目標保持一致的重要工具。他認為 OKR 是關於「你想要在特定的一段時間朝著一個延伸目標而不是既定計畫完成的東西，你想用它來創造更大的緊迫感，和更大的思維共享。[1]」對 Weiner 來說，唯有當目標被深思熟慮地制定，並不斷地傳播、逐級傳遞和強化時，OKR 才有用。

本書使用 OKR 或 KPI 等術語不是為了要求你使用它們，你不一定要使用 KPI 或 OKR 才能成功地管理 API。OKR 與 KPI 是有用的工具，但最重要的是具備目標設定和績效衡量的文化和觀點。我們選擇這些術語是因為我們知道，對那些想要深入研究的人而言，它們是獲得大量資訊、建議和工具的關鍵。但最重要的是，你必須有明確的目標和可衡量的資料，以記錄產品的進展。

參考文獻

如果你要進一步了解 KPI 與 OKR，我們建議推薦 Andy Grove 的《*High Output Management*》（Vintage），這本書是 OKR 運動的起源。如果你想獲得更多指導，你可以閱讀 Ben Lamorte 與 Paul R. Niven 合著的《*Objectives and Key Results*》（Wiley）。

1 "The Management Framework that Propelled LinkedIn to a $20 Billion Company," *First Round Review*, February 7, 2015, *https://oreil.ly/yDkkd*.

定義 API 目標

你為個別的 API 設定的目標必須反映你的團隊與組織的策略目標。API 的目標不需要與組織的整體目標完全相同，但應該與它保持一致。這意味著，實現 API 的目標可以協助你的組織靠近其目標。當 API 實現它承諾的價值時，組織應從中受益，這種 API 的目標與組織的目標之間的關係必須是清楚且容易了解的。

你必須了解組織的策略，才能實現這種目標間的一致性，在理想情況下你要做到，如果不行，你應該將它當成第一步。在 OKR 的世界裡，目標可以逐級傳遞，公司的各個部門都可以定義和更大的目標一致的目標。例如，CEO 的團隊設定一個戰略目標並決定關鍵的結果，讓商務單位設定可促成這些結果的目標，商務單位的各個部門又會設定和已確定的結果一致的目標，以此類推，透過這種方式，OKR 可以在公司的各個團隊與個人中逐級傳遞。

OKR 並非實現這種目標一致性的唯一方法。例如，Robert Kaplan 與 David Norton 的「balanced scorecard」系統（*https://oreil.ly/HYlns*）有類似的績效目標逐層傳遞方法；它與類似它的系統（*https://oreil.ly/fp9fA*）早在 1960 年代就開始被使用了。你可以自行決定如何使你的 API 的目標與更廣泛的組織目標保持一致。重點在於目標的存在，以及成功的定義應為公司和贊助者提供價值。

沒有人規定 API 的目標應該設成怎樣，或不能設成怎樣，但表 7-1 提供一些常見的 API 目標類型案例。

表 7-1　API 目標案例

目標類型	說明
API 的使用	在每個週期達到某個呼叫次數。
API 的註冊	達成某個新註冊數量或總註冊數量。
客戶類型	吸引特定類型的用戶（例如銀行）。
影響	在 API 的推動之下產生正面的商業影響（例如，產品採購增加多少百分比）。
構思	從第三方 API 用戶那裡獲得大量的新商業想法 / 模型。
收入	與 API 商務模式直接相關的新收入。
APP 系統	使用 API 並完成產品的 APP 數量。
內部重複使用	內部部門或業務單位重複使用內部 API 的數目。

你也可以混合與搭配這些目標（例如，設定關於使用量與客戶類型的目標），但別忘了，加入更多目標會降低針對特定目標優化設計的能力。API 的目標會驅動為它執行的工作，但這不意味著目標永遠不會改變。如果組織的目標改變，或事實證明你的目標無法提供真正的價值，你就要重新評估目標。

確認可衡量的結果

可以準確衡量的目標才是有用的目標，否則，它就不是好目標，充其量只是一個願望。管理 API 就是建立一套明確的、可衡量的目標，並根據實現目標的進展來調整策略，為此，你必須精心設計 API 的衡量標準或 KPI。

良好的衡量標準可以產生良好的目標，也就是說，可衡量的結果就是可讓我們達成我們所定義的目標的結果。明確的、可衡量的目標可幫助你找出關鍵結果或關鍵進度指標。但即使有了這個方向，你仍然要定義這些衡量標準。

如果你對如何定義好的資料衡量標準有興趣，你可以閱讀 Douglas Hubbard 的《*How to Measure Anything*》（Wiley）。它可以幫助你了解為什麼要衡量，以及如何衡量。Hubbard 告訴我們，衡量的目的，是為了幫助我們在不確定的領域中進行決策，這當然是我們想追求的，我們可能知道目標是什麼，但仍然不確定實現目標的進度，或如何衡量預期的結果。

在這本書中，Hubbard 定義了一組問題，你可以藉著回答它們來找出你需要哪一種衡量「工具」。我們來將這些問題應用在 API 衡量標準領域中：

「我們不確定的部分有哪些？」

大部分的事項都可以分解成更小的部分。Hubbard 告訴我們，分解衡量目標有很大的好處。當你想要衡量的東西有很大的不確定性時，你要設法將它分解成更小的、更容易衡量的部分。例如，你可能想衡量開發者對你的 API 的滿意度，這是一個充滿不確定性的衡量標準，但是它可以分解成更小的、更容易衡量的部分嗎？也許可以：支援請求、推薦、產品評分都是可量化的衡量標準，可用來確定開發者的幸福程度。

「別人是怎麼衡量這個部分（或它的分解部分）的？」

盡量學習別人是怎麼衡量的。如果你很幸運，別人的問題領域與你一樣，你也許可以利用並複製這些衡量標準。即使無法完全複製，看看別人是怎麼衡量的也有很大的啟發作用。你可以從 API 策略家 John Musser 的「KPIs for APIs」講座入門（*https://oreil.ly/t70nQ*），但不幸的是，在公共領域裡，API 衡量標準案例並不多。

但是適用於 API 的衡量標準在其他領域大都有相應的衡量標準。關於開發者體驗的衡量標準都可以從一般領域的用戶體驗衡量標準獲得靈感。關於商業影響力的衡量標準通常可以借鑒 OKR 與 KPI 領域。關於註冊、使用與活動的衡量標準與產品管理領域有相似之處。所以找出別人如何處理類似的問題應該不難。

「如何衡量你確定的觀察目標？」

當你分解並找出次級來源之後，你應該會對你要衡量的東西有更好的想法。在回答這個問題時，你要決定如何衡量它。例如，為了衡量「支援請求」，你可能要追蹤支援請求的所有管道：email、社交媒體、電話以及面對面互動，你要從這一步開始設計資料收集系統。

「我們要進行多少衡量？」

如果你有無限的預算，你就可以做出完美的資料收集系統，但需要如此嗎？Hubbard 希望我們考慮完美的資訊對 API 產品決策有多麼重要，在此，背景是最重要的，這個 API 對你的公司來說有多重要？管理決策對組織的影響力有多大？例如，如果你開發的 API 僅供自用，你可能不想仔細管理它，所以不會投入太多資源進行準確的衡量。

「錯誤的來源是什麼？」

你要考慮衡量結果有多大的誤導性。它們有沒有偏見和不一致的情況？觀測的方法會不會影響結果？你的目標是找出潛在的問題，並試著處理它們。在 API 領域中，問題可能來自技術挑戰（工具是否正確回報資料？）、資料的遺漏（我們是否追蹤了所有的支援請求？），以及有瑕疵的分解（這些是衡量開發者幸福感的正確工具嗎？）。

「我們該選擇哪種工具？」

Hubbard 所謂的「工具」是指持續收集衡量資料的程序或系統，在 API 領域中，它代表應衡量的 KPI 種類，以及針對它開發的監測措施。

知道這些問題的答案，加上次級來源的案例之後，你應該可以定義正確的衡量標準。定義衡量標準，並完成第 4 章介紹的監測支柱的工作之後，你就可以為產品週期建立 KPI 了。

API 產品週期

我們已經有一種通用的模型可以用來了解產品成熟度了，它稱為產品週期（*product lifecycle*），它定義了所有產品從市場需求的角度來看都會經歷的四個階段：發展、成長、成熟與衰退。我們將產品週期的概念應用在 API 上，提出 *API* 產品週期，它有五個階段：製作、發表、實現、維護與除役（圖 7-1）。

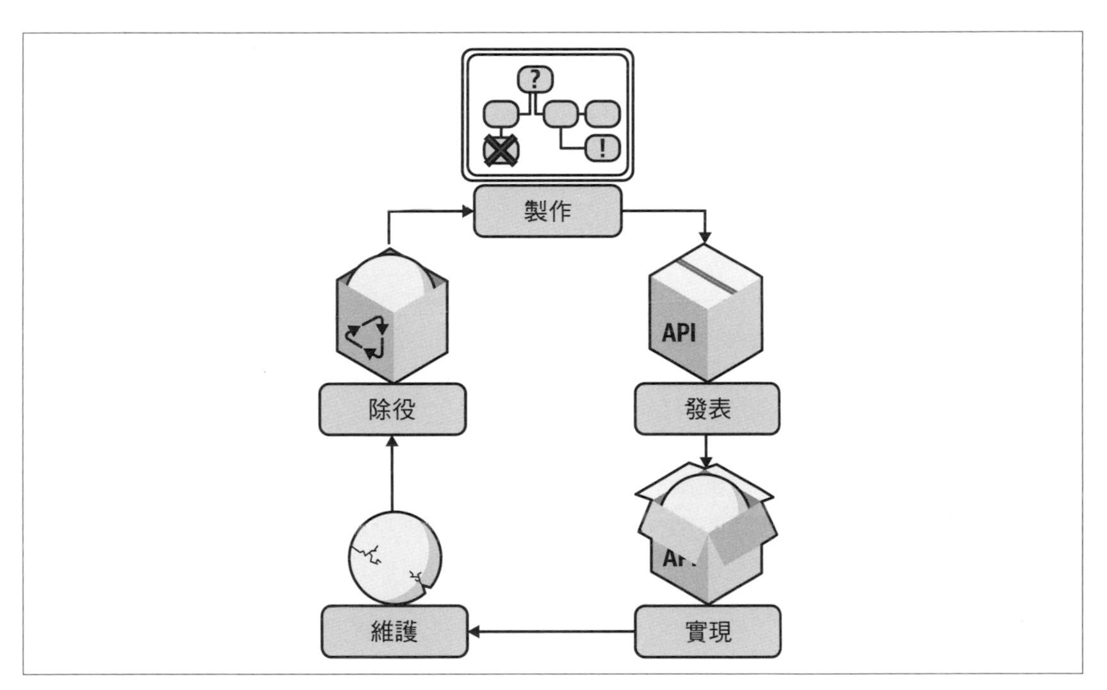

圖 7-1　API 產品週期

正如本章開頭提到的，API 產品週期是一個模型，它可以協助你描繪 API 的進度，並隨著 API 的成熟度來調整你的管理方式。

我們在第 5 章介紹了 API 的發表週期，產品週期就是這些發表活動的超集合。API 產品週期的每個階段可能包含多次發表。發表或變動不會讓 API 產品進入下一個成熟階段，但是這些漸進改進的過程會間接幫助 API 成熟到下一個階段。

在接下來的小節中，我們要詳細介紹產品週期的每一個階段。我們將說明每一個階段會發生什麼事情，以及你必須定義哪些里程碑，以到達那些階段。

階段 1：製作

在製作階段的 API 有以下的特徵：

- 它是一種新的 API，或一個不復存在的 API 的替代品。
- 它還沒有被部署到生產環境。
- 它還無法被可靠地使用。

每一個 API 都始於一個啟動點——組織內的某人在沒有合適的 API 的情況下，決定以某種方式發表一個 API。建立 API 的原因有很多，但是這個階段的關鍵是準確地確定驅動力是什麼，你是不是希望出售 API 的使用權？它可以加快 APP 的開發速度嗎？它只是用來存取資料的笨水管（dumb pipe）嗎？深入了解公司為什麼需要這個 API，對定義它的目標、價值和受眾而言非常重要。

當 API 處於這個早期啟動階段時，它們有高度的可變性。正如我們在第 5 章學過的，一旦 APP 開始積極使用介面模型，介面模型就很難改變了。當你的 API 處於製作階段時，你有機會進行密集的變動，而不必過於擔心耦合的成本。在這個早期階段，你的勞力成本也可以降到最低，因為 bug 或缺陷不會造成太大的影響。

但是，在製作階段有一個隱藏成本：如果你無法讓 API 產品進入下一個成熟階段，機會成本會上升。這種情況會在你不想發表 API 給用戶，因為你想要趁著可以安全地變動時花更多時間在設計層面上時發生。但是如果有其他團隊、組織或人員需要用你的 API 來完成他們的工作，那麼不發表 API 將成為一個真正的問題。事實證明，今日發表好的 API 往往比明天再發表偉大的 API 更有利於你的業務。

「讓 API 在製作階段待多久」是一個重要的產品管理決策。你必須權衡「設計的自由度及其提升的機會成本」，與「後續的產品階段所增加的耦合與勞力成本」。根據經驗，有一種很好的方法是先列出 API 的哪些部分最不容易改變，例如，如果你要製作一個 CRUD 風格的 HTTP API，你就要在製作階段盡量設計、測試和改善介面模型，因為如果模型沒有針對可擴展性進行穩健的設計（這種情況經常發生），那麼以後的耦合成本將變得很高。

API 產品的製作階段也是你成立團隊來協助 API 成熟的時候。你可以隨著產品複雜性的增加而隨時加入和移除人員，但成立最初的產品團隊是 API 的重要基礎步驟。我們將在第 8 章談到，團隊的規模、品質和文化將對你製作的產品造成很大的影響。在產品週期的早期盡可能正確地實現這些品質非常重要。

製作階段的里程碑

每個 API 都是從一個新的創作開始的，但你要決定那個創作點是在什麼時候發生的。如何定義 API 產品旅程的起點？當然，這可以有機（organically）地發生，將製作的決策權下放給各個團隊，讓他們製作具備競爭力的 API 產品，但是你可能希望在 API 產品工作開始之前，先規定起碼的謹慎和努力。

例如，你可以規定他們在開始設計和開發每個 API 產品之前先定義一個策略目標，可能採取某種形式的中心決策分配，也許是採取集中授權的形式。或者，你可以規定組織中的每個人都可以發明 API 產品，但他們必須先找到三位願意一起努力三個月的合伙人才能開始工作。

如何定義「建立」里程碑和你的環境有很大的關係，但重要的是，你的組織必須針對啟動 API 產品週期的條件取得共識，這可避免投資在不值得努力的產品上。

方法：讓公民開發者一起建立 API

大多數的 API 設計方法都是以技術來推動的，只涉及技術關係人、開發者和架構師。但是，隨著越來越多的商務人士參與 API 計畫和專案，API 設計流程出現了一個新概念，現在的流程不僅包含開發人員，也包含商業關係人，我們可以稱之為公民開發者（*citizen developer*）。

Arnaud Lauret 在他的《*Design Of Web APIs*》（Manning）一書中提出這種有趣的方法。

這種方法鼓勵 API 設計過程中的所有關係人參與製作階段，包括向所有關係人提出問題，並讓他們參與討論。商業關係人用通俗的英語來定義商業需求，採取容易轉換成技術術語的模式：

誰	什麼	如何	輸入？（來源）	輸出（用途）	目標
誰是用戶？	他們可以做什麼？	他們怎麼做？	他們需要什麼？ 他們來自哪裡？	他們得到什麼？ 他們怎麼用？	最終目標是什麼？

藉著將所有商業和技術關係人組成一個團隊，並讓他們一起回答以下問題，你將更了解整個 API 價值鏈：

誰	什麼	如何	輸入？（來源）	輸出（用途）	目標
銀行 APP 用戶	購買金融產品	搜尋想要訂購的金融產品	金融產品市場	產品（適用於訂閱）	透過探索市場來搜尋金融產品
內部開發者	更新產品	在市場加入一個產品	產品經理提供的產品說明、功能、圖示、名稱	在市場中的產品說明	在市場加入一個產品

如此一來，商業關係人可以參與 API 設計規格的制定，並為技術關係人提供有用的見解，並讓機器可讀的 API 規格保持一致。

對於 REST API：

- 「什麼」代表將被操作的資源及其路徑。
- 「誰」代表用戶角色，以及 API 的授權和訪問管理功能。
- 「如何」代表操作資源的 HTTPs 動詞（GET、POST、PUT、PATCH、DELETE、LINK）。
- 「輸入」代表當成參數或本體發送的 API 欄位。
- 「輸出」代表 API 回應。
- 「目標」代表要介紹的 API 用戶故事。

這種方法可讓你創作 API，並讓開發者和公民開發者維持持續的溝通。也讓「用商業術語來指定 API 的團隊成員」和「將商業術語轉換為技術術語的團隊成員」一起工作，創作一個符合所有目標的 API。

當然，這不是唯一的方法。其他方法涉及 API 設計，例如 APIOps Request 與 Responses Canvas 和它的 API Design with Events Canvas，其目的是創作事件驅動的 API。

階段 2：發表

處於發表階段的 API 有以下特點：

- 有 API 實例已經被部署到生產環境了。
- 有一或多個開發者社群可以使用它。
- API 的戰略價值尚未實現。

發表 API 是重要的產品里程碑，代表著進入 API 產品成熟度第二階段。當你把 API 的實例提供給用戶使用時，你的 API 就發表了。這是你正式將 API 開張，歡迎感興趣的用戶的時刻。

如果沒有進行部署（將 API 實作移至一或多個實例的動作）就沒有發表，但是僅做部署不會自動成為發表，例如，你可以在製作階段部署 API 設計的雛型，但不宣布它可以開始使用。發表是向用戶社群發出訊息，聲明該 API 已經開放使用時發生的。

如果你正在為第三方開發者建構公開的 API，你就要在這個階段讓有需求的開發者能夠發現並使用你的 API。對內部 API 來說，發表可能是你的介面被加入企業目錄，供其他的專案團隊可以使用的時間點。對支援單一 APP 的 API 而言，發表可能是你 email 給開發團隊，讓他們知道 API 已經穩定，可以在他們的程式中使用的階段。

將 API 提供給用戶端 APP 使用是實現其策略價值的第一步。但是在 API 產品的發表階段，這個價值只是潛在的，還沒有真正實現。用商店來比喻，這意味著你已經開張，但還沒有賣出可讓你盈利的商品。不發表 API，你就無法實現它的價值，但發表不保證你能從 API 獲得價值。製作它不代表目標受眾願意光臨。

發表 API 與實現它的價值之間的距離取決於 API 的策略。如果 API 的實現目標不現實，它將在發表階段陷入困境，如果目標過於簡單，它可能在第一次使用時就能實現。背景也是很重要的因素，如果你為你自己的 APP 開發 API，你對它的命運有更大的控制權，但是為第三方開發者開發的公用 API 需要耐心和投資。無論如何，你的目標都是盡快將 API 推入實現階段。

「盡快實現價值」這條原則有一個需要注意的地方是，已發表的 API 產品的可變性會受到什麼影響。雖然在這個階段，你可能會影響用戶端 APP，但是這些用戶端還沒有開始為你的企業實現價值，所以進行有影響力的變動不會造成短期的價值損失。有一些組織將它視為執行更多實驗、收集資料和冒更大風險的機會。

然而，你必須注意這些變動可能產生什麼長期影響，並抑制你在發表階段做出改變的衝動。既有的用戶可能透過繼續使用來提供價值，但進行太多變動可能會在那件事發生之前，將他們趕走。如果你的 API 產品處於競爭激烈的市場，變動也可能阻礙你吸引最能夠幫助你實現目標的用戶類型。

API 在這個階段一般來說是可變動的，因為你的主要用戶還沒有被活化。但請記住，在這個階段改變 API 的品質可能造成意想不到的後果，使你無法從目標用戶群獲得你想要的投資水準。如果 API 實例經常停止服務，或者經常以破壞用戶端的方式改變介面模型，你就在向潛在的用戶群發送強烈且非正面的訊號。

在發表階段更改 API 的程度應該由你的 API、核心可變性、它的可用範圍（公用、私用，或是供合作伙伴使用）以及你嘗試接觸的用戶類型決定。

發表階段的里程碑

你為發表階段定義的里程碑應確定 API 何時就緒，可供人使用。你需要決定哪種觸發因素代表可以真正開始使用。舉例來說；

- API 已經被送到生產環境了。
- API 網站已經上線了。
- API 已經在公司的註冊表裡面註冊了。
- API 已經用 email 宣布可以使用了。

此外，你可能也要定義一些衡量指標，來了解 API 是否正在被實際使用，這將幫助你確定發表階段的早期變動的潛在影響。例如，註冊用戶數量、API 呼叫和文件瀏覽次數可能是有用的指標。

方法：為用戶端 APP 的最終用戶提供 API 用戶故事

你可能已經熟悉用戶故事（user story）的概念了。在敏捷方法論裡，用戶故事是一個小型的、獨立的開發工作單元，站在需要新功能的人的角度描述一個簡單的功能，那個人通常是系統的用戶。用戶故事描述了如何在一個產品中完成一個特定的目標，它採取這種格式：「身為 [一個用戶角色]，我想要 [執行這個動作]，以便 [完成這個目標]。」

API 用戶故事可以採取同樣的方法，但把重點放在 API 目標上，也就是說，它們與一個以上的最終用戶故事（end-user story）保持一致。根據製作階段描述的設計，你的目標是將端點的數量減少到一個最低水準。這可以確保一定程度的簡單性和一致性，並確保 API 能夠為用戶端 APP 支援一個以上的用戶故事。一般來說，API 端點的用戶故事應該比用戶端應用故事更少。

內部 API　如果你的 API 是讓自己使用的，你應該知道你想完成的最終用戶端的應用故事，並且有一份完整的清單。在這種情況下，你發表的 API 用戶故事應涵蓋使用用戶端 APP 的最終用戶故事的所有需求和功能。這是了解發表階段是否滿足內部使用需求的好方法。

一個 API 用戶故事，一個用戶故事　在編寫 API 用戶故事時，有一種簡單的方法是將它們對映到你想讓 API 的用戶端 APP 實現的每一個功能：

API 用戶故事	用戶故事
作為一位開發者，我想要造訪用戶的 LinkedIn 帳戶，以便註冊他們。	作為一位用戶，我希望透過聯絡人的 LinkedIn 資料詳情與他聯繫。
作為一個開發者，我想讓用戶上傳照片，這樣我就可以在個人資料用戶介面中顯示它。	作為一位用戶，我希望選擇我的照片，以便在 APP 中被識別。

有一個需要注意的問題是，你的 API 會過於細化，並且與最終用戶 APP 的最終用戶介面過於耦合。這將降低培養 API 的簡單性和可重複使用性的機會。

一個 API 用戶故事，許多用戶故事　我們真正的目標是維持 API 端點的簡單性和一致性，但也要在所有準生產的內部用戶端 APP 中盡可能地重複使用它們。雖然你可以在剛開始時，為每一個用戶端最終用戶故事寫一個 API 故事，但如果可能，而且在有意義的情況下，你要盡量讓一個 API 故事對映多個最終用戶故事：

API 用戶故事	用戶故事
作為一位開發者，我想要造訪用戶的 LinkedIn 帳戶，這樣我就可以用 OAuth2.0 來請求授權。	作為一位用戶，我希望能夠與 LinkedIn 連接，這樣我只要按兩次按鍵就可以註冊。
同上	作為一位用戶，我希望能夠將我的 LinkedIn 貼文匯入我的個人資料。
作為一個開發者，我想讓用戶上傳照片，這樣我就可以在個人資料用戶介面中顯示它。	作為一位用戶，我希望可以選擇我的照片，以便在 APP 中被識別。
同上	作為一位用戶，我希望能夠更新我的個人資料照片，這樣我就可以讓我的聯絡名單裡面的人和我的個人資料保持接觸。

開放 API 給第三方　如果你已經有一個內部 API，而且你想將它發表給其他人，或是你正在建立一個開放 API，供生態系統中的合作伙伴使用，你就要進行第二步。你要定義一套新的用戶端應用故事。事實上，生態系統合作伙伴、你的外部 API 用戶和第三方開發者可能想用你的 API 來建構和你的核心用戶端 APP 不同的功能類型（和不同的應用）。你必須為 API 編寫一套新的生態系統用戶故事。只有在這個發表階段，你才能夠真正從外部用戶那裡挖掘並發現這些功能（透過用戶訪談和其他外展活動來衡量你的生態系統中的需求）。

API 的用戶故事往往需要重新定義，以配合這些新的外部用戶端應用故事。

我們來看一個例子：

API 用戶故事	用戶故事
作為一位開發者，我想要造訪用戶的 LinkedIn 帳戶，這樣我就可以用 OAuth2.0 來請求授權。	作為一位用戶，我希望能夠與 LinkedIn 連接，這樣我只要按兩次按鍵就可以註冊。
同上	作為一位用戶，我希望能夠將我的 LinkedIn 貼文匯入我的個人資料。
作為一位開發者，我想讓用戶上傳照片，這樣我就可以在個人資料用戶介面中顯示它。	作為一位用戶，我希望可以選擇我的照片，以便在 APP 中被識別。
同上	作為一位用戶，我希望能夠更新我的個人資料照片，這樣我就可以讓我的聯絡名單裡面的人和我的個人資料保持接觸。
作為一位第三方金融技術 APP 開發者，我想取得用戶的照片以驗證身分。	作為一位第三方金融技術 APP 的用戶，我希望能夠驗證我的身分，以便建立一個帳戶。
作為一位第三方社交網路 APP 的開發者，我想取得用戶的照片來填寫個人資訊。	作為一位第三方社交網路 APP 的用戶，我希望能夠驗證我的身分，這樣就可以更快建立帳戶。

同樣的，這不是唯一的方法，但它是一種明智的實用技術，讓你可以在發表階段用來了解用戶，幫助你成熟地進入下一個階段。

身為一位 API 發表者，你可以從內部和外部發現新功能和產品想法，來完成用戶故事並記錄用戶需求，並一點一滴地釋放他們的價值。

階段 3：實現

在實現階段的 API 有以下的特點：

- 有已發表且可使用的 API 實例。
- 用戶用它來實現他們的目標、業務或技術。
- 它實現的價值呈現上升趨勢。
- 破壞這個 API 將對用戶的營運效率產生影響。

將 API 視為產品意味著你要不斷改進它來支援商業目標。在此之前，你的 API 產品已經具備提供價值的潛力了。但是，當目標用戶真正開始以符合你的策略目標的方式來使用 API 時，你就可以考慮實現它的價值了。

實現 API 的價值是營運效率的最終目標。盡快進入實現階段，並盡可能長時間地持續實現價值，是高價值 API 的標誌。API 負責人面臨的挑戰是決定「實現」的含義。這是一個很難建立衡量標準的階段，因為它要求 API 產品負責人對 API 的目標有充分的理解。

為 API 定義正確的目標是實現價值的關鍵步驟，或者，至少要能夠衡量和管理製作有價值的 API 的能力。你的產品的能見度與可觀察性在你同時管理一群 API 時非常重要，所以這個實現衡量標準很重要。

例如，以付費使用 API 產品的形式銷售給第三方開發者的支付 API，可能定義這樣的實現目標：每個月處理 10,000 次付款。API 產品負責人可能從這個衡量標準發現：即使有 6,000 位開發者註冊使用 API，每個月的支付請求卻只有 5,000 次，這項數據意味著 API 的價值還沒有實現。

但是，僅供組織內部使用的 API 可能定下全然不同的實現目標。例如，讓銀行內部的軟體架構使用的支付 API 可能有一個實現目標：在生產環境中處理線上銀行支付。在這個例子裡，只要線上銀行系統開始使用 API 來處理付款，該 API 就被視為實現了，無論請求的數量是多少。

更複雜的是，實現目標不但要反映 API 的背景，也要隨著背景的變化而不斷檢查與修訂。例如，為了盈利而發表給第三方開發者的支付 API，在基礎的商業策略改變時必須改變它的實現目標，例如，為了長期的可持續性需求，你必須將行銷的主要目標鎖定在企業市場上。此時，實現的里程碑目標可能變成「為財星 500 企業處理 500 個支付請求」。

實現階段的里程碑

為了建立 KPI 來確定何時達到這個階段，你要清楚地知道你在為誰建立 API，如果你用合理的明確度來定義目標，你應該很容易知道 API 的受眾是誰。這並不意味著你的目標 API 用戶一定是特定的用戶角色，很多 API 被發表成盡可能的靈活，其目的是為所有人服務。重點在於，你要確定哪一種用戶訪問（user access）代表你實現了 API。

此時衡量用戶對 API 的參與程度也很有幫助。事實上，在這個階段，API 的主要目標是定義 API 被合理使用的參與程度上限，無論合理對你而言代表什麼。

你的工作不會隨著 API 進入實現階段而結束，最大的成功是持續從產品收獲價值，這意味著你要準備一套衡量標準來追蹤進度，並做出相應的產品管理決策。本章介紹過的 OKR 和 KPI 最適合在這個階段用來衡量 API。

方法：價值主張介面畫布

Andrea Zulian 和 Amancio Bouza 在他們的《*API Product Management*》（Leanpub）一書中提出了這個概念：從價值主張的角度來考慮你的 API 設計，而不僅僅是技術介面。他們受 Osterwalder 的 Value Proposition Canvas（價值主張畫布）啟發，創造了 Value Proposition Interface Canvas（價值主張介面畫布），可幫助你了解你是否已經實現了你的價值。

它包含一種工作方法，可定義你的 API 所提供的真正價值、如何對應用戶的痛苦，以及如何讓用戶創造收益。在這種方法中，你有兩個元素：客戶檔案，以及價值主張圖。

客戶檔案

　　客戶檔案概述了客戶想要完成的工作，以及促進工作完成衍生的收益，或阻礙工作完成衍生的痛苦。

價值主張圖

　　這是描述你公司的相關 APP、產品和服務、資料和業務流程的地圖。你可以從這張地圖找出痛苦緩解功能和收益創造功能，它們分別與客戶的痛苦和收益有關。痛苦緩解功能可解決客戶的痛苦，收益創造功能可促進客戶的收益。一般來說，痛苦緩解功能和收益創造功能塑造了價值主張。介面代表了價值主張介面（Value Proposition Interface，VPI），它是一個 API。VPI 描述了價值主張的介面，以及客戶如何使用它們。

藉著經歷以下兩個週期，你可以設身處地為用戶著想，一個一個評估 API 提供的痛苦和收益。首先，你要從痛苦的角度回答：

客戶的工作

　　描述客戶需要完成的工作。

客戶的痛苦

　　明白為什麼這些工作是痛苦的。與客戶一起確認這些痛苦。

價值來源

　　列出相關的資料源、APP、業務流程，以及其他相關的產品和服務。

痛苦緩解功能

　　列出你的 API 產品可以減輕他們的痛苦的功能。

價值主張介面

將產品功能轉換為 API 功能。更準確地說，敘述 API 的資源和方法。

第二，從收益的角度回答同樣的五個步驟：

客戶的工作

描述客戶需要完成的工作（與之前一樣）。

客戶的收益

明白什麼能提供收益。與客戶一起確認這些收益。

價值來源

列出相關的資料源、APP、業務流程，以及其他相關的產品和服務。

收益創造功能

列出你的 API 產品可以創造收益的功能。

價值主張介面

將產品功能轉換為 API 功能。更準確地說，敘述 API 的資源和方法。

Zulian 和 Bouza 如此解釋：重點在於，你要知道，收益不僅僅是痛苦的積極面，更是新 API 提供的實際效益和機會。

這種方法可以幫助你強化 API 的價值主張，並將它實現的價值最大化。

階段 4：維護

處於維護階段的 API 有以下的特性：

- 它正被一個或多個用戶端 APP 積極地使用。
- 它實現的價值停滯不前，或呈下降趨勢。
- 它不再被積極改進了。

產生實際價值的 API 停留在生命週期的實現階段。但最終，增長的速度會減弱，API 會進入一個穩定的階段，或是，能夠產生價值的使用次數開始下降，當這種情況發生時，API 就進入維護階段。

處於這個階段的 API 仍然需要一定程度的可變性，但是維護階段的變動目標與實現階段略有不同，此時，變動的目的是為了讓 API 盡可能地長期維持穩定狀態，那些變動包括 bug 修復、現代化改進，以及為了符合法規而做的修改，不太會為了獲得新用戶而進行變動。

在維護階段進行變動要非常小心，因為你要確保你的變動不會對仍在提供價值的 API 用戶造成不利影響。在這個階段應避免變動 API 帶來的風險。如果需要進行大規模的、有影響力的變動，API 可能需要回到發表階段，以再次嘗試實現已經失去的價值（有時這是藉由發表新版本的 API 來實現的）。

維護階段的里程碑

維護階段的里程碑與實現階段的里程碑有很大的關係，主要是以趨勢為基礎。例如，如果你已經為實現階段定義了用戶增長衡量標準，那麼過去六個月的相應增長數據可能有助於維護。如果增長停滯或下降，那可能代表 API 已經進入維護階段了。你必須定義哪些衡量標準是關鍵指標，期限是何時，以及停滯的門檻是什麼。

維護階段的方法：自助服務與自動化

在維護階段，API 已經實現了產品化價值，並且正在解決內部用戶或外部用戶的問題。若要盡可能地維持這種價值，你要減少需要持續付出的成本，同時維持 API 產品創造的價值。實現的方法是在用戶方實現更多自助服務，並將盡可能多的自動化整合到業務流程中。

在用戶方提供自助服務的方法是最大限度地提高 API 用戶的自主性。例如，有了良好的開發者體驗之後，開發者將能夠註冊、安全地分享他們的憑證、閱讀文件、測試 API、設置他們的環境，並根據用例遵循逐步教學，而不需要人員的協助。提供頂級開發者體驗的 API 公司可讓 90% 以上的 API 用戶成功地整合，而不需要任何一對一的支援。

供應方的目標是減少維持 API 正常運行的營運成本。這可以透過共同化（mutualization）和自動化來實現。在這個階段，API 是一個投資組合（portfolio）的一部分，由 API 負責人或負責多個 API 的 API 產品經理管理（在實現階段，通常是由一位產品經理負責一個 API）。

在採取這種做法的同時，你要越來越關注行動的自動化。例如，藉著利用 API 的 DevOps 方法或 APIOps 方法，你可以用一個自動化的 APIOps 工具鏈來測試設計、文件、開發和部署，從而減少手動修復錯誤、套用安全修補程式和安裝更新版的需要。

在維護階段，你的目標是讓 API 以最大的本益比運行。用戶方的自助服務和供應方的自動化工作流程可以讓你在 API 的維護成本高於它產生的價值之前，盡可能長時間地保持在這個成熟階段。當成本和價值反轉的時候，就是 API 退役的時候了。

階段 5：除役

在除役階段的 API 有以下的特點：

- 有已發表且可被使用的 API 實例。
- 它實現的價值已經沒辦法說服你繼續維護了。
- 已做出除役決定。

萬事皆有盡頭，API 產品最終可能需要除役。API 進入除役階段的原因有很多，包括沒有需求了、營運成本的改變、出現更新且更好的替代品，以及商業目標與宗旨的轉變，這些情況可以歸納為無法維持它實現的價值，或 API 產品的目標發生了根本變化。

API 進入產品成熟度的除役階段意味著它必須被移除，而不是它已經消失了。API 產品團隊必須進行規劃，並將那個 API 從團隊提供的 API 產品清單中移除。產品團隊可自行決定「API 除役」究竟意味著什麼，但除役的目標通常是盡可能地消除與被除役的產品有關的成本，有時這代表將產品伺服器裡的所有 API 實例移除，有時只是將 API 標記為「廢棄」，並拒絕進行任何進一步的修改或提供任何支援。

關於「除役究竟意味著什麼」的決策通常與除役階段的相關成本有關，包括從 API 產品的用戶那裡拿走一些有用的東西。移除別人依賴的 API 可能是一個難以執行的決定。如果 API 是讓組織的技術部門使用的，API 負責人可能被禁止移除實例，因為組織擔心移除它會產生不在計畫內的工作。如果 API 是公開的，組織可能會擔心移除以前存在的功能會傷害自己的品牌或信用。

從 API 產品的角度來看，除役不應視為一種失敗或錯誤。產品除役是整體 API 園林的持續改進週期的一個自然階段。

除役階段的里程碑

如同 API 成熟度的其他階段，API 產品團隊必須定義 API 進入除役階段的里程碑。這些里程碑可能與性能有關（例如，在一段時間內處理多少 API 訊息）或與成本有關（例如，改善 API 以符合某些未來商業目標的預估成本）。

Google 有一個著名的策略：將一段時間內沒有達到特定的可衡量目標的產品或專案除役。Google 的目標可能是幾十萬名活躍用戶，而且他們可能相當激進地看待用戶的增長數量。這類的衡量標準也許很適合追求大規模用戶增長的產品策略，但是內部的用戶驗證 API 就不適合了。

除役階段的里程碑代表一個最低門檻，或最高門檻。例如，你可能會設定，API 至少必須服務多少請求才能待在維護階段，或產品的成本多高就要進入除役階段。產品的除役成本有很大的差異，取決於它支援的 APP 類型，和使用它的開發者規模，所以你必須根據你的 API 的獨特背景來設定這些限制。

方法：使用 API 指標，在不破壞 APP 的情況下將 API 除役

破壞性變動、日薄西山的 API…會讓開發人員必須回去修改程式碼，來讓 APP 正常運行的任何事情都很可怕。因此，對於你的開發者用戶來說，將 API 除役必定會引起一些恐懼和苦惱。作為 API 的提供者，你可以採取一些減少焦慮、尊重他人的做法。也許你會出於任何你需要的原因，在沒有任何通知也沒有溝通的情況下執行除役，但最好的做法應該是保持你和用戶之間的善意和信任，並以尊重的方式執行。做得好的話，你甚至可以避免破壞任何依賴你的 API 的 APP。

廢棄和日落政策　提前讓用戶知道廢棄政策是很好的做法。你將如何停止提供 API？你的 API 用戶現在就想知道。*廢棄*就是宣布不建議再使用 API 或實作 API。這種情況通常在有新的替代 API 被做出來時發生，所以我們要將用戶不該繼續使用的 API 廢棄。*日落*（*sunsetting*）意味著正式除役並關閉一個 API 及其實例。

在進行日落時，通常會先宣布 API 將在某個日期廢棄，並提供合理的理由，以及解釋如何用較新的版本來取代它。這種溝通可讓技術團隊和商業團隊提前知道該做什麼，並制定計畫。我們通常會分享一個路線圖，宣布日落將如何進行。

例如，第一個里程碑可能是 SLA 將停止履行，或停止為低付費客戶提供客戶支援。API 的文件入口會顯示一個警告橫幅，告知造訪者「這個 API 將被廢棄」，並將他們引導至一個包含新版本或替代方案的資源連結。

第二個里程碑是停止支援所有客戶。有些公司甚至將警告訊息直接放在文件的 API 回應中，以確保開發人員透過他們的程式碼知道將會發生什麼事情。

然後是真正的日落里程碑：API 被正式關閉，完全退役。

用 API 指標來追蹤「只寫一次，永久運行」策略的使用情況　有些公司宣傳他們永遠不會破壞 API，也不會將 API 除役，例如 Stripe 或 Salesforce。他們稱之為「只寫一次，永遠運行」的策略，向開發者承諾，他們只要寫一次程式，就可以讓使用該 API 的 APP 永久運行。從他們身上，我們可以學到什麼關於 API 除役的事情？管理這個策略的主要方法是讓所有版本保持活躍。他們的確做到了！但並非所有公司都能應付支援費用，所以我們有另一種選項。

你可以使用 API 管理分析法來掌握哪位用戶和 APP 正在使用哪個版本的 API。當你打算廢棄一個 API 版本時，這種見解可讓你預見它將產生什麼影響，以及對誰造成影響。它會不會影響最大的客戶？它會不會影響關鍵的內部 APP？

一旦你掌握了這些影響，你就可以用人性化的方式來管理這種關係。你可以直接和將被影響的關係人交談，討論你的路線圖和替代方案。

如果你提前告知人們，並提出新版本或替代方案，隨著時間的過去，你將看到越來越多即將除役的 API 的用戶遷移到新版本。如果你運氣不錯，而且有足夠好的激勵措施，在日落里程碑到來的日期，退役的 API 版本可能沒有任何用戶。如果還有一些 API 用戶不升級到新版本，你將不得不管理那個 API。你的第一個辦法是在最後期限繼續執行除役，並接受那些用戶的 APP 將被破壞，但這種做法可能不夠友善。

對於外部 API，有一種做法是提高那個版本的支援價格（類似 Microsoft 曾經用更高的價格，來為企業客戶提供舊版 Windows 支援），用經濟因素刺激公司遷移到新版本。

對於內部 API，你可以透過技術手段來完成，例如結束 SLA 承諾，或透過管理決策，強迫內部 API 用戶進行升級。

產品週期與支柱的關係

剛才談到的 API 產品週期可以用來理解 API 產品的成熟度，這種理解可以幫助你思考 API 在每一個階段的可變性成本。產品週期也可以協助你管理 API 工作。本節將使用第 4 章介紹的 API 產品開發十大支柱，來展示你的工作將如何因為產品週期階段的不同而發生變化。

我們定義的 API 管理工作支柱在各個週期階段都有意義（見表 7-2），你永遠無法完全忽視任何一個。但有些支柱在某些階段比其他的支柱重要，在 API 產品週期的特定階段，你必須更關注這些支柱，甚至做更多的投資。

表 7-2 各種支柱在各個階段的影響

	製作	發表	實現	維護	除役
策略	✔				✔
設計	✔	✔			
開發	✔	✔			
部署		✔	✔		
文件		✔	✔		
測試	✔		✔		
資安	✔				
監測		✔		✔	
發現		✔	✔		
變動管理			✔		✔

處理支柱的工作

你的工作不是只要處理這幾節介紹的支柱，你也會在整個 API 生命週期內，對 API 進行變動與改進。你可能會在 API 的每一個階段進行所有支柱的工作。我們的目標是讓你知道哪些支柱在哪個階段最有影響力，好讓你可以相應地規劃你要投入多少時間與精力。

製作

製作階段的重點是開發最好的 API 模型，在你接收活躍的用戶之前。你要特別關注策略、設計、開發、測試與資安工作。

策略

在製作階段，你的第一個工作是制定策略。制定策略後，你還不會獲得關於 API 產品被實際使用的真實回饋，因為這個階段大部分的工作都是設計與實作。缺乏策略資料意味著你在這個階段應該不會改變策略。關於這一點，有一個例外是執行策略的成本太高了，例如，你可能會發現，你根本不可能做出符合策略目標的設計與實作，若是如此，你就要做一些策略上的改變。

在製作階段，你要：

- 設計初始策略。
- 檢驗它能不能實際設計與實作。
- 根據可行性來更改目標與戰術。

設計

第 5 章談過，一旦 API 被積極使用，API 介面模型就很難變動了。這就是介面模型設計工作在 API 產品週期的早期階段如此重要的原因。如果你可以在 API 的製作階段做出最好的設計，你就有最大的自由度可以提早增加功能、改進和創新。

在製作階段進行設計有一個很大的挑戰就是你要做很多假設，你要假設你為介面模型所做的設計決策對開發者而言是有意義的決定，你也要假設你的設計是實用的，可以實作的。不幸的是，這類假設往往是錯誤的。

為了在產品週期的早期階段做出最好的介面設計，你最終將不得不對模型進行一些驗證。你要從實作團隊那裡獲得回饋，證實你的設計是可行的，這種驗證應包含開發可被呼叫的雛型。你也要從代表目標受眾的開發者那裡獲得回饋。

在製作階段，你要：

- 設計最初的介面模型。
- 從用戶的觀點檢驗你的設計。
- 驗證介面模型的可實作性。

開發

在製作階段，開發工作的重點是實作將要發表的介面模型，如前所述，這項工作有時也包括開發雛型，用來測試設計。在這個生命週期的第一階段，你的主要開發目標是建立一個可工作的實作，讓它提供介面模型描述的所有功能。但是為了從開發中獲得長期價值，在設計實作時，你也要減少程式碼、資料與基礎設施的維護與可變性成本。

在製作階段，你要：

- 開發雛型。
- 從實作的角度測試介面設計。
- 開發 API 的初步實作。

測試

在製作階段，你必須測試介面設計與初始實作。這是在 API 的早期階段發現易用性問題和改進 API 設計的機會。如同所有的品保工作，易用性測試有各種不同的成本。高成本的做法可能涉及實驗室等級的易用性測試，或使用焦點小組、市調和訪談。低成本的做法或許只要為 API 編寫程式碼就可以了。

你要根據品質的改善可以帶來多少價值來做正確的投資。如果你在一個競爭激烈的 API 市場中經營，而且受眾有很多產品可以選擇，那麼投資更高的易用性品質應該是有意義的。如果你的 API 只是為自己設計的，你可能只要執行足以驗證設計假設的測試即可。但無論如何，為了避免提高介面模型的變動成本，測試這些設計假設都是必要的。

你也要測試實作，但是在製作階段，實作的品質沒那麼重要。現在 API 還沒有發表使用，所以可以將實作測試延後。但這不意味著在製作階段測試程式是一件壞事，事實上，採取測試驅動開發之類的方法也許會提高實作的長期品質。總之，這是一個可以根據你的情況來決定的事情。

在製作階段，你要：

- 定義並執行介面模型策略。
- 為實作定義測試策略。

資安

當涉及資安工作時，安全的做法是在 API 的整個週期進行大量的投資，實際的工作量取決於你的產業、政府與競爭市場對你的限制，但我們很難想像完全不需要資安工作的情況。你總是需要做一些工作來保護你自己、你的系統與你的用戶。

在發表 API 之前，你要做很多這樣的工作。在 API 開張之後才考慮如何確保安全並不可取。這就是為什麼我們認為 API 資安支柱最重要的階段就是製作階段。這看起來好像有悖常理，但我們相信，在這個階段的資安工作是最重要的，而且有最佳的成功機會。資安與活躍的 API 實例最有關係，但安全的基礎在實例被初次設計與實作時就奠定了。

在製作階段，資安工作的重點應該是將資安策略應用在你提議的設計上。如果你的產業或組織沒有定義任何要求，你就要自己想出一些。在這個階段，你要在設計與實作介面時，將資安視為首要的關注對象。

在製作階段裡的實作工作包括為 API 設計與建立適當的安全基礎設施，包括存取控制功能，以及處理可能讓合法用戶無法使用服務的濫用情況。沒有 API 會因為太小或不重要而能夠承受被攻擊的風險，事實上，在任何大型系統中，被用來攻擊的目標都是那些被視為微不足道的、不值得投資資安的組件。

在製作階段，你要：

- 定義你的資安需求。
- 驗證介面模型是否滿足安全需求。
- 定義策略以保護最初的實作與實例。

發表

發表階段就是 API 產品的「開張」時刻，它標誌著你正式開放你的 API 以供使用。在這個階段，別人會開始使用你的 API，並且用你宣傳的介面模型來編寫程式。這個階段最重要的支柱包括設計、開發、部署、文件、監測和發現。

設計

雖然大部分的設計工作都發生在製作階段，但發表階段的介面設計工作依然非常重要，因為這是根據實際的使用情況來改善設計的機會。發表 API 之後，你可以了解你對設計所做的假設是否正確，雖然你可以在製作階段的測試過程中了解一些假設的正確性，但唯有用戶開始真正使用 API 之後，你才會學到很多新經驗。

事實上，在介面的整個生命週期中，你都會對它進行變動。當你需要加入新功能、改善既有的操作或易用性時，你就要變動介面模型，但是這些變動在製作與發表階段比較容易進行。發表階段是用最小的傷害對設計進行侵入性變動的最後機會，至少不會影響正在實現價值的用戶。

在發表階段，你要：

- 分析介面的易用性。
- 測試你在製作階段所做的假設。
- 根據你的發現改善介面模型。

開發

如果你改變了介面，你最終將不得不修改實作，但是這件事在發表階段的開發支柱中並不好玩。我們之所以強調這個支柱，是因為發表階段是你獨立於介面模型優化實作的最佳時機，它是你改善實作的機會，讓它有更好的性能、更容易變動與擴展。

你當然可以在製作階段做這種工作，但發表階段可讓你根據實際的使用情況進行優化。與介面模型不同的是，你可以自由地採取小規模的、迭代的步驟來修改實作，以避免在前期對程式碼做過多的大設計，你可以在了解更多需要改進的地方時，一小部分一小部分地優化它。事實上，你會在整個生命週期持續優化實作，但是發表階段是用最小的風險做最多事情的好時機。

在發表階段，你要：

- 優化實作以提升擴展性與性能。
- 優化實作以提升可變性。
- 根據觀察到的使用情況來進行優化。

部署

如果 API 還沒有實例被部署，它就不能視為已發表。所以部署是發表階段的核心支柱。你至少要確保有一個實例可供用戶使用，但你也可以開始建立一個支援日後增長的部署基礎設施。如果你的 API 策略目標包括提升使用量，這件事就特別重要。例如，為了達到收入或創新目標，你可能需要一個可以處理許多需求的部署架構。

部署工作有一個層面是開發一個發表流水線，來讓你對 API 進行變動（之前談過，讓 API 可以快速變動非常重要）。設計和建構這個流水線的工作最好在產品的製作階段開始進行，但是在發表階段，把流水線做好變成更緊迫的事情。

關於部署的另一個層面是營運你的 API 實例的工作，這意味著建立並維護一個系統，以解決產品的擴展性、可用性、可變性的需求。良好的營運系統可以維持 API 的可用性與性能，即使系統資源的需求開始增長。讓 API 實例維持健康的狀態是建立良好的開發者體驗的重點，經常無法使用或速度遲緩的 API 很難進入實現階段。

在發表階段，你要：

- 部署 API 實例。
- 專注讓 API 可供使用。
- 針對未來的需求規劃與設計你的部署。

文件

你要在 API 的整個生命週期中進行文件工作，但文件支柱在 API 產品週期的發表與實現階段尤其重要。在發表階段，你要試著引導正確的用法來提高 API 的實現價值。你可以藉此機會試驗文件設計，並提出幫助你獲得你想要的用法的文件。

也就是說，你可以從成熟度較低的文件開始，隨著你對 API 使用情況的了解，不斷建構它。例如，最初只提供技術參考，並根據觀察到的使用情況加入教學與範例。這可以讓你把文件的重點放在 API 的問題點或學習差距上，你可以在製作階段或發表階段投資用戶測試，從用戶會問的問題中發現使用情況。

在發表階段，你要：

- 發表文件。
- 根據實際的使用情況改善文件。

監測

在 API 週期的發表與實現階段取得產品回饋是最重要的事情。在發表階段，你要用很好的衡量標準來確認你是否達成實現里程碑。在實現階段，你要用資料來確保 API 的需求與實現的價值仍然呈現上升趨勢。監測在整個產品週期都有用，但它在這些階段特別重要。你通常會在發表與實現階段使用相同的指標，所以如果你在這裡投資優良的監測機制，你也可以在稍後的階段重複使用它。

在發表階段，你要：

- 設計與實作 API 的策略衡量標準。
- 設計與實作 API 系統監測。
- 建構可在實現階段使用的監測系統。

發現

發現是十大支柱中，最視現況而定的支柱。發現工作就是為了推廣 API 產品、接觸開發者、提升 API 對目標受眾的吸引力所花費的心血。如果你正在為自己的團隊開發 API，發現可能很簡單，只要寄出 email 就好了。如果你正在發表 API 給大型企業，發現可能意味著遵循新服務的接收與註冊流程。如果你為大眾建構 API，發現可能意味著雇用一個十人團隊來建立並實施一種行銷策略。這個支柱有相當廣泛的努力與投資範疇。

但無論哪種情況，無論你付出多少精力，發現的價值在 API 週期的發表階段都是最高的。發表階段是你希望讓最多人使用 API 的時期，因為你已經有實例可供使用，也有正確的用法可以協助產品產生實現的價值了。但是之前談過，如何進行這種發現，以及該投資多少，在很大程度上取決於你的背景。

在發表階段，你要投資 API 的行銷、接觸，以及 API 的可尋找性。

實現

進入實現階段是任何 API 產品的目標。此階段的主要目標是提升 API 提供的價值，並且避免影響對你最有幫助的用戶。在這個階段中，最有影響力的支柱包括部署、文件、測試、發現與變動管理。

部署

當 API 的價值已經開始實現時，最重要的事情就是讓系統可被用戶使用並持續運行。這意味著你的部署架構變得非常重要。雖然你已經在發表階段執行初始的部署設計了，但是在實現階段，你要專心維護和改進它。這意味著你要採取必要的步驟來讓服務持續運行，即使需求概況（demand profile）發生意外的變化。進行這類的變動甚至需要重新設計實作。只要可以保護高價值的用戶免受負面影響，重新設計就完全沒問題。

在實現階段，你要：

- 確保 API 的實例維持可供使用。
- 持續改進與優化部署架構。
- 在必要時改善實作。

文件

實現階段是持續改善開發者體驗的機會，尤其是改善文件與學習體驗。此時變動介面模型比較難，但變動文件比較不會造成影響。人類適應變化的能力比軟體強得多，所以你可以自由地稍微嘗試新格式、樣式、工具與表現形式。這個支柱的目標是藉由減少新用戶的學習差距來持續推動已實現的使用。

在實現階段，你要：

- 持續改進文件。
- 嘗試其他的支援資產（例如 API 瀏覽器、用戶端程式庫、書籍與影片）。
- 藉由減少學習差距來提升使用率。

測試

在實現階段，測試工作可防止你對 API 進行的任何變動對用戶造成負面的影響。在這個階段，API 的使用會直接貢獻你的產品的價值。變動是必須的，但你必須降低因為變動而導致不良影響的風險。你對這種測試工作的投資程度取決於事情出錯的影響程度。理想情況下，你在實現階段中執行的測試已經在 API 週期的發表與製作階段做好了，但是隨著 API 接近與進入實現階段，你也要評估測試策略，以確保它可以緩解最多風險。隨著 API 日漸成熟，進入維護和最終的除役階段，測試的需求會逐漸減少。在這些階段，你要充分利用已經建立的資產。

在實現階段，你要：

- 針對介面、實作與實例的變動實施測試策略。
- 持續改進測試方案。
- 建立可在未來階段中使用的測試方案。

發現

實現階段的「發現」與發表階段的「發現」大同小異，兩者唯一的差異在於這個階段的發現工作可能更精確。你已經非常了解哪些用戶社群可以提供最大的價值了，因此你可以投入更多資源來培養那些社群。

在實現階段，你要：

- 持續投資 API 可行銷性、可尋找性、與潛在客戶接觸。
- 投入更多資源在高價值用戶群上。

變動管理

API 產品生命週期的核心，就是改變 API 造成的影響。事實上，本節一直在說明 API 產品的其他支柱中的變動管理。但一般來說，變動管理工作支柱本身在產品生命期的實現階段是最重要的。

第 5 章曾經說明，你要管理 API 產品的四種變動：介面模型、實作、實例與支援資產的變動，在每一個支柱中，你通常會對許多這些 API 元素進行變動，通常是同時進行的。這些變動都必須管理，以減少其影響，如果你有活躍的、實現價值的用戶，減少影響是最重要的事情。此時，良好的變動管理系統與版本管理策略可提供最大的價值。

在實現階段，你要：

- 設計並實作變動管理系統。
- 與用戶、維護者和贊助者仔細地溝通變動。
- 支援變動活動，目標是盡量減少變動對已實現的價值的影響。

維護

在維護階段，你不會獲得新價值，但你不想要傷害既有的使用。這個階段的目標是維持引擎運轉並維護它，這需要很多工作，但我們認為最重要的是和監測支柱有關的工作。

監測

如果你的 API 處於維護狀態，你的唯一目標就是保持現狀，這意味著減少設計、開發或變動…等工作，並加強支援與可用性。此時你可能不需要對監測進行改進了，因為很多工作已經在發表與實現階段完成了，但是它在維護階段仍然是最重要的支柱，所以你也要花一些時間與精力來取得正確的系統與產品層面的資料。

此時，你的目標是建立一個系統來掌握何時發生異常狀況，這代表你還有一些工作要做。監測在維護階段的另一個目標是密切關注 API 提供的價值，當價值降得太低時，可能就是 API 除役的時候了。

在維護階段，你要：

- 確保監測系統正常運行。
- 辨識需要特別注意的模式。
- 觀察可能引發除役決策的指標。

除役

雖然這是生命週期的最後一個階段，但請記得，處於除役階段的 API 還沒有消失。這是你確定 API 產品將要廢棄的階段，這個階段最重要的支柱是策略與變動管理。

策略

到了除役 API 的時刻，你必須處理一系列特殊的策略問題。接下來你要如何支援、補償與安撫現有的用戶？用戶有沒有新的 API 可以遷移過去？除役的時間表與步驟是什麼？如何將除役的訊息傳達給用戶群？無論 API 的規模、背景與限制如何，你都要制定某種型式的除役策略，即使該策略是小規模的、非正式的。

這意味著你要制定新目標、新戰術與一套新行動。你在製作階段設定的原始目標已經不是你的目標了，你要設定一個適合產品除役的目標，例如，你的目標可能是盡量減少流失的用戶，如果你想讓他們遷移到新 API 的話。或者，你的目標可能是盡快移除支援 API 的成本。這兩種截然不同的目標都需要一個戰術計畫與一套執行行動。

在除役階段，你要：

- 定義除役（或過渡）策略。
- 確定一個新目標、戰術計畫與一組行動。
- 衡量實現這個除役目標的進度。

變動管理

管理除役階段的變動意味著管理除役產品的影響。此時不是提升或改進 API 的時刻，所以此時的工作重點不是管理版本，或管理大規模的推廣，而是評估即將到來的廢棄對你的用戶、品牌與組織的影響，並有效地管理這項變動。這項工作應該與你的除役策略保持一致。

在除役階段，你要：

- 評估除役 API 的影響。
- 設計與執行溝通與廢棄計畫。
- 管理實作與實例變動，以支援廢棄。

結論

本章介紹了 API 產品週期，描述成功的 API 產品的五個生命階段。我們也說明為何需要良好的目標與衡量標準來確認 API 的成熟度。最後，我們說明 API 產品的生命階段如何影響一個 API 產品的管理工作。下一章要從工作人員和團隊的角度來看看 API 產品的週期。

第八章

API 團隊

> 在商業領域，偉大的事情從來不是由一個人完成的，而是由一個團隊完成的。
>
> —Steve Jobs

你可能已經注意到，我們尚未討論如何為 API 專案成立團隊、增員與管理團隊。雖然這是一個重要的主題，但事實證明，收集和考慮這種關於個人和組織的資訊是很大的挑戰。每家公司都有自己的人員管理方式、內部的界限（部門、產品、服務、小組、團隊…等），以及某種形式的人事階級制度，這些變數讓我們很難提出一套推薦方法來協助你建立成功的 API 團隊。

但是，在訪談幾家公司後，我們已經確定一些可以分享的一般模式與做法了。根據我們的觀察，這些組織都使用某種形式的團隊、頭銜與工作角色來描述他們要完成的工作，並且將那些工作分配給負責人員。各家公司使用的頭銜沒有一致性，但我們發現各家公司都安排一組相似的角色來處理團隊內的工作，換句話說，無論他們的頭銜是什麼，他們都做相同的工作。

這種關注角色而不是頭銜的想法得到軟體架構師、作者兼訓練師 Simon Brown 的認同。當他談到軟體架構時說道：「軟體架構師不是一夜之間就能擔任的，也不是透過升職就能擔任的，他是角色，不是職等。[1]」

根據我們的經驗，這種想法也適用於 API 團隊中的所有角色。因此，本章會先討論一套通用的 API 角色。類似我們介紹 API 支柱的方式（見第 4 章），我們認為這些角色代表了共同的任務和責任——那些在你的組織內必須有人承擔的任務與責任。因此，我們也會花時間討論 API 支柱與這些 API 角色之間的關係。

1 Simon Brown, "Are You a Software Architect?" *InfoQ*, February 9, 2010, *https://oreil.ly/GEznF*.

我們也發現，在某些情況下，API 團隊的具體成員可能因 API 的成熟度而異。例如，在早期的製作階段（見第 150 頁的「階段 1：製作」），你不需要關注測試或 DevOps，在維護階段（見第 159 頁的「階段 4：維護」），前端開發者和後端開發者通常沒有什麼工作。所以，我們將回顧每個 API 在生命週期中可能需要哪些 API 角色。

另一個重要的層面是 API 團隊如何互動。與我們合作的公司大都成立某種協調機構或「團隊的團隊」，來協助所有團隊（無論他們的 API 位於生命週期的何處）保持一致、管理互用性，並鼓勵合作。在接下來幾章介紹 API 園林的概念時，我們會深入說明這種「以工程學來管理工程師」的額外程序。

最後，讓團隊良好合作有很大部分屬於公司文化的範疇。我們發現這也是成功的公司會投資時間與資源來管理的領域。我們在第 2 章討論過，下放一些決策權是擴大 API 治理規模的方法之一，在這種分散式的環境中確保決策一致性的方式之一，就是密切關注公司文化，並在必要時引導文化朝著積極的方向發展。在本章的最後一節，我們將花時間介紹組織用來幫助自己識別、監測和影響公司文化的關鍵概念，以提高 API 專案的整體有效性。

但首先，我們要定義在大部分的 API 團隊之中經常看到的角色，以及如何運用這些角色來處理第 4 章談過的 API 支柱。

API 角色

就像我們展示了一套處理 API 支柱的常見技能，我們也整理一套處理 API 的常見角色。這一章會用工作頭銜來稱呼這些角色，但根據我們的經驗，各公司的 API 職位頭銜並未標準化，某家公司的 API 專案經理在另一家公司裡可能稱為 API 負責人，B 公司的 API 架構師在 Z 公司可能稱為產品架構師…等。

因此，我們的頭銜可能和你公司的不一致，但是我們確定你的公司一定有這些角色，或應該要安排這些角色，因為正如 API 支柱是成功的 API 專案必定具備的技能，這裡的角色也是團隊必須確保有人負責的職位。

這意味著，當你看到這些 API 角色（以及我們提供的頭銜）時，你可以將他們對映到你自己的組織內的角色，順道一提，這是個很棒的練習。如果貴公司的工作頭銜和工作敘述裡面沒有我們介紹的一或多個角色，這極可能意味著你要補強公司的工作敘述，以確保你的 API 工作清單覆蓋了我們列出來的所有職責。

責任範圍

切記，這些角色各自代表一個明確的責任範圍。當某人擔任某個角色時，他就要負責那個角色範圍內的所有工作，大部分的工作都涉及特定的技能決策（設計、開發、部署…等）。

了解這些背景之後，讓我們瀏覽一下 API 角色清單，讓你初步理解健康的 API 專案有哪些類型的職責。我們將這份名單分成兩個部分：

- 商務角色
- 技術角色

這種劃分方式看起來有點武斷，而且可能和你的公司安排工作頭銜與職責的做法不符。但我們認為，指出哪些角色比較傾向實現商務目標（OKR），哪些比較傾向實現技術目標（KPI）將更有幫助。我們已經在第 144 頁的「OKR 與 KPI」介紹兩者之間的關係，以及它們在管理 API 時的用途了。

關於角色與頭銜的提醒

請記得，本書列出來的工作頭銜是為了加強 *API 角色*與第 4 章的 *API 支柱*之間的聯繫而發明的。雖然你公司的角色與工作頭銜極可能與本書不同，但之前介紹的 API 支柱都是你公司必須涵蓋的技術和職責。將這些支柱分配給你自己的工作角色和頭銜是我們給你的習題。

商務角色

我們要介紹的第一組角色就是我們所謂的*商務角色*，扮演這些角色的人主要專注於 API 的商務面。他們往往有責任站在客戶的立場說話、讓產品與明確的策略目標保持一致（例如，推廣新產品、提高銷售量…等），以及讓 API 對映公司範圍的 OKR。有時履行這些職責的人來自你公司的商務或產品部門，有時來自 IT 部門內部。這些角色與*技術角色*之間的主要差異在於，商務角色首先關注的是商務目標。

我們定義了五個商務角色來代表我們在健康的 API 專案中看過的決策職責：

API 產品經理

產品經理（PM，有時稱為產品負責人）是 API 的主要聯絡點。這與第 3 章談到的 API 即產品（AaaP）方法是一致的。他們負責確保 API 有明確的 OKR 與 KPI，並確保團隊的其他成員能夠支援所需的 API 支柱（第 4 章）。PM 也要負責監測 API，並引導它成功地經歷完整的 API 週期（第 7 章）。API PM 負責定義與描述 API 的 *what*（或待完成的工作）讓團隊的其他人知道，他們將是在團隊中負責 *how* 的技術角色。PM 也要負責確保預期的開發者體驗（設計、入門與持續關係）滿足 API 用戶的需求。PM 的職責是確保所有運轉零件可以一起運作。

API 設計師

API 設計師負責關於設計的所有層面，這包括確保實體介面可發揮作用，並且提供正面的開發者體驗。設計師也要確保 API 能夠協助團隊實現已決定的商務 OKR。有時設計師會和技術角色合作，以確保設計能幫助團隊實現技術面的 KPI。設計師通常是 API 用戶的第一線聯絡人，當他們幫團隊決定 API 的外觀與感覺時，可能要負責擔任「消費者的聲音」。最後，設計師可能必須讓整體設計符合公司範圍的既定風格準則。

API 技術撰稿人

API 技術撰稿人負責為 API 產品的所有關係人撰寫 API 文件，這些關係人除了 API 用戶（例如使用最終產品的開發者）之外，也包括內部團隊成員，以及商業界的其他關係人（例如 CIO、CTO …等）。大多數技術撰稿人都來自技術背景，並有一些程式設計經驗，但並非所有人都如此，也不一定需要如此。對技術撰稿人來說，溝通、研究與採訪技能非常重要，因為他們往往需要了解 API 提供者和 API 用戶的觀點。因此，技術撰稿人經常與 API 設計師和產品經理密切合作，以確保文件是準確的、最新的，並且符合公司的設計與風格準則。

API 傳教士

API 傳教士（evangelist）負責在公司內部推廣與支援 API 實踐與文化。大型組織特別需要這個角色，因為它的內部用戶可能不容易接觸製作產品的原始 API 團隊。傳教士要確保使用 API 的內部開發者都了解它，並能夠用它來完成目標。傳教士也要負責聆聽 API 用戶的意見，並將他們的回饋傳遞給產品團隊的其他成員。有時傳教士可能要負責製作樣本、示範、訓練素材，和其他支援活動，為產品的用戶提供最好的開發者體驗。

開發者大使

開發者大使（developer relation）有時稱為 developer advocate 或 DevRel，通常專門負責 API 的外部使用情況（API 的製作公司之外的）。DevRel 與 API 傳教士一樣，負責建立樣本、示範、訓練素材與其他資產，來協助推廣產品。DevRel 與傳教士的另一個相同之處在於，他們通常負責聆聽 API 用戶的聲音，並且將他們的回饋變成 API 團隊可以處理的修復或功能。但與內部傳教士不同的是，DevRel 通常也要負責向廣大的受眾「銷售」API 產品，因此可能會參與用戶活動、售前活動，並且為關鍵客戶持續提供產品支援。他們的其他職責包括在公開活動中發言、撰寫部落格文章或一般文章，來說明如何使用產品，以及舉辦其他的品牌推廣活動，以協助團隊實現既定的商業目標。

雖然這五種角色通常與商業目標與策略一致，但你可以從上述內容中看到，大多數角色也要依賴某種程度的技術知識和技能來實現其目標。接下來的角色主要負責製作、部署與維護 API 產品的技術層面。

技術角色

第二組角色就是所謂的*技術角色*。這些角色的重點是實作 API 的設計、測試和部署的技術細節，並讓 API 在其整個活躍期維持健康、可用的狀態。這些角色通常負責代表 IT 部門發言，包括提倡可持續維護的安全、擴展與資安方法。技術人員通常負責實現重要的 KPI，以及協助商務人員達成他們的 OKR。

雖然我們把角色清單分成兩組，但商務角色與技術角色有一些相似之處。例如，產品經理這個商務角色與技術面的首席 API 工程師相似。而且，這兩組 API 角色的終極目標都是創造和部署一個技術上穩定、經濟上可行的 API 產品。

我們定義六種技術角色，以代表實作、部署與維護成功的 API 所需的關鍵決策：

首席 API 工程師

首席 API 工程師是與 API 產品的開發、測試、監測與部署有關的所有工作的主要聯絡人。這個角色相當於商務角色中的產品經理。PM 負責 API 的 *what*（設計和商務目標），首席 API 工程師則負責 API 的 *how*，也就是建立、部署與維護 API 的技術細節，他也負責協調團隊的其他技術人員。

API 架構師

API 架構師負責 API 產品本身的架構設計細節，以及確保 API 可以輕鬆地和系統資源互動，包括和其他團隊的 API。API 架構師的職責是為整個組織的整體軟體和系統架構代言。這包括支援安全事項、穩定性與可靠性指標、協定與格式的選擇，以及為公司的軟體系統建立其他非功能性元素。

前端開發者

API 前端開發者（FE）負責確保 API 提供高品質的用戶體驗，這意味著，他們要協助實作公司的 API 註冊處、用戶入口網路，以及舉辦和 API 的前端或消費者端有關的其他活動。與商務面的設計師角色類似的是，FE 的工作是為 API 用戶代言，只是他是從技術角度出發。

後端開發者

後端開發者（BE）負責實作 API 實際介面的細節、實作資料儲存機制，將它連接到完成其工作所需的其他服務，而且通常要忠實地執行 PM 與 API 設計師所定義的 API 該做什麼以及如何做。BE 要負責確保 API 在投入生產之後是可靠的、穩定的和一致的。

測試 / *QA* 工程師

API 測試 / QA（品保）工程師負責與以下事項有關的所有事情：驗證 API 的設計和測試其功能、安全性、穩定性…等。通常測試 / QA 角色要負責編寫（或協助 FE/BE 編寫）實際的測試程式，並確保它們有效且高效地運行。這些測試通常不僅僅是簡單的基準功能測試（bench test）與行為測試，也包括互用性、可擴展性、資安與生產能力測試，這些工作通常要使用公司內的測試 / QA 社群所選擇的測試框架與工具。

DevOps 工程師

DevOps 角色負責 API 的建構與部署的每一個層面，包括監測 API 的性能來確保它符合既定的技術 KPI，並促進商務層面的 OKR。這通常意味著他們要製作交付流水線工具、製作組建腳本（或教別人怎麼做）、管理發表時間表、將組建工件歸檔，並在必要時協助復原損壞的發表。DevOps 也要負責維護一個顯示即時監測資料的儀表板，以及儲存和挖掘離線 API 紀錄，以協助審查、診斷和修復 API 在生產環境中發現的任何問題。根據公司的產品託管（hosting）選項，DevOps 人員也要支援幾個環境，包括桌面、組建、測試、模擬（staging）與生產，可能也包括內部部署（on-premise）與雲端系統。

我們在這一節將 API 生命週期中需要完成的工作視為一組職責角色或職責範圍。為了更方便討論，我們提出兩組角色（商務與技術），並為這些角色取了看起來像典型工作頭銜的名稱。

正如本節的開頭提到的，角色確定了 API 專案裡需要涵蓋的專業領域。接著來看團隊組合的層面。

API 團隊

我們在上一節定義了代表職責範圍的 11 種角色。團隊需要有人擔任這些角色，以涵蓋在整個 API 週期內管理它的所有重要層面。但是角色與團隊中的實際人員不同，你不需要為每一個角色指定一個不同的人。也許有人能夠勝任多個角色。例如，很多組織會讓同一個人擔任 API 傳教士與開發者大使角色。有些小型的團隊可能讓同一個人擔任測試、品保與 DevOps 角色。

一個人可以加入多個團隊

儘管我們在本節介紹一些具體的團隊，但你應該自己決定如何在這些團隊中分配人員。你可以讓每一個 API 團隊都擁有全職、專門的成員，但你也可以讓同一個人加入多個團隊。在本章稍後，我們要分享 Spotify 的故事，他們採取矩陣法，用「小隊、部落、分會與公會」模型來安排團隊成員。

此外，你的團隊可能不需要涵蓋所有 API 成熟階段（見第 7 章）的所有角色。例如，在 API 週期的維護階段，你通常不需要從前端和後端開發者的幫助。對一些組織而言，有些角色沒有被直接安插在團隊裡面，而是由公司內部共享的「機動」員工擔任。例如，設計師角色可能由商務部門的產品設計人員擔任，隨時為需要進行設計工作的 API 團隊服務。

團隊與 API 成熟度

我們曾經在第 7 章介紹 API 是如何在生命週期中變化的。重點是，你要了解你的團隊和團隊成員的焦點將如何隨之改變，以便相應地規劃團隊。在 API 產品週期的各個階段，有些角色起主要作用，有些只起輔助或支援作用。對決策有最大影響力的角色是主角，例如，在製作階段，團隊幾乎所有人都有重要的職責，但設計師的介面設計決策會強烈地影響所有其他工作。

主角也是負責執行 API 中必須完成的工作的角色。例如，在發表階段，除非有人承擔 DevOps 角色並建立部署架構，否則 API 將無法部署。

如你所見，團隊人數在很大程度上受到 API 成熟度和任何時候所需角色的影響。考慮到這一點，讓我們瀏覽一下第 7 章裡的 API 生命週期階段，並釐清每個階段的主角和配角，以及每個角色將負責的活動類型。

階段 1：製作

主角

產品經理、設計師、首席 API

配角

API 傳教士、DevOps、API 架構師、後端開發者

製作階段提供一個機會，讓你可以在不影響真實用戶的情況下，提出基礎策略和最佳介面設計。為了提出最佳的 API 策略，你需要能夠充分了解組織背景和 API 產品領域，並且能夠擬定最佳行動方案的人。那個人通常是產品經理，好的 API 產品經理擁有足夠的經驗，可制定一個能夠幫助贊助組織的 API 目標，以及能夠實現目標的戰術計畫。

設計師是設計介面的自然人選。好的 API 設計師能夠根據他們的經驗，為介面模型的設計做出高品質的決策，這意味著他們要對模型的外觀做出決定，也要對設計假設該如何測試和驗證做出決定。最重要的是，優秀的設計師可以根據實際情況評估需要做多少設計投資。

除了設計介面的工作之外，這個階段也要有人負責設計、架構、開發 API 的實作。其中有些工作是實驗性與探索性的，但最終，這個實作會在接下來的發表階段被公開發表。這個開發工作通常涉及一個擁有跨職能人才的團隊，但這項工作是由 API 架構師與首席 API 角色進行協調的。

表 8-1 和表 8-2 是製作階段的主要和支援活動。

表 8-1　製作階段的主要活動

活動	角色
制定策略	產品經理
設計介面模型	設計師
開發實作	API 架構師、首席 API、後端開發者

表 8-2 製作階段的支援活動

活動	角色
開發雛型	首席 API、後端開發者
測試設計的可實作性	API 架構師、首席 API、後端開發者、技術撰稿人
測試設計與實作的資安	API 架構師、測試 / QA 工程師
測試設計的適售性	API 傳教士、DevRel
測試設計的易用性	設計師
規劃與執行實作的測試策略	首席 API、測試 / QA 工程師

階段 2：發表

主角

產品經理、API 技術撰稿人、DevOps

配角

前端開發者、設計師、後端開發者、API 傳教士、DevRel

到達發表階段意味著你已經做好準備，可以讓用戶使用你的產品了。為了進行這項工作，你需要擅長開發、文件與發現活動的人才。如果 API 很有價值，而且你有足夠的頻寬，你也可以進行大量的支援活動。

在這個階段，發表一套初步的文件是一項很重要的工作，所以需要一位能夠勝任技術撰稿人角色的人，去做編寫和發表文件的工作。技術撰稿人是發表階段的關鍵角色，好的撰稿人可讓潛在用戶更容易入門，並且讓既有用戶更快速地工作。他是這個階段不可或缺的人才，因為他可以幫助你更快進入實現階段。

發表 API 就是部署 API 實例，這通常是 DevOps 工程師的工作。DevOps 工程師在這個階段的職責包括設計部署流程、監測解決方案，與 API 實例的部署架構。

最後，產品經理要觸發發表事件，根據你的產品背景，發表 API 對你和你的目標受眾有特殊的意義，它可能代表在內部服務目錄中註冊 API、寄 email 給潛在用戶或其他的事情。不管怎麼做，PM 都要確保它發生。

除了這些主要的活動之外，這個階段還有一些提升 API 產品品質的輔助活動。為了將文件與其他的支援資產放在某處，很多組織在這個階段都會實作開發者入口網站。一旦 API 被積極使用，你就可以根據使用數據（監測支柱）來改善設計和實作。你也可以執行行銷工作與發現工作，來持續推動使用量。

表 8-3 和表 8-4 是發表階段的主要和支援活動。

表 8-3　發表階段的主要活動

活動	角色
編寫與發表文件	技術撰稿人
設計部署架構與部署實例	DevOps
發表 API（即，讓它可被正式發現）	產品經理

表 8-4　發表階段的支援活動

活動	角色
設計與實作入口網站	前端開發者
行銷 API	API 傳教士、DevRel
從用戶收集設計回饋	API 傳教士、DevRel
改善介面設計	設計師
從已部署的實例收集使用資訊	首席 API、DevOps
改善與優化實作	首席 API、後端開發者
測試並保護實作與部署	API 架構師、測試 /QA 工程師

階段 3：實現

主角

DevOps、產品經理

配角

設計師、測試 / QA 工程師、API 架構師、後端開發者、前端開發者、技術撰稿人、DevRel、API 傳教士

當 API 實現時，回報就提升了。此時的重點是讓人員參與其中，確保 API 持續讓高價值的用戶使用。所以這個階段的主要活動是管理變動以及改善部署架構。

即使 API 已經實現了，介面、實作與實例仍然會有大量的變化發生。一名優秀的產品經理能夠管理所有變化，不斷推動實現的價值，同時避免對既有用戶產生負面影響。具體的做法與相關人員、策略重點和組織文化有很大的關係。

產品經理負責管理變動，DevOps 工程師的重心則是改善部署架構的韌性、可觀察性、可擴展性與性能。優秀的 DevOps 工程師能夠根據 API 的實際情況選擇正確的工具與做法，他的目標是防止既有的高價值用戶遭遇品質下降。

為了持續推動實現價值，繼續加強和行銷產品是有意義的，這就是為什麼這個階段的分析、實作與發現支援活動與上一個階段很相似。你不一定要做這些事情，但是如果你沒有持續改進 API，API 很可能在你的投資獲得良好的回報之前迅速進入維護階段。

表 8-5 和表 8-6 是實現階段的主要和支援活動。

表 8-5　實現階段的主要活動

活動	角色
改善與優化部署架構	DevOps
管理變動與安排變動順序	產品經理

表 8-6　實現階段的支援活動

活動	角色
改善介面設計	設計師
改善與優化測試機制	測試 / QA 工程師
改善與優化實作	API 架構師、首席 API、後端開發者
測試並保護實作與部署	API 架構師、測試 / QA 工程師
改善與優化入門與學習體驗	前端開發者、技術撰稿人、DevRel
行銷 API	API 傳教士、DevRel

階段 4：維護

主角

DevOps、DevRel、API 架構師

配角

產品經理、首席 API、後端開發者

維護階段的目標是維持 API 的運行，所以這個階段的關鍵角色是 DevOps 工程師，他必須負責監測與維護已部署的實例。除了這項基本的維護工作之外，這個階段的重點是關注系統可能發生的變化，以及那些變化可能帶來的新工作。優秀的 API 架構師能夠對潛在有影響力的變化進行調整，並能夠確定 API 需要的各種變化，以適應那些變化，並維持產品的運行。

你也要對現有用戶進行一定程度支持和交流，即使 API 的買氣已經不如以往。DevRel 角色最適合提供這種支援，並且幫助產品持續為新用戶與既有用戶提供價值，即使是在實現率停滯不前的狀況下。

最後，為了支援這項維護工作，產品經理與技術團隊也要做好進行任何必要變動的準備。雖然增強與改進的速度會大幅下降，但你仍然要進行變動以處理 API 架構師或 DevRel 在他們的領域中發現的問題。

表 8-7 和表 8-8 是維護階段的主要和支援活動。

表 8-7　維護階段的主要活動

活動	角色
改善與優化監測系統	DevOps
支援既有的用戶	DevRel
發現會降低 API 品質的系統變動	API 架構師

表 8-8　維護階段的支援活動

活動	角色
規劃變動，與安排變動的時間表	產品經理
進行所需的實作變動	首席 API、後端開發者
進行所需的部署變動	DevOps、後端開發者

階段 5：除役

主角

產品經理

配角

DevRel、API 傳教士、API 架構師、DevOps、首席 API

除役階段的主要工作是策略性的，所以 PM 是關鍵的角色。優秀的 PM 能夠制定一個最適合特定情況的廢棄策略。如同他們具備為新 API 制定戰術計畫的經驗，他們也有制定除役計畫的豐富經驗。

執行這個策略意味著將已部署的實例從部署架構中移除，並且協助用戶渡過過渡期。DevOps 工程師的職責是在部署領域廢棄 API，而 DevRel 的職責是在用戶領域廢棄 API。

你可能也要制定一個技術計畫來執行 PM 的戰略計畫。例如，你可以藉著回傳回應訊息來提醒 API 即將被廢棄，或選擇特定的回應標頭，指出 API 的除役狀態。這項計畫應由具備技術專長的人制定，所以通常由 API 架構師或首席 API 負責。

表 8-9 和表 8-10 是除役階段的主要和支援活動。

表 8-9　除役階段的主要活動

活動	角色
制定除役策略	產品經理

表 8-10　除役階段的支援活動

活動	角色
溝通除役計畫，並協助用戶進行轉換	DevRel、API 傳教士、技術撰稿人
設計技術性除役策略	API 架構師、首席 API
更新部署架構，並優雅地移除實例	DevOps、首席 API

本節介紹了 API 產品的各個階段如何影響團隊組成，以及該團隊的主角與配角。我們知道，隨著 API 的持續變化，負責 API 的團隊也會發生變化。

關於 API 團隊的另一個重要面向是跨團隊的擴展。在擁有健康的 API 專案的公司中，大多數公司都有不只一個 API 團隊，這些團隊該如何合作？可以使用什麼戰術來確保團隊的工作不會互相掣肘或矛盾？如何確保多個團隊一致地執行工作？這些問題是本節的最後一個主題。

擴大你的團隊

你已經知道角色是團隊的基本元素，以及團隊的成員與 API 產品成熟度有關了，但了解那些事情只是治理 API 團隊的挑戰的開端。另一個重要的元素是與許多團隊打交道。通常每個 API 都有一個團隊，但 API 不止一個。在一群團隊（團隊的團隊？）裡面工作將面臨全然不同的複雜度。

將每個 API 團隊視為一個獨立的小組是個好主意，這意味著他們可以解決自己的問題，而且對其他團隊的依賴性最小。但是現實與理論不完全相同。理論上，團隊不需要互相依賴，事實上，團隊必須依靠彼此才能把工作做好！這是怎麼做到的？在「保持獨立」與「和別人好好合作」之間往往存在持續的拉扯。重點在於，制定多團隊策略很重要，你要擁有更大的視野，了解如何將各個部分（團隊）結合成一個整體。

General Stanley McChrystal 在他的《*Team of Teams*》（Portfolio）一書中談到關於大型組織如何成功的思維方式：「隨著世界的發展速度越來越快、相互依賴度越來越高，我們要設法在整個組織中擴大團隊的流動性。[2]」這意味著，我們要了解如何讓團隊一起工作，而不強迫他們互相依賴。

有一個組織因為成功地擴大團隊系統的規模而廣為人知：數位音樂公司 Spotify。Spotify 在 2012 年的一份關於這個主題的白皮書是經常被引用的參考資料，可用來思考如何提高個別團隊和跨團隊溝通的效率。雖然這份白皮書有點過時了（在 Internet 領域，10 年是很長的時間！），我們依然發現許多其他組織使用類似 Spotify 白皮書中描述的方法——數量之多，讓我們認為學習 Spotify 的經驗，並探討如何在你的公司裡應用它們仍然很有價值。

Spotify 的團隊與角色

Agile 教練 Henrik Kniberg 與 Anders Ivarsson 在 2012 年發表了「Scaling Agile @ Spotify」白皮書，它的開場白說「在產品開發組織中同時處理許多團隊總是一項挑戰！[3]」，然後 Kniberg 與 Ivarsson 解釋 Spotify 如何設計團隊管理模式，以最大限度地共享資訊，而不損害團隊的獨立性。我們在很多公司裡看過這個模式（或它的變體）。

2 Stanley McChrystal et al., *Team of Teams* (New York: Portfolio, 2015).

3 Henrik Kniberg and Anders Ivarsson, "Scaling Agile @ Spotify," October 2012, *https://oreil.ly/TcVDp*.

Spotify 團隊模式有四個關鍵元素或組別：

- 小隊（Squad）
- 部落（Tribe）
- 分會（Chapter）
- 公會（Guild）

小隊是小型的、自成一體的團隊，裡面有五到七名成員，類似 Scrum 團隊，它是 Spotify 的基本工作單位。小隊擁有完成其指定工作所需的所有技能，包括設計與部署，就像我們在此談過的團隊一樣。在 Spotify，每一個小隊都在一個更大型的產品團隊裡面負責一項任務或工作。例如，當他們製作 Android 音樂播放器時，可能會讓一個小隊「負責」播放體驗，讓另一個小隊負責搜尋體驗，以此類推。小隊是完成工作的單位。

在 Spotify，部落代表更大的產品範圍，例如上述的 Android 音樂播放器、網站，或讓所有其他產品使用的後端儲存服務。部落是小隊的集合。Spotify 試著將部落的總人數控制在 100 人左右。Spotify 認為這個規模足以讓群體具備足夠的多樣性以完成任務，但又不至於大到難以維持健康的關係。

Dunbar 數

小隊的上限（7）與部落的上限（100）來自英國社會人類學家 Robin Dunbar 的研究。我們會在第 194 頁的「利用 Dunbar 數」中進一步介紹 Dunbar。

透過小隊與部落，Spotify 可以制定有效的策略來建立與維護它的產品與服務，但是這僅僅是挑戰的二分之一，讓這個群體具備某種程度的效率也很重要，這意味著他們需要進行某種小隊間和團隊間的交流，以分享知識，並確保各團隊和產品的一致性，這就是 Spotify 的分會和公會的作用。

由於每個團隊都是自成一體的，每個團隊都可能有一位設計師或後端開發者、產品經理…等。扮演這些角色的人都有自己的挑戰與學習經驗，然而，這些經驗往往與其他團隊的同一個角色的經驗相似。例如，在基礎設施部落的小隊裡的產品經理必須具備所有產品經理共有的一套技能，即使他們的具體方法不盡相同。因此，讓同一部落的產品經理偶爾聚在一起，彼此分享經驗和知識是很有意義的。在 Spotify，這就是分會的功能——讓部落（即同一個產品群組）內扮演相同角色的人聚在一起，分享知識。

另一方面，公會是讓多個產品群組彼此分享知識的方式。例如，將公司所有領域的產品經理聚在一起（包括面對客戶的產品，與面對內部的系統），可帶來另一種層次的知識分享。在你的公司裡，公會可能是讓全球各地的團隊領導人參加的聚會，他們每年聚在一起，分享他們在各個部門的工作內容。

小隊、部落、分會與公會模式成功地混合許多自成一體的團隊，不會造成互不交流的孤立群體，這種擴大團隊規模的方法協助 Spotify 在獨立與合作之間取得平衡。

決定你的擴展方法的因素

在 Spotify 分享了他們的故事後，許多大型組織爭相採用 Spotify 的模式，希望模仿該公司的敏捷性和產品文化。成功地實現敏捷性的公司都會根據自己的情況來調整和發展該模式。在實務上，單純複製 Spotify 的模式除了可以獲得一個安全的、經過驗證的起點外，幾乎沒有什麼價值，證據是在那篇論文所描述的時間之後，「Spotify 自己一直繼續改進和發展」（*https://oreil.ly/dQJUt*）他們的工作方式。

擴大 API 團隊的正確方法取決於組織的背景和限制。適合 Spotify 的方法可能不適合 Google。適合零售連鎖店的方法可能不適合政府太空組織。背景非常重要。

我們已經找出對團隊擴展模式有最大影響力的三個因素：組織價值、優先目標和人才分配。

組織價值

不同的組織做的事情不同，這對他們的團隊的規模有很大影響。雖然各組織可能使用相似的技術來驅動 API，但他們的工作所帶來的價值往往有很大的差異。建議你找出可用額外的投資來產生最大價值的 API 核心類型，這將幫助你了解你的擴展模式該如何運作。

從表面上看，大多數私營公司都有大致相似的目標：增加收入、降低成本和員工幸福。但是，在這個一般方法之下，大多數公司都有更有主見的策略。了解你的組織優先考慮什麼，以及它為了達成目的而願意降低哪些事情的優先順序非常重要。

例如，技術公司可能把重心放在建立一套差異化的 API，讓其他的開發者購買和使用。這可能需要在基礎設施和工程方面進行大量投資，以便與其他技術解決方案競爭。相反，一家零售商的重點可能是快速且頻繁地改變客戶體驗，並從中獲得差異化價值，同時使用商品化的技術平台。

你應該了解哪些工作類型對你的組織最有利，並據此決定你想要組建的團隊（和 API）類型。你的決策包括各種角色的投資程度，例如開發者大使、產品經理、以及組織內的團隊的開發者。

組織規模

一旦 API 及其團隊開始運作，它們就會快速地發展。因此，務必考慮你在 API 領域做出來的各種決策如何在更廣泛的公司和員工中整合。你要特別注意組織的大小、規模，和複雜性，它是一個大型的、分布全球各地的組織嗎？它是否被分成多個部門？它是否有明確、權威的決策者？

如果你想讓你的 API 團隊在大公司裡快速發展，你就要想辦法讓他們與需要互動的利害關係人、監督者和主管部門保持聯繫。如果你是在一個小型的、快速發展的初創企業中管理 API，你要設計一個擴展策略，不要變成組織的瓶頸。

專業知識的分布

「複製並貼上」團隊擴展方法最大的風險是，不同公司的人才往往存在巨大的差異。這主要是因為組織價值和組織規模不同。中等規模的銀行的 API 數量和技術專家數量應該不會與大型軟體公司一樣，因為投資這種人才對他們的商業模式或規模來說沒有意義。

但這對你如何擴展 API 團隊有很大影響。如果你能做出重要決定的人較少，你就要把他們集中起來，或找到一種方法來傳播他們的專業知識。

Spotify 擴大團隊規模的方法代表一種去中心化的觀點，他們將擴展內建於工作模式本身之內。我們看過有些公司用另一種方法來擴大團隊規模：雇用一個中央團隊，讓他們從所有其他團隊收集資訊，並且用白紙、標準文件與最佳做法培訓來分享資訊[4]。

在擴大團隊規模時，你要考慮的因素不是只有以上這些，但我們認為它們是最重要的因素。從組織的價值、規模和專業知識…等方面考慮，可幫助你根據情況調整擴展模式。所以在本章的最後一節，我們要討論公司文化。團隊成員的工作方式和團隊之間的合作方式在很大程度上受到組織的既有文化和價值觀的影響。因此，你一定要投入時間來了解並精心打造自己的公司文化。

4　我們會在第 230 頁的「賦能中心」更深入討論這個團隊。

文化與團隊

公司文化可視為組織的一種隱性治理形式。我們曾經在第 2 章介紹了中心化與去中心化決策的概念。複習一下，中心化意味著使用權力來讓人們正確地執行決策，但是一旦你將決策權下放，你就不能將權力當成遵守和驗證的手段了，此時是文化發揮作用的時刻。文化就像一隻無形的手，不需要廣泛的授權機制（例如流程、標準或通用工具），即可在團隊和整個公司內形塑決策。從本質上講，有了「正確」的文化與人員，你就可以安全地將更多決策下放，同時仍然維持結果的一致性，這就是為什麼精心設計公司文化可以帶來巨大的回報。一致的文化可以確保一致的結果，即使你分散決策權與擴大職責。

若要進行正確的決策，你不但要知道什麼需要改變，也要知道如何分配進行這些變動的職責，公司文化是這一切的另一個重要因素。雖然有些 IT 領域的人不願意討論這個領域，但組織文化是值得關注的事情。

公司文化的概念在《*The Changing Culture of a Factory*》（Psychology Press）這本書裡首次出現在印刷品中。Elliott Jaques 博士如此定義它：

> 工廠的文化就是它習慣的、傳統的思考和做事方式，所有成員或多或少共享這種文化，新成員一定會學習這種文化。

認同組織有文化，就有機會實際影響既有文化，將它引導向某個方向。這帶來一個問題：如何知道你的公司有什麼文化在運作，以及如何更改它。

在 1970 與 1980 年代出現了一波關於如何識別、分類與管理企業文化的書籍與理論。當時有一本重要的書籍，Gareth Morgan 的《*Images of Organization*》（Sage）。Morgan 提出的觀點是，企業文化可以用簡單的比喻來描述，例如機器、生物體、大腦…等。這些比喻可以幫助你思考公司的文化是如何運作的，以及如何想出改變組織文化的方法。

我們不打算在此回顧過去 70 年來關於企業文化的學術研究，但我們注意到，與我們合作的許多公司正積極地了解他們的公司文化，以及如何以有意義的方式改善和指導企業文化。為此，我們將分享三個話題，它們在我們訪問致力於在 IT 環境中製作、管理 API 及服務的公司時經常出現。包括：

- Mel Conway 對群組互動如何影響產出的觀察
- Robin Dunbar 關於團隊規模如何影響溝通的理論
- Christopher Alexander 對多樣性如何影響生產力的觀察

我們也會討論實驗在公司文化中的作用，以及它對團隊的影響。

認識 Conway 定律

在過去幾年裡，Mel Conway 在 1967 年發表的論文「How Do Committees Invent?」幾乎成了關於微服務和一般的 API 的演講中必談的話題。這篇論文是 Fred Brooks 在 1975 年出版的《*Mythical Man-Month*》（Addison-Wesley）一書中提到的「Conway 定律」的來源。Conway 定律說[5]：

> 一個進行系統設計的組織…的設計活動是受約束的，那些設計只是組織的溝通結構的副本。

這條「定律」是關於團體的組織方式如何影響產品的觀點。另一個經常被引用的觀點來自《*The Cathedral & the Bazaar*》（O'Reilly）的作者 Eric S. Raymond，他說：「如果你讓四個小組開發編譯器，你就會得到一個四通（4-pass）編譯器。[6]」歸納其本質，Conway 定律告訴我們，在製作軟體時，組織的界限（organizational boundaries）將決定你得到的 APP。

正如本章開頭提到的，我們寫出來的軟體「很笨」——它只會做人類要它做的事情（並且準確地做）。Conway 提醒我們，將人員安排到小組裡面的方式（在各個團隊之間劃分界限）決定了結果。因此，有些 IT 顧問提出「反 Conway」方法，他們鼓勵先建立團隊與界限，來獲得你想要的結果，這種做法在一定程度上可發揮作用，但也有它本身的問題。Conway 在 1967 年的同一篇論文裡警告我們不要激進地揮舞組織手術刀：

> [Conway 定律] 會產生問題，因為任何時候的溝通需求都取決於當時的實際系統。由於第一個設計不太可能是最好的設計，所以現有的系統可能需要改變。因此，組織的靈活性對做出成功的設計來說非常重要。

本質上，你不可能「超越」Conway 定律！但你可以做一些取捨，重點在於，組織結構的概念是影響公司文化的關鍵。擅長管理文化的公司至少有兩個共同點：他們會努力劃出明確的界限，並保持彈性。

在專案的早期建立明確的團隊界限是件好事，這有助於梳理團隊內部的責任，並劃定團隊之間的介面。但牢記 Conway 的警告也很重要：「第一個設計不太可能是最好的設計。」因此，你也要隨著 API 與組件專案的進行，根據現實世界的發現來調整界限，這是這項工作的常態。

---

5 Melvin E. Conway, "How Do Committees Invent?" *Datamation*, April 1968, *https://oreil.ly/PXGIt*.

6 Paul Logan, "Conway's Law: How to Dissolve Communication Barriers in Your API Development Organization," *Medium*, August 24, 2018, *https://oreil.ly/PassA*.

模型驅動設計

讓團隊模型和 API 保持一致的方法之一是採取模型驅動設計法，正如 Eric Evans 在他的《*Domain-Driven Design*》一書中所描述的。這意味著建立並維護一套模型，在架構中以 API 來表達那些模型，在組織設計以團隊來表達那些模型。當你修改模型時，你就會修改團隊和架構，反之亦然。這可讓你不斷地改進團隊和系統設計。

Matthew Skelton 和 Manuel Pais 的《*Team Topologies*》（*https://oreil.ly/wmJZY*）是這類方法的一個好例子。他們的模型可協助 API 和軟體組件的設計團隊。你可以一起使用 Team Topologies、領域驅動設計與軟體架構模型，以演化出一個包含 Conway 法則的設計，而不是與之對抗。

如同 API 管理領域的許多其他面向，文化的管理是持續的。Conway 提示了我們可以做什麼來實際改變（例如注意團隊之間的界限），並警告我們，我們的初次嘗試通常不是最好的選擇（「現有的系統可能需要改變」）。這就帶來另一個問題：團隊與團隊的規模如何影響企業文化？我們來看一下 Robin Dunbar 的研究。

利用 Dunbar 數

Conway 告訴我們團隊與界限如何影響任何工作的結果。那麼，有個合乎邏輯的問題：「團隊是由什麼東西構成的？」或更直接地說，「團隊的最佳規模是多大？」與我們合作的許多客戶都於 Robin Dunbar 博士在 1990 年代的研究中找到答案。他在大眾社會科學著作中，提出關於大腦如何影響群體規模的理論，該理論因為所謂的 *Dunbar* 數而廣為人知（*https://oreil.ly/WE3aO*），該理論主張，我們可以成功地追蹤並維持有益關係的人數頂多約 150 人，領導與管理超過這個數量的任何團體都會令人大傷腦筋。基本上，一旦團體超過這個數量，維持成員的協調、專心工作與合作將變得更加困難。

很多案例已證明了 150 這個數字對於群體溝通的重要性。W. L. Gore 公司的創始人、1970 年至 1986 年的董事長 William「Bill」Gore 制定一條規則：一旦工廠的人數超過 150 人，那個團體就必須分開，並建立一座新建築物（有時就在既有工廠的旁邊）[7]。Netflix 的 Patty McCord 將這個數字稱為「stand-on-a-chair」數字：一旦人數超過 150 人，團隊領導人就無法站在椅子上跟整個團隊說話了[8]。

7 Robin Dunbar, "Friends to Count On," *Guardian*, April 25, 2011, *https://oreil.ly/lYNzp*.

8 Kevin J. Delaney, "Something Weird HAPPens to Companies when They Hit 150 People," *Quartz*, November 29, 2016, *https://oreil.ly/Djiz9*.

雖然 Dunbar 的 150 是個重要的數字，但經驗告訴我們，這個數字背後的研究更有價值。Dunbar 的理論是，我們必須花費時間與精力，才能成功地在團隊中進行溝通，而團隊的規模將影響維持成功聯繫所需的努力程度。事實上，他的早期研究認為，150 人的團隊「需要高達 42% 的總時間來進行社交梳理（social grooming）。」換句話說，隨著團隊規模的擴大，每個人都要投入更多時間來維持團隊的凝聚力。在現代的辦公室環境中，「社交梳理」包括開會、寫 email、打電話、使用即時通訊、日常的站立會議、輪班會議…等。大團隊的協調成本很高。

好消息是，Dunbar 數不是只有一個。他其實提出一系列的數字，從 5 開始，然後是 15、50、150，直到 1,000。數字越小（例如 5 與 15），協調成本（社交梳理）越低。在 5 人小組裡的每個人都非常熟悉其他人，所有人都知道彼此的工作是什麼，而且（很有可能）每個人都知道誰在團隊中沒有盡他的本分（如果有的話），這種團隊的社交梳理時間很少。即使團隊有 15 人，溝通成本也相對較低。你應該已經想到，本章之前建議的團隊規模大約是 5 人左右（可增減 2 至 3 人）。

我們將小型（5 到 7 人）的團隊稱為 Dunbar Level One 團隊，這是初創企業常見的規模。多達 15 人的 Dunbar Level Two 團隊經常出現在年輕公司中，他們已經度過第一輪天使投資，正在積極建立業務。我們所接觸的許多 IT 組織都將他們的團隊規模維持在 Dunbar Level One 與 Two，以便將溝通成本降到最低，並將團隊的整體效率最大化。例如，Spotify 的「小隊」大約有 5 到 7 人（見第 188 頁的「Spotify 的團隊與角色」）。

Dunbar 告訴我們，團隊規模很重要，以及小團隊可以很有效率地溝通。Conway 提醒我們團隊之間的聯繫決定了最終的成果。因此，打造成功的 API 管理文化時的挑戰是在一個大型的組織裡面管理大量的團隊。如同使用整個 API 園林與使用一個或少量的 API 是不同的挑戰，當你和許多團隊合作的時候，也有一些獨特的層面需要面對。物理建築師 Christopher Alexander 的一些研究可以協助處理這種「團隊的團隊」的挑戰。

Alexander 的文化馬賽克

領導與（或）支援一個團隊不是簡單的工作。讓一個小組開始運作，幫他們找到自己的立足點和風格，並成為公司使命的積極貢獻者是一項艱難的工作（但有回報），那些經常做這類工作的人也知道，每個團隊都是獨一無二的，每個團隊都必須用自己的方式穿越同一個的園林。團隊與團隊之間的差異是建立公司範圍的多樣性和優勢的關鍵。或許你希望所有團隊都有相同的外觀與行為，但這不是健康的生態系統的特徵。

「團隊園林」與 API 園林（見第 9 章）有一樣的挑戰與機會，我們將在那一章談到，許多關於園林的層面也適用於多團隊園林。隨著 API 企業的發展，你將處理更多的多樣性、數量、波動性，以及一個健康的生態系統的其他元素。事實上，人的系統（例如團隊）通常可以藉著引入多樣性而變得更好，我們很多人都經歷過這種情況：團隊因為加入一位「局外人」而變得更強大。許多名言與這種想法有關，包括「那些殺不死你的，必使你更強大」——意想不到的挑戰可以幫助我們變得更好。Nassim Taleb 在 2012 年出版的《*Antifragile*》（Random House）一書正是基於這個前提。

另一個關於「團隊的團隊」的力量的觀點，可以在物理建築師和思想家 Christopher Alexander 的著作中找到。他在 1977 年出版的《*A Pattern Language*》（Oxford University Press）一書中談到「亞文化馬賽克」的概念，它是組織健康、永續群體的一種方式（該書被認為啟動了軟體領域的模式運動）。

Alexander 對軟體的影響

雖然 Christopher Alexander 是物理建築師，但他的著作與思想也大大地影響軟體架構。他在《*A Pattern Language*》一書中介紹了在建構大型系統時運用模式來思考的概念，一般認為他的概念催化了軟體模式運動。這本書很厚，我們的團隊只有一個人說他讀完了整部作品。Alexander 有另一本較薄且較容易理解的書籍《*The Timeless Way of Building*》（Oxford University Press），我們經常推薦 Alexander 的著作給處理非常大型生態系統的軟體架構師。

Alexander 的「亞文化馬賽克」模式（*https://oreil.ly/SQ7lt*）描述了處理大型人群和整體中的小團體的三種基本做法。Alexander 的文章適用於城市規模的群體，但根據我們的經驗，它對全球和企業級組織的 IT 領導層一樣重要。

Alexander 指出在大型群體（他的觀點是城市本身）裡面出現次級團體的三種原因[9]：

Heterogenous（混雜的）

人們不分生活方式或文化混居在一起，將所有的生活方式簡化成一個同質且無趣的公分母。

9 Christopher Alexander et al., "Mosaic of Subcultures," in *A Pattern Language* (Oxford: Oxford University Press, 1977), 42–50.

Ghetto（少數族群區）

人們按照最基本且平凡的差異、種族和經濟地位群聚，形成孤立的群體，每一個 ghetto 內部仍然具同質性。

Mosaic（馬賽克）

有許多界限分明的小區域，人們可以在這些區域之間自由移動，以體驗他們感興趣並能啟發他們的生活方式與文化。

你可能要花點工夫才能理解 Alexander 的城市規劃領域，但我們的經驗是，homogeneity（整個公司都使用同樣的工具與流程）vs. ghetto（我們是這裡的資料工程師，QA 在另一棟大樓）vs. mosaic（我加入這個小組是為了製作行動 APP）等概念，在 IT 組織也很常見。每家公司都有自己的共同文化元素，和在組織內部發展起來的亞文化。意識到文化有這些次級元素是處理它們的第一步，而且在大多數情況下，你會在發展健康和靈活的 API 管理文化時利用它們。

我們說過，僅僅了解一個團隊裡面的溝通動態是不夠的（例如 Dunbar），我們也強調了 Mel Conway 談到的團隊之間的聯繫的力量，最後，我們介紹了「多團隊園林」概念，以及密切關注團隊形成的原因（例如 Alexander）和它們外面的生態系統的重要性。為什麼要花時間討論這些文化元素，特別是與 API 管理有關的？這會帶來什麼回報？

公司文化決定了團隊和個人可以行使的創新、實驗與創造力程度。文化是公司成功成長的關鍵。

我們接下來要討論文化的最後一個層面。

支持實驗

花時間梳理公司文化是為了促進公司日常運作的創新與轉型。商業管理大師 Peter Drucker 的一句話道出了其中的一個重要原因：「文化把策略當早點吃。」

本質上，無論你的策略是什麼，真正推動公司發展的是公司的普遍文化。因此，如果你想要改變團隊、產品小組或整個組織的方向，你就要關注文化。Conway 傳遞這樣的訊息：組織與它的界限決定了團隊產生的結果。

促進創新（創造新產品、新方法與新點子）有一個關鍵——安全地進行實驗的能力。實驗的意思不是將未經全盤考慮的想法投入生產。如同本書談過的許多其他事情，實驗應從小處開始（例如在一個團隊內），並透過幾輪反覆迭代來學習、篩選與識別相關的想法，以便找到有價值的、有用的和可取的東西，也就是值得花費寶貴的時間與資源來實現的東西。

商人與慈善家 Michael Dell 在他 2006 年的《*Direct from Dell*》（HarperCollins）一書中提到：「若要鼓勵人們積極創新，你必須讓他們可以安全地失敗。」這句話的關鍵是，失敗不僅僅是容易發生或常見的，它也是**安全的**。你應該創造一種氛圍，讓團隊有充分的空間進行試驗，但又限制他們，避免他們犯下昂貴的錯誤，以免擾亂公司的重要運作。建立這種生態系統的方法之一就是使用本書前面談到的決策元素（見第 25 頁的「決策的元素」）。一旦團隊知道他們的界限，他們就會更清楚地知道自己可以做哪些實驗來學習如何改進。

支持實驗的另一個重點在於，讓很多團隊進行實驗比只讓少數幾個團隊（或只有一個團隊）進行實驗還要好。我們會在第 230 頁的「賦能中心」中討論成立一個專責團隊來協助企業建立準則與護欄（guardrail）的力量，但是它不是進行所有實驗的地方，如同 IT 的其他層面，高度中心化和集中可能會提升脆弱性和波動性。另一方面，將活動分散到廣泛的團隊與產品小組可以提升成功想出有價值的想法的機會，並減少實驗的過程對公司造成損害的可能性。

這些概念對一些 IT 領導人來說可能違反直覺，他們也許認為**更多**實驗會增加波動性，但這種情況只會在實驗都在同一個地方進行時發生——例如在賦能中心（C4E）或某個其他的實驗中心。Nassim Taleb 在《*Skin in the Game*》（Random House）中談到了這種風險集中問題，《*Black Swan*》、《*Antifragile*》等暢銷書的作者 Taleb 提醒他的讀者：「一群人成功的機率不適用於 [一個人]。」用白話來說，100 個團隊使用新 API 來進行實驗的集體成果與一個團隊連續做 100 次實驗是不一樣的。你可以利用決策元素，在增加實驗的同時降低風險。

增加實驗次數意味著增加嘗試創新的次數，進而產生持續 API 管理模式（見第 149 頁的「API 產品週期」），並且更容易長期維持下去。

為了讓一切工作既永續又經濟（但不一定高效）地發揮作用，你要讓一群多樣化的團隊進行引發熱情的專案。這就是 Alexander 的馬賽克發揮作用之處。

結論

本章討論了許多內容。首先，我們定義了一組角色，他們反映了設計、建構和維護 API 所需的決策範圍和職責。我們也談到如何利用這些角色來組織一個團隊，以完成實際的 API 工作。我們看到，一個人可能在同一個團隊中扮演多個角色，也可能跨越幾個團隊。

我們還回顧了各種 API 週期階段如何影響 API 產品團隊的角色構成與需求。事實證明，團隊是動態的，角色反映了參與人數與 API 的成熟度。此外，我們還探討了 Spotify 如何設計團隊模式，該模式考慮了公司內部各層級團隊之間的互動方式。我們也指出，你可以採取中心化或去中心化的方法，來確保公司內部各團隊之間，有效地共享知識與合作。

最後，我們花一些時間來探討公司文化在團隊賦能方面的效果。團隊規模等因素會影響溝通的品質與最終結果的準確性——沒有跨團隊溝通可能會在組織內部產生「技術少數族群」，從而扼殺創新與創造力。

關於文化的力量與促進跨團隊溝通的部分是本書的重大里程碑。在這之前，我們都把重點放在單一 API 的管理，以及確保它符合客戶需求的所有事情：了解製作與維護 API 所需的典型技能、如何在 API 的生命週期健康地管理變動，以及你需要安排什麼角色和團隊來讓一切發揮作用。

然而，正如本章提到的，這些事情還有另一個層次：跨團隊和跨產品的工作。我們訪問的所有公司都擁有不只一個 API、不只一個團隊，不只一種合作方式，我們將這個由多個 API 與多個團隊組成的環境稱為公司的「API 園林」，管理一個園林與管理一株植物或一個 API 有很大的差異。

當你的責任範圍超過一個 API 或產品時，你就要改變看待挑戰的方式，以及為挑戰提出解決方案的方式。（再次）引用 Stanley McChrystal 的話[10]：

> 領導組織時，不要像西洋棋大師一樣控制每一步行動，而是要像園丁一樣，以賦能（*enabling*）取代指揮。園丁的領導方式不是被動的，領導者應扮演一位「密切關注，放開雙手」的賦能者，打造與維護一個讓組織運作的生態系統。

如何像園丁一樣管理公司的 API 園林是接下來幾章的內容。

10 McChrystal et al., *Team of Teams*.

第九章

API 園林

據我們所知，累進天擇演化理論是唯一可以解釋組織複雜性的理論。

—Richard Dawkins

隨著 API 數量的增加，管理這套不斷改變的 API，來將組織的所有 *API* 的效用與價值最大化也變得越來越重要。這是個重要的平衡行動，因為用 API 來公開服務的最佳（或足夠好的）做法，不一定適合在那個 API 成為園林的一部分時使用。

API 園林的定義

API 園林就是一個組織發表的所有 API（見圖 9-1）。API 園林裡面的 API 可能處於不同的成熟階段（製作 / 發表 / 實現 / 維護 / 除役），也可能有不同的目標受眾（私用 / 伙伴 / 公開）。這些 API 的其他方面也可能有所不同，例如風格或實作方法。

人們可能會使用 *API portfolio*、*API catalog* 或 *API surface area* 等術語來稱呼 API 園林。

API 園林的目標是提供一個環境來提升設計、營運與使用 API 的效率。API 園林應協助組織實現商務目標，例如加速產品週期、讓產品更容易測試與變動，以及提供環境來讓商業想法與倡議盡快反映在 API 中。

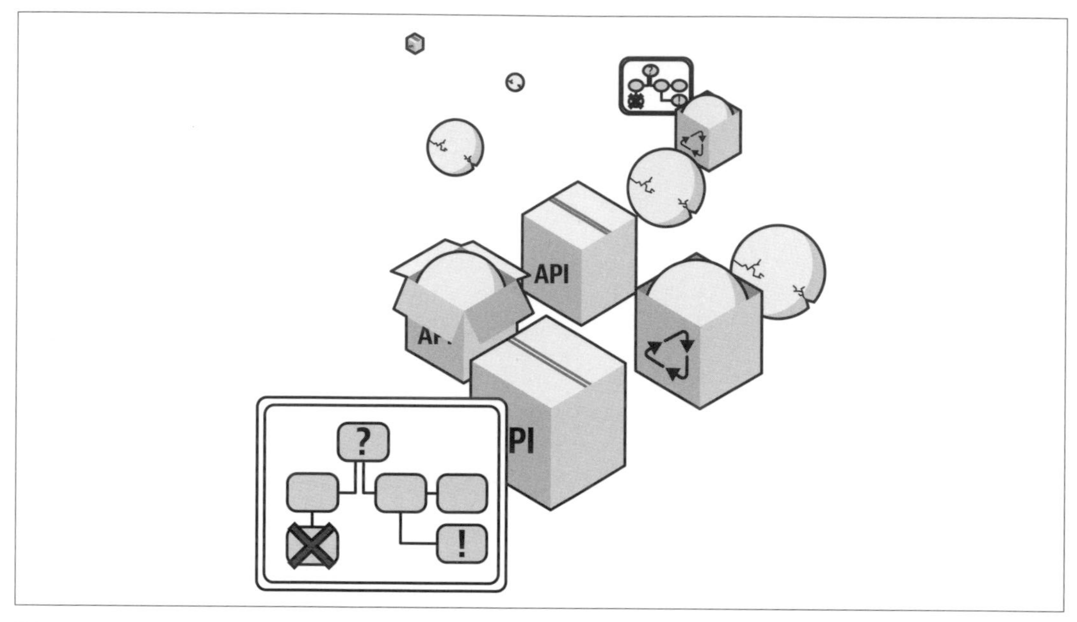

圖 9-1　API 產品園林

從 API 的總量，以及被新服務使用的 API 數量來看，現代的 API 園林正在不斷成長。隨著這種依賴性的增加，對新服務的開發者來說，不需要學習和使用各種大異其趣的 API 設計顯然有很大的幫助。這些差異可能是根本性的，例如，API 究竟是使用 REST 風格還是事件導向風格（見第 6 章），不過，即使風格一致，API 之間也可能有技術差異，例如使用 JSON vs. 使用 XML。

從 API 用戶的角度來看，一致的詞彙表也很有幫助。假如用戶需要使用多個以某種形式或格式來公開客戶資料的 API，如果那些 API 都使用相同的基本客戶模型的話，用戶用起來將更方便（即使它們的表示方式略有不同，不同的服務使用相同的概念模式也很方便）。

這些關於標準化所帶來的方便，似乎意味著進行越多標準化越好，在某種程度上的確如此，但另一方面，標準化需要付出時間與勞力，而且我們通常無法提出「單一最佳模型」（只能做出一個大家都可以接受的模型），因此，從根本上說，你必須將它視為一種同時具備風險和收益的投資。

例如，為每個 API 發明一個表示格式可能不是個好策略，正確的做法應該是使用既有的表示格式，例如 JSON 或 XML，在這種情況下，重複使用既有的標準可能比自訂表示法還要好。另一方面，將許多不同的服務都具備的實體（entity）標準化可能是個昂貴的過程，例如前面提到的客戶模型，比較合理的做法是不要浪費資源定義唯一的客戶模型，而是單純使用領域模型即可。

一般來說，我們要避免在沒必要的情況下為每一個服務重造輪子，盡量使用既有的設計元素來減少進行設計、了解設計與實作設計所需的勞力。如果我們達到（或接近）理想的重複使用率，我們就可以讓服務創作者把重心放在他們需要關注的設計層面，而不必分心解決已經有解決方案的問題。

我們已經看到越來越多組織正在這樣做。為了做好這件事，你要明白指導設計師的準則是不斷發展的，並確保如此，你要不斷評估與建立新的實踐法，廢棄已建立的實踐法，這些變動來自組織實踐法的不斷演變。

因為這種固有的動態，你必須將 API 園林視為一種流動的、不斷變化的環境，為了讓這種做法長期有效，架構也要遵循同樣的持續演進路徑。所以園林很像巨大的系統，例如網路，一方面，它是不斷運行的，但另一方面，它也會不斷演變，隨時有新標準與新技術進入環境。

API 考古

雖然有很多組織剛開始執行他們的 API 計畫，但任何一家稍具 IT 歷史的組織幾乎都有用了很長一段時間的 API。

從定義來看，API 是任何一種可讓兩個程式組件互動的介面，如果我們把定義限制在「網路 / web API」上，它就是可讓兩個程式化組件透過網路進行互動的任何一種介面。

API 考古的定義

考古學是發掘文物，並且根據文物的時間與地點起源來理解它們的學科。這個概念也適用於 API，API 考古就是尋找整合（integration），研究它們為何會被做出來、如何做出來，並且記錄它們，來協助了解複雜的 IT 系統歷史與結構。在組織內進行 API 考古對找出 IT 組件既有的互動方式來說很有價值。

人們有時會使用的另一個術語：*API inventory* 。但是它的意義通常只限於列出既有的 API，不會研究組件如何連結。

在許多組織中，這些介面可能不叫「API」，它們可能也不是為了重複使用而設計的（第 46 頁的「Bezos 命令」介紹過 Jeff Bezos 著名的「API 命令」故事）。但是在多數情況下，這些介面都存在，即使它們是為了進行一對一整合而製作和使用的（因而未實現 API 的主要價值主張之一：可重複使用）。這些介面是組件需要互相結合的最初跡象，因此我們稱它們為 *proto-API*，它的前綴詞是希臘語 *proto*（意為「第一」），例如，*prototype* 這個單字也使用這個詞。

尋找與了解這些 proto-API 可能很有用，因為它指出有整合需求的地方（雖然它們是以非 API 的方式來解決的）。並非所有既有的 proto-API 都值得改成實際的 API，但只要了解整合歷史，我們可以獲得一些見解，即如何觀察和滿足整合需求，以及在何處不太可能有額外的整合需求。

proto-API

任何一種以個別組件組成的複雜系統都需要讓組件進行互動，API 是一種具體的做法，但此外還有許多其他方法。從 API 的角度來看，讓組件互動的非 API 機制都可以視為 proto-API。在理想的園林中，所有組件都是透過 API 進行互動的，沒有例外。在這個理想的畫面中，任何非 API 的互動都會成為現代化的候選者，必須用 API 來取代。這就是組件之間的非 API 互動機制都可以視為 proto-API 的原因之一。

有些組織會專門安排 *API* 圖書管理員，通常是擁有一定規模的舊系統的組織。API 圖書管理員是組織中負責舊架構歷史的人，他們知道服務及其 API 在哪裡，也知道它們如何運作，以及如何使用它們。簡而言之，API 圖書館員負責實踐 API 考古學，並分享成果，因為組織知道這樣做有價值。

總之，執行 API 考古可以幫助你更了解 API 園林，即使裡面的組件大部分都還是 proto-API。它是了解過往整合需求的起點，也可以讓你更明白，若要解開由許多自訂整合構成的糾纏網路，哪些 API 投資是最佳對象。隨著工作的進展與時間的推移，你將越來越容易用現代的 API 模式來取代未用 API 來進行的整合。

大規模的 API 管理

管理大規模的 API 就是在「實施某種園林規模設計規則」和「將個別 API 等級的設計自由度最大化」之間進行平衡。這種平衡形式經常出現在典型的複雜系統裡：「為了實現一致性和潛在的優化而將整合中心化」vs.「為了實現敏捷性與可發展性而去中心化」。

將整合中心化是以前的典型企業 IT 架構的動機。這種做法的主要驅動力是將功能的交付標準化，以便用優化且具有成本效益的方式提供那些功能。高水準的整合的確可以帶來更多優化潛力，但也會影響系統的可變性與可發展性。

去中心化是相反的做法，web 是部署規模最大的去中心化案例。採取這種做法的主要驅動力是為了將功能的可訪問性（*accessibility*）標準化，如此一來，功能就可以用大量的、不斷發展的方式來提供，但仍然維持可訪問，因為「訪問」基於一套關於功能如何進行互動的共享協議。去中心化的主要目標是為了改善鬆耦合（*https://oreil.ly/GhN2X*），也就是讓人們更容易變動整體園林的個別部分，而不需要變動任何其他的部分。

在管理 API 園林時，我們的承諾和挑戰就是考慮這個問題，以及避免 SOAP 的陷阱。SOAP 說，服務的可訪問性是唯一重要的事情，雖然它是重要的第一步，卻沒有處理功能鬆耦合的層面。API 與特別注重實作與部署的微服務[1]讓我們重新考慮在大規模服務生態系統中，什麼才是重要的事情，並且建立一個不會陷入 SOAP 陷阱的園林。

1 若要更深入了解微服務結構風格，可參考 Irakli Nadareishvili、Ronnie Mitra、Matt McLarty 與 Mike Amundsen 的《*Microservice Architecture: Aligning Principles, Practices, and Culture*》（O'Reilly）。

去中心化與交付

如果我們能從 SOAP 服務導向架構（SOA）未能實現的承諾中學到什麼，那就是仔細管理交付是實現服務導向目標的關鍵層面。SOAP 解決了讓功能可被訪問的承諾，但未能解決另一個同樣重要的問題——如何管理功能交付。這意味著，雖然 SOAP 提供了一些價值（以服務來公開以前無法訪問的功能），但它沒有解決提高整體園林的敏捷性和可發展性需求。

平台原則

很多人在討論 API 和一般商業目標時都會提到「平台」。但是他們可能是指截然不同的事情。切記，在商業層面適合設計成平台的想法，不一定適合在技術層面這樣做。

在商業層面上，平台提供了一個基礎，將各方聚在一起，以便交換價值，沒有比這種相對抽象的原則框架更深入的意義。平台的吸引力通常被兩個主要因素影響：

平台的接觸範圍多大？

也就是當我加入那個平台之後，我可以接觸多少用戶？答案通常由使用或訂閱該平台的人數決定。這通常是最重要的指標，它可能是純粹的數量，也可能透過定性因素，來確定可透過平台接觸的理想用戶。

平台的功能是什麼？

如果我在平台上建立一些東西，它如何支援與 / 或限制我產生價值？另外，我如何輕鬆地變動平台以增加新的功能，最好是在不影響現有的平台用戶的情況下？

雖然這些商業指標都不可或缺，但談到平台時，有一個因素經常被忽略：平台總是強迫使用它的人遵守特定的約束，但它們可能用各種驚人的方式來做到這一點。

網路 *APP* 可以被所有人，以及支援基本網路標準的任何東西使用，最簡單的用戶端可能是一個支援腳本的現代瀏覽器。

任何人都可以建立網路 APP 並讓別人使用，任何人都可以使用它們，沒有任何中央實體控制網路平台的運作。

在原生 *APP* 商店裡面的應用程式的外觀和感覺可能與網路 APP 類似，但它們是用不同的方式來提供和使用的。它們往往只能從中心化的 APP 商店下載，這意味著商店的擁有者擁有「決定用戶可以安裝什麼」的獨家權利。那些 APP 也只能在特定的設備上使用。APP 商店的應用程式是專門為該設備製作的，這意味著建立 APP 的投資會被完全限制在該平台上。若要在任何其他平台（包括網路）上使用該 APP，你就要在不同的開發環境中重新製作它，甚至要使用不同的程式語言，這意味著該 APP 的用戶端幾乎要從頭開始重建。

我們可以在 API 園林中採取這種模式以及「為 APP 提供 API 平台」的概念。

有時「API 平台」被視為一個提供 API 的具體環境，它可能很快就會變成傳統的企業服務匯流排（ESB）風格，「ESB 平台」負責提供基礎設施，透過它來提供的 API 可使用該基礎設施。

有時，「API 平台」被視為服務所使用的，和服務所提供的一套共享規則。個別的服務是否成為平台的一部分與「它們在哪裡以及如何提供服務」無關，只要它們遵守相同的原則、協定與模式，它們就在平台上提供 API，從而成為 API 園林的一部分。

第二種「平台」比較抽象，但也比較強大。它藉著將功能的「what」與「how」解耦合，讓人們更容易對平台做出貢獻。它也允許更多創新途徑，讓 APP 可以實驗實作方法，同時不影響它們為 API 園林做出貢獻的能力。

我們再次以 web 為例。藉著只關注 API，web 可讓許多不同的事情隨著時間而改變。例如，內容傳遞網路（CDN）的概念不是 web 本身內建的東西。相反地，CDN 之所以能夠實現，是因為網路內容的複雜性，以及網路瀏覽器可以靈活地使用來自各方的許多資源來顯示網頁。可能有人認為，CDN 的潛力在史上第一個網頁的原則和協定中已經存在了，但 CDN 的模式是在它們有必要存在時才出現的。

這種適應新挑戰的品質正是我們希望在 API 園林中看到的。雖然我們基於開放與可擴展的原則與協定來建構園林，但我們能夠在需求浮現時改變事情，並且願意這麼做。我們也提供模式（pattern）來幫助 APP 更有效地解決問題，我們也願意隨著時間的過去發展這些模式。

原則、協定與模式

上一節的重點在於，平台不應該要求以某種特定的方式（*how*）來做事，或是在特定的地方（*where*）做事。相反地，精心設計的平台是圍繞著原則、協定和模式設計的。我們可以用 web 平台來說明這些概念，事實證明，web 平台同時具有驚人的穩定性和靈活性。在過去的近 30 年裡[2]，web 的基礎結構沒有改變，但它本身有了很大的發展，相較之下，大多數的其他系統追隨沒那麼激進的軌跡，卻似乎更早面臨挑戰。這種看似矛盾的情況是怎麼發生的？

其中一個主要原因是，web 平台沒有任何規則指定服務該如何實作或使用。服務可以用任何語言來實作，當然，隨著程式語言和環境的變化，人們的偏好也有所不同。你可以用任何執行期環境來提供服務，那些環境已經從地下室的伺服器發展到託管伺服器，現在又發展到雲端解決方案。服務可被任何用戶端使用，這些用戶端也發生了根本性的變化，從簡單的命令列瀏覽器，到今日行動電話上複雜的圖形瀏覽器。web 架構把重心放在一個決定資訊該如何識別、交換和表示的介面上，使得它處理有機增長的能力勝過任何其他複雜的 IT 系統架構。它的基礎出奇地簡單：

原則是建立在這個平台的骨幹中的基本概念。web 平台有一條原則是「用統一資源識別碼（URI）來識別資源」，並讓可以識別 URI 的協定和這些資源互動。這意味著雖然我們可以（至少在理論上）轉換至「後 HTTP web」（在某種意義上，目前確實如此，因為 web 正遷往 HTTPS），但我們很難想像如何做到「後資源 web」。原則被反映在 API 風格上，因為它們各有不同的基礎概念。

協定定義了基於原則的具體互動機制。雖然現在 web 上的絕大多數互動都是透過超文字傳輸協定（HTTP）進行的，但是仍然有一些檔案傳輸協定（FTP）流量，以及更專業的協定，例如 WebSockets 與 WebRTC。獲得共識的協定可促成互動，而精心設計的平台可讓協定園林不斷發展，如同我們現在看到的 HTTP/2 與 HTTP/3[3]。

模式是更高階的構造，說明如何結合協定（可能有多個）中的互動來實現 APP 的目標。其中一個例子是流行的 OAuth 機制，它是以 HTTP 為基礎的編排（choreography），可實現三腿身分驗證（ three-legged authentication）這個具體目標。模式是解決常見問題的方法。它們本身可能就是協定（例如 OAuth）或實踐法（例如之前談到的 CDN 案例）。但就像協定一樣，模式會隨著時間而演變，新模式會加入，既有的模式可能會被廢棄，成為歷史。模式是在原則和協定所形成的解決方案空間中解決問題的共同實踐法。

2 全球資訊網（World Wide Web，WWW）專案的初次提議是 Tim Berners-Lee 在 1989 年提出的。

3 HTTP/2 與 HTTP/3 是 web 平台進行跨技術轉換的好例子，只不過它們的語義被故意設計成幾乎與 HTTP/1.1 沒有差異。大部分的改變與改進都是為了提供更有效地互動。

模式通常會隨著時間而演變，以回應不斷變化的需求。例如，基於瀏覽器的身分驗證在 web 早期比較流行，因為它很容易用 web 伺服器的組態設定來控制，對早期 web 相對簡單的場景來說，它的效果已經夠好了。但是隨著 web 成長，這種方法的局限性變得很明顯[4]；在所有流行的 web 程式設計框架裡，支援身分驗證已成為一種標準功能了，這種更靈活的做法取代了早期的基於瀏覽器的做法。

重點在於了解這種回饋迴圈對 web 的成功很有幫助。起初，平台架構很簡單，有人開始製作 APP，有些 APP 擴大了平台支援的範圍。累積足夠的需求之後，有人將新功能加入平台，讓人們更容易製作使用新功能的 APP。平台架構師的職責是觀察 APP 在哪裡挑戰界限，以協助 APP 開發者更容易突破與克服界限。平台架構師也要改進平台，讓它滿足 APP 開發者的需求。

在 API 園林中，同樣的實踐法演變也會發生，與其將它視為一種問題，不如將它視為一種特點，因為實踐法可能隨著團隊的學習和新模式，甚至新協定的出現，而被調整與改善。成功執行 API 專案的祕訣是認定它將不斷發展，並設計和管理它，讓它的發展能夠順利進行。

將 API 園林當成語言園林

每一種 API 都是一種語言。它是服務的提供者和消費者在公開某種功能和使用某種功能時的互動機制。在本節中，語言一詞指的是「與 API 之間的互動」（即，API 的設計），而不是 API 內部的工作方式（即 API 的程式語言實作）。

API 語言的某些方面是在基本層面上決定的：

- *API* 風格決定了基本的對話模式（例如，同步請求 / 回應或非同步事件）以及主要的對話規範。例如，在隧道風格 API 中，對話使用函式呼叫作為核心抽象，在資源風格 API 中，它們是基於資源的概念。
- *API* 協定決定了基本語言機制。例如，在基於 HTTP 的 API 裡，HTTP 標頭欄位在管理對話的基本內容時非常重要。
- 在 API 協定裡，通常有許多技術「子語言」以核心技術的擴充（extension）形式存在。例如，目前有大約 200 個 HTTP 標頭欄位（*https://oreil.ly/B1PG0*），雖然核心標準只定義了一小組的欄位。API 可以根據它們的規範來選擇它們支援的「子語言」。

4　瀏覽器支援的身分驗證對用戶來說不太方便，例如，用戶很難登出服務。

- API 的某些層面可能是跨領域的，而且很容易在各種 API 中重複使用（見第 214 頁的「詞彙」中的說明）。例如，可重複使用的 API 零件可能被定義成媒體型態，以便跨 API 參考和重複使用，以免重造輪子。

以上所言的重點在於，語言管理是園林管理的重要部分。管理語言是一項細膩的任務。過度統一會讓園林裡的人窒息，無法按自己的意願表達自己。如果你不嘗試鼓勵一些語言共享，園林會過於多樣化，同一個問題會有許多不同的解決方式，結果將變得過於複雜[5]。

在管理 API 園林方面，有一種模式越來越流行，那就是透過胡蘿蔔而不是大棒來促進語言的重複使用。

大棒法的特點是由一小隊領導人決定語言，並宣布只能使用那些語言，不允許使用其他語言。這通常是由上而下的決定，往往令人難以嘗試新的解決方案與建立新的實踐法。

胡蘿蔔法允許建議重複使用任何語言，只要那種語言有相關的工具和程式庫可以方便使用它的人。也就是說，一種語言必須證明它的實用性，才能擠身於被推廣的語言。這也意味著人們可以藉著展示一種語言的實用性來將它加入語言庫。

胡蘿蔔法推廣的語言庫將隨著時間而演變（也應該如此），當新語言出現時，應該要有新方法展示它們的效用，若是如此，新語言就會成為新的推廣語言。

因此，語言可能會失寵，也許是因為它被競爭對手、更成功的語言超越，也許是因為人們只是轉而採取不同的做事方式。這就是在 XML/JSON 領域已經發生了一段時間的事情。雖然現在還有許多 XML 服務，但 API 目前的預設選擇是 JSON（幾年後，我們也許會看到另一種技術逐漸取代 JSON）。

API the APIs

「擴展 API 的實踐法」的意思是在擴展時，指定計畫來將個別的 API 和 API 園林日益增加的工作自動化。進行自動化時，你必須明確定義資訊如何提供、使用和收集。仔細想想，這種提供資訊的任務正是 API 的作用所在！這就是「API the APIs」這個核心口號的由來：

> 透過 *API* 說出你想說的關於 *API* 的一切。

---

5 這是一個關於複雜性（complexity）vs. 複雜化（complication）的好例子。API 園林的**複雜性**取決於各種 API 的功能以及它們如何反映在 API 裡。當相同的問題在不同的 API 中以不同的方式解決時，就會產生**複雜化**，從功能的角度來看，這會引入沒必要的語言種類。

用可擴展的方式來管理 API 園林有一個重要的部分圍繞著一個想法：使用「基礎設施 API」（或者說，現有 API 中的基礎設施部分）。這種基礎設施 API 有一個非常簡單的例子：公開 API 的健康狀態資訊的方法。如果每一個 API 都遵守標準化的模式（第 214 頁的「詞彙」將進一步說明），那麼「收集所有 API 的狀態資訊」這項工作就很容易自動化了。它可能是：

- 先清點正在運行中的服務實例，每 10 分鐘造訪各個實例一次。
- 從服務的首頁開始，用 `status` 連結關係來追隨連結，找出它們的狀態資源。
- 取得各個服務的狀態資源，並進行處理 / 視覺化 / 歸檔。

在這個場景中，編寫定期收集資訊的機制，並使用那些資訊來建立工具和洞察力很簡單，因為 API 有一個部分可讓你用標準化的方式來使用 *API* 的某些層面。

按照這個思路，現在管理和發展 API 園林的部分主題已經變成「不斷發展讓 API 可以在這類的自動化中使用的方式」。藉著針對變動進行設計，這種資訊可能會隨著時間加入，既有的服務也可以根據需要進行改造。

在這個例子中，公開狀態資訊變成一種新模式，而且有既定的慣例，規定應公開的資訊種類。如果 API 園林使用這種分類法作為 API 設計指引，這種新做法可能從「實驗性（experimental）」變成「實作性（implementation）」。如果在某個時間點，園林採取另一種方式來表示 API 的健康程度，但有些舊服務仍然使用它，它可能被移到「日落（sunset）」然後變成「歷史（historical）」。

上一段使用「實驗性」、「實作性」、「日落」與「歷史」作為準則的狀態值，你不一定要使用這一套狀態，重點是，所有的準則都會隨著時間而演變。以前非常適合解決某種問題的好方法可能會被更快且更穩健的做法取代。準則應協助團隊決定如何解決問題。團隊可以藉著追蹤準則狀態來清楚地了解實踐法如何演變，因此，你可以記錄目前哪些解決方案不錯，注意哪些可能是接下來的好方案，並記錄你曾經認為的好方案。第 226 頁的「API 園林建構準則」與第 229 頁的「準則的生命週期」，會更詳細地討論建構準則和改進準則的具體做法。

將這個問題當成 API 的設計元素來解決，可讓我們更容易管理大型的 API 園林，因為有些設計元素在各個 API 之間重複出現，而且這些元素可用來進行自動化。

了解園林

API 園林與其他產品或功能園林沒有什麼不同，我們的目標是讓這些園林可以輕鬆地發展，幾乎沒有摩擦，並讓園林成為建立新功能的堅實基礎，無論是內部的還是外部的。無論如何，你一定會在「優化單一已知目標」與「優化可變性」之間進行權衡。優化可變性一定要針對固定的目標進行一些權衡；可變性的關鍵因素是保持園林的開放性，以利於演變，並對它進行評量，以了解當前狀態與隨著時間變化的軌跡。

上一節提到的觀點，「關於 API 的一切都應該透過 API 說出來」在此扮演重要的角色。你可以像之前一樣只提供狀態資訊，也可以更全面，甚至要求任何 API 文件都必須是 API 本身的一部分，或者透過 API 本身來管理 API 的資安層面。採取這種做法時，API 成為自助（self-serve）產品，它會盡量提供資訊來幫助別人了解它與使用它。

這種做法有時成本很高。在極端的情況下，API 可能會被上百萬位開發者使用與操作，此時具有經濟意義的做法是將 API 設計得盡可能地精緻，盡量讓開發者容易理解與使用它們。在這種情況下，這個產品是為大眾市場設計的，因為它為這種使用情況高度優化。

大部分的 API 園林都有上百或上千個 API，既不可能也沒有必要將每一個 API 都打造成完美的大眾市場產品。但是，做一點點標準化可以發揮很大的作用，例如讓 API 團隊的聯絡資訊容易找到、加入一些基本文件、使用機器可讀的敘述，或加入一些入門範例。

當 API 似乎需要做一些「精修」時，園林的演化模型將有所幫助：API 團隊會開始建立改善開發者體驗的實踐法，它們可能變成既定的、受支持的實踐法。再次強調，關鍵在於觀察變動的需求、觀察用 API 來製作的解決方案，以及使用園林規模的實踐法來支援理想的方法。

API 園林的八個 V

管理 API 園林可能是一項艱巨的工作，你要在「產品的速度與獨立性」與「長期的一致性和穩健性」這兩個互相衝突的主題之間取得平衡。在更詳細地討論如何讓 API 園林更成熟之前（在第 10 章討論），我們先為 API 園林的長期發展的相關問題提供一個定性（qualitative）框架。

以下是 API 園林的「八個 V」模型，我們假設園林裡面的 API 都是用各種方式來設計與開發的（並在各自的 API 週期中經歷各種路徑，如第 7 章所述）。這八個 V 就像 API 管理系統的控制器或轉盤。你必須觀察與調整它們，以獲得最佳結果。

具體來說，我們假設園林策略的設計與執行都遵循一種平台模型（見第 206 頁的「平台原則」），在平台中加入 API 意味著遵守該平台的原則、協定和模式。

有了這種開放的 API 園林模型之後，考慮接下來的八個面向非常重要，它們會以某種方式，與各個 API 的設計和實作方式以及整個 API 園林的組織方式互相影響。知道這些層面也有助於引導你對園林的觀察，也就是說，洞察這些層面可以協助你更了解園林的持續演變情況。

接下來的小節將介紹與說明 API 園林管理的八個重要面向。我們將在第 10 章使用這些層面來介紹園林成熟度模型，該模型在這些領域中使用風險、機會與潛在投資來評估與指示 API 園林的成熟度。我們也會在第 11 章用它們來解釋，如何用單一 API 的生命週期來指引和協助管理園林規模的生命週期。

我們認為這八個 V（多樣性、詞彙、數量、速度、脆弱性、能見度、版本管理和波動性），是指導和集中管理 API 園林的方法。接下來的小節將更仔細地討論它們。

多樣性

多樣性（*Variety*）是指 API 園林通常有不同團隊用不同技術平台設計和開發的 API，以及為不同用戶設計與開發的 API。API 的目標是允許這種可變性，並讓各個團隊擁有更多自主權。

例如，「資源風格的 API 是核心平台服務的預設選擇」是合理的設計指引，因為大量的用戶端應該很容易使用它們。但是對於那些專門讓行動 APP 後端使用的 API 而言，比較合理的做法可能是使用 GraphQL 之類的技術來提供查詢風格的 API，因為如此一來，行動 APP 就可以在一次互動中，非常具體地獲得它們需要的資料。

API 園林必須平衡多樣性。API 園林的管理目標之一是管理多樣性，可能要限制它，避免 API 用戶端學習如何與太多不同的 API 風格互動。但將多樣性限制成只有一個設計選項可能沒有太大的幫助，例如，當你有一群設計選項，裡面的各種選項分別適合不同的場景，讓你可以將更好的產品提供給更多消費者時，就不適合這樣做。

因此，管理 API 園林的多樣性是一種平衡行為，你要限制選項以避免大量無益的 API 風格，同時對識別選項持開放態度，讓 API 園林能夠提供更高的價值。

基本上，你要將「管理多樣性」視為一種長期治理的行為：不要在園林裡面建立那種讓你難以長期支援多樣性的東西。幾年後的 API 園林一定不會和今天一樣，所以為自己創造發展多樣性的空間，避免讓自己陷入困境非常重要。

隨著時間變化的 API 偏好

你可能喜歡用某種方式來設計 API，並根據那些偏好來進行治理。你可以鼓勵開發者遵守這些偏好，因為從園林的角度來看，它們似乎提供了最佳的本益比。

但是你不應該把所有賭注都壓在一套偏好上。因為可能有更好的東西出現，讓你改變主意，或是有 API 消費者要求你提供某些 API，你只想讓那些消費者滿意。

以 GraphQL 為例：無論你對這項具體技術的看法如何，如果你從事 API 工作，你應該會聽到一些消費者對 GraphQL 有強烈偏好。長期支援這些「偏好群」是很重要的事情，因為它們會不斷演變，並推動園林演變的方式。

永遠不要認為你已經找到製作 API 的最佳做法了：無論你做什麼，它們都與技術和用戶的偏好有關，而且都會隨著時間改變。

允許與控制多樣性是一項長期活動。你應該從一開始就在園林中允許它。藉著推動原則、協定與模式來限制它，可讓你在「了解 API 如何被使用」和「了解它們傳遞多少價值」和「做出選擇來將價值最大化」之間取得平衡。隨著 API 園林日益成熟（見第 10 章），你應該會更了解園林的現狀、演變路徑和使用狀況。然後，你可以藉著平衡「增加多樣性產生的成本（這會降低整個園林的一致性）」與「專門設計的 API（改善園林中的一群 API 的 API 價值）」來控制多樣性。

詞彙

第 209 頁的「將 API 園林當成語言園林」說過，每一個 API 都是一種語言。它定義了開發者如何與服務互動，並且透過互動模式、底層協定及交換表示法（exchanged representations）來定義這些互動。用共同的詞彙來將 API 元素標準化是提升 API 園林的一致性的好方法。

你可能不需要為語言的某些層面重造輪子，最簡單的例子是錯誤訊息。許多基於 HTTP 的 REST API 都自行定義錯誤訊息，因為它們想顯示標準的 HTTP 狀態碼之外的錯誤訊息。雖然你可以自行定義這種格式，但 RFC 7807 的「problem details」格式（*https://oreil.ly/xhg98*）已經定義了標準表示法（API 必須使用 JSON 或 XML）。使用這種「問題報告詞彙」有兩個好處：

開發 API 的團隊不需要發明、定義與記錄新的錯誤訊息詞彙。他們可以直接使用既有的詞彙，或許也可以擴展它，以顯示錯誤訊息的特定層面。

使用 API 的團隊不需要學習獨門格式，當他們第一次遇到特定的詞彙之後，就會理解「API 語言」的那個部分。所以開發者很容易了解 API 的某些層面，而且其他的 API 也使用那些層面。

下面的範例來自 RFC 7807，你可以看到這種格式如何結合標準與專有詞彙。在這個例子中，`type`、`title`、`detail` 與 `instance` 都是 RFC 7807 定義的，而 `balance` 與 `accounts` 屬性是特定 API 的專屬成員。你可以在 API 園林中只採用 RFC 7807 問題報告，但屬性其實會逐漸演變，因為 API 公開了特定問題的細節：

```
{
    "type": "https://example.com/probs/out-of-credit",
    "title":"You do not have enough credit.",
    "detail":"Your current balance is 30, but that costs 50.",
    "instance": "/account/12345/msgs/abc",
    "balance": 30,
    "accounts": ["/account/12345",
                 "/account/67890"]
}
```

在許多情況下，你可以藉著使用某套標準來重複使用詞彙，無論該標準是網際網路 / web 規模的正式標準，還是非正式的 / 內部的 API 園林標準都無所謂。重點是盡量避免重造輪子。

事實上，能夠以一致的方式對待正式的和非正式的標準，你才能夠決定何時適合改用某個標準，對 API 的某個層面而言。

EIM 與 API：完美主義與實用主義

雖然使用官方標準來避免重新發明詞彙是一種直接了當的做法，但是有時組織考量的不只於此。最極端的情況是企業資訊模型（EIM）的概念，其目標是為一個組織中必須表示的所有東西建立一個完整且連貫的模型。在許多情況下（往往是在較大型的組織中），EIM 的理想已被證實難以實現：記錄複雜組織的完整詞彙是龐大的工作，而且當這項工作完成時，現實和系統已經發生變化，使得 EIM 變成往日的快照。

EIM 會隨著組織的發展而演變，兩者很難保持同步。例如，一個組織可能有個客戶及其相關資訊的模型。那個資訊可能一直在演變，不同的產品會以適合它們的方式來擴展 / 增強客戶模型。試圖確保這些擴展和增強始終以連貫和協調的方式進行，很可能會減緩服務的設計和交付。在實務上，這意味著你要在「擁有一個可以反映組織靜態模型的 EIM」和「提升組織變動的能力，但放棄為所有事情設計完美和協調的模型」之間做出選擇。

比較務實的做法是假設 EIM 是可透過 API 使用的所有功能。在這種思維之下，你仍然要由 API 園林管理人員來決定該進行多少詞彙標準化。對明確的跨領域關注點而言（例如上述的錯誤訊息），決定標準詞彙可能很容易。

對於特定領域的主題，API 會在它的設計中公開那些概念，該設計就是那個領域的 EIM。這種做法的缺點在於，這無法產生 EIM 企圖達成的那種高度一致的、統一的、代表一切的模型。這種做法的好處是，現在的「領域模型」可以直接操作（透過 API），而且根據定義，在 API 中未公開且（或）不可操作的東西都不是 EIM 的一部分。

如果你的重點是讓詞彙可查詢和可重複使用，而不是建立一個概念的模型，那麼規模化的詞彙管理就可以取得最大成功。如果詞彙很容易找到和重複使用，只要詞彙符合開發者的目的，他們就有興趣使用它們，因為他們不需要自己設計它們。

定義詞彙是一個麻煩的主題。在不涉及 UML 與 XML 以及如何定義、記錄與撰寫詞彙的情況下，切記，API 重要的目標是不公開實作模型，而是為它們建立介面，該介面往往與服務或領域的內部模型不同（第 3 章有一種策略從那個介面模型開始做起，最初甚至不考慮它的實作）。

詞彙可以用各種方式來管理，每一種方式都有不同的優點與限制：

- 當詞彙被用來完整地表達 *API* 的互動時，詞彙是領域概念的意義和序列化的完整模型。這種情況的典型案例是 XML 或 JSON schema。識別這些詞彙的方式也不同：對 web API 而言，有時人們會使用媒體類型，但是有時人們會使用 schema 的識別碼，然後將這些識別碼與 API 表示法隱性地或顯性地連結起來。
- 詞彙有時被當成表示法的基本元素來使用，可讓 API 支援的表示法裡的某部分使用那個特定詞彙。XML 使用 XML 名稱空間以一種相當精密的機制來做這件事，而 JSON 沒有正式的方法可識別 JSON 表示法的某部分使用了標準化的詞彙。我們看過的 RFC 7807 有一個描述內建屬性的詞彙表，但也允許 API 在問題細節格式（problem detail format）中加入它們自己的屬性。
- 詞彙本質上也可能是共享的資料類型，此時通常會透過註冊表（*registry*）來定義與支援資料類型不斷演變的值。註冊表可讓社群共用某些資料類型的一組不斷演變且眾所周知的值，它們是網際網路與 web 的基礎技術廣泛使用的模式。其中一個例子是超媒體連結關係：它用一個連結關係註冊表來讓開發者找出既有的關係，或在必要時加入新的關係。

選擇正確的方法來建立與管理詞彙非常重要，這也是 API 團隊是否能夠輕鬆地使用既有的元素來（部分）組合 API，而不是從頭開始做起的關鍵因素。但是，除非你有一個明確的模式可以讓人輕鬆地找到並重複使用詞彙，否則建立詞彙就沒有意義。工具化是使用詞彙的好方法之一，如此一來，設計師就有了一組定義明確的選項。例如，在設計資源導向的 API 時，HTTP 有一組概念，它們是開放的、不斷發展的詞彙表。

如圖 9-2 所示，HTTP 有相當多相關的詞彙（這張圖來自 *Web Concepts*，它是一個開放的資源庫，為這些詞彙提供了標準化與流行值）。API 園林可能不會鼓勵 HTTP API 設計師使用全部的大約 200 個既有的 HTTP 標頭欄位，但是 API 的設計與實作工具可以使用這些值的子集合，從而在組織內部建立該使用哪些 HTTP 標頭欄位的共同做法。

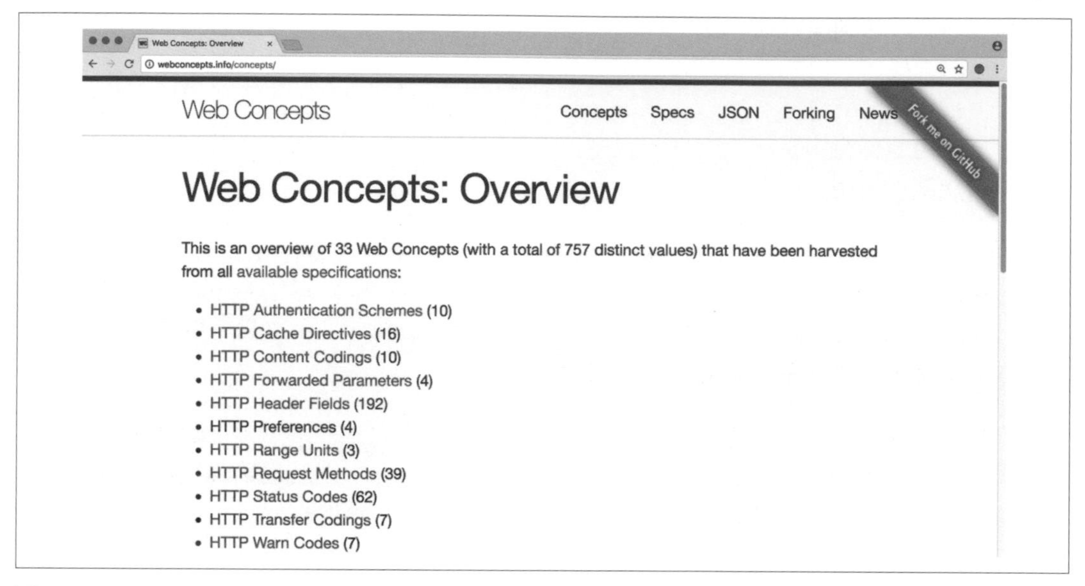

圖 9-2　Web Concepts：HTTP 詞彙

HTTP 詞彙是相當注重技術的案例，分享一套使用某種技術的方法很重要。從更具體的領域來看，同樣的原則可以適用於諸如客戶類型等領域概念。例如，一間公司可能有五種不同類型的客戶的詞彙，這些詞彙可能隨著時間而增加，以涵蓋更多客戶類型。用註冊表來管理這個領域詞彙是個好方法，可確保開發人員和工具可以取得這套共享值，而且可以逐漸發展它。

有效管理詞彙的另一種可行的方法是使用業界標準。雖然業界標準不一定完美，也不一定完全適合 API，但它們仍然可能是有用的基本元素。舉個簡單的例子，想一下你該如何表示國家或語言資訊（現在有表示它們的 ISO 標準）。此外還有更複雜的（通常更垂直化的）標準，例如 Fast Healthcare Interoperability Resources（FHIR），可用來提升電子健康紀錄的互用性。

數量

一旦組織開始認真看待數位轉型策略，它的服務的數量（或透過 API 公開的）就會迅速增長。其中一個原因是，隨著越來越多組織被「數位足跡」反映出來，它的 API 的數量自然也會增加。對於超過一定規模，以及擁有一些 API 開發歷史的組織而言，API 數量很容易到達數百甚至上千個。API 園林必須能夠輕鬆地處理這種規模，因此 API 園林的規模是一項重要的經營決策。

第二個原因是，當組織採取 API 即產品策略（第 3 章）時，它的任何事情都必須以 API 優先的思路來構思，因為唯有如此，那些事情才會成為不斷增加的 API 賦能的網路效應的一部分。這很可能意味著，相當多的 AaaP 計畫無法持續下去，因為 API 不僅要讓組織更輕鬆、更快速地結合服務，也要協助組織更經濟地做到這一點，讓產品可被快速建構與評估（並可能停止使用）。

談到關於 API 園林中的 API 數量，每個組織有不同的偏好。有的組織會盡量減少數量（在複雜的組織中，這可能是一種相對的說法），試著精心管理 API 園林。有的組織的重點是讓數量問題更容易處理，並從 API 園林獲得與提供見解，因此數量主要是一種管理問題，在必要時，可以透過長期的改進來處理。

無論是哪種方式，隨著 API 園林的成熟與新服務的加入，數量通常會很自然地隨著時間而上升。這意味著，隨著成熟度的增加，處理數量就會變成一種基於策略的工作，而不是基於「處理日益增長的 API 數量」這種基本問題。

速度

數位轉型的一個重要價值主張是更快速地進行設計、發表、測試與變動，因為組織越來越擅長管理個別的 API，且 API 園林可在不需要這些技能的情況下加快速度。這也意味著，組織會變成一個用獨立但互相依賴的服務組成的網路：組織可以更快速地變動事情，更快速地加入東西，而不是長時間擁有很多基本元素，並且用相對緩慢的速度加入新東西。

雖然這種速度的提升是讓組織獲益的關鍵差異化層面之一，但與此同時，能夠安全地完成這項工作也非常重要。若非如此，速度的提升可能威脅營運的穩健性，用無法承受的代價來換取速度。

對很多組織來說，速度是啟動數位轉型舉措的關鍵動機之一：隨著市場的變化越來越快，競爭越來越激烈，組織必須能夠迅速採取行動，或至少迅速做出反應。任何一個導致創意無法快速轉化成產品的因素，或讓人難以管理不斷增長和演變的產品組合的因素，都會損害組織的競爭力。

在 API 園林中，速度在很大程度上是藉著賦予團隊更多自由來提升的，也就是讓他們能夠根據自己的喜好、選擇和時間表來進行設計和開發。我們的目標是盡量減少可能延緩 API 交付的所有環節。之前提到，早期的 IT 方法告訴我們一個關鍵的教訓：解耦交付（*decoupling delivery*）（即，單獨更改和部署一個元件的能力）對減少交付時間而言非常重要[6]。但是，為了加入和改變個別的功能，並且獨立地交付它，我們必須改變傳統的測試和營運方法。

第 206 頁的「平台原則」說過，放棄整合是避免耦合，以及耦合造成的速度下降的方法之一。使用上述的平台意味著放棄整合的想法，並接受去中心化的概念。好處是，鬆耦合可讓個別的元件有更快的速度，因為在進行變動時需要做的協調工作減少了。這種做法的代價是，你要調整交付與營運方法來適應這個新園林，並且確保整體的生態系統符合組織所需的標準與穩健性。

我們來做個有趣的練習，看看極端狀況下的 web。web 能夠快速演變的原因是它可以讓你在上面部署新服務、改變既有的服務，而用戶可能會或可能不會被這些變動影響。在某種程度上，你可以說 web 從未「奏效」過：有些東西一直都是壞的，有些服務無法使用，有的用戶會被服務的變動影響。但是，由此產生的速度足以彌補這種固有的脆弱性，而且藉著妥善管理變動，並使用適當的方法進行部署與測試，這種系統有可能找到速度和價值之間的平衡。

脆弱性

只有那些沒有 IT 的組織才不會（直接）受到 IT 攻擊。但是，隨著 IT 化的趨勢日益明顯、業務和 IT 更加一致，以及 IT 功能透過 API 來開放，很多漏洞會被創造出來，它們都必須加以管理。AP I 景觀必須確保更大的攻擊面帶來的風險，可被更高的靈活性和速度抵消。

API 經濟學有一個價值主張在於，當企業在內部使用 API 時，以及當他們可以透過 API 將功能外包出去時，企業就可以更快做出反應與進行重組。但是這種做法當然也有不好的一面，因為它創造了依賴性。例如，Twitter 在 2018 年收購了反濫用技術供應商 Smyte。很多公司透過 API 使用 Smyte 的服務，API 提供了防止線上濫用、騷擾與垃圾郵件的工具。那些公司甚至和 Smyte 簽了合約。Twitter 併購 Smyte 之後，在沒有任何警告的情況下，關閉了 Smyte 的 API，使得依賴那些 API 的公司陷入麻煩。

這個例子給我們的教訓是，我們要把外部的依賴關係視為脆弱的關係，務必讓服務具備韌性，以處理可能發生的服務中斷，並讓它成為基本的開發方法。我們甚至可以更進一步，將它當成任何一種依賴關係的規則，而不是只有外部依賴關係，因為隨著速度的提升，執行期的依賴關係出問題的可能性也會提升，以任何非彈性（nonresilient）的方式來使用服務都是可預測的潛在問題。

---

6 我們曾經拿它與 SOAP 做比較，當時只關注 API，未提供關於如何管理不斷增長與變化的 SOAP 服務園林的指導。

實作韌性往往不是小事，有時依賴項目非常重要，當它失效時，做任何事情都無法挽回。但即使如此，你也要負責任地處理這種情況，你不能讓服務崩潰或當機或進入未定義的狀態，你要讓服務明確地回報狀況，以便分析與修復。

除了技術面的脆弱性之外，需注意的另一個層面在於，隨著服務越來越多，API 也會變成攻擊表面。當有人企圖惡意破解系統或中斷運作時，這將是一個問題。當 API 揭露了由於法律、監管或競爭原因而不該提供的資訊或功能時，也會造成麻煩，可能嚴重地影響人們對你的組織的看法，因此必須像警戒更直接的惡意威脅一樣關注它。

總之，處理脆弱性的方法，就是以安全的方式（safely 與 securely）管理 API。安全的做法是將所有依賴關係當成脆弱的關係，而且永遠不要認為 API 不會故障，或依賴它的特定行為。資安的做法是確保惡意用戶無法控制與干擾園林中的 API 的運作。

能見度

能見度與規模幾乎是天敵。如果事情不多，而且設計、開發、使用與管理 API 的所有人都在一個相對較小的團隊中，那麼大多數的事情都是可見的，或至少可以簡單地詢問周圍的人來發現，他們會迅速引導你找到你想要尋找的東西。他們還可以解釋那個東西是怎麼運作的。如果你需要一個包含很多事情的綜覽，你也可以親自考察它們來獲得見解。但是在較大的 API 園林中，這些假設都不成立。

在大型且分散的環境中，能見度是更難實現的目標。但是建立能見度不一定是建立直接的「視線」。在現實生活與 IT 系統中，大規模能見度的典型模式往往結合兩個層面（我們將再次以 web 為例，以解釋最大的能見度場景）。

發表東西必須以一種可被發現的方式來進行。在 web 中，可被發現意味著擁有一個 web 伺服器，並發表可以被爬網與檢索內容的 HTML。有一些機制也可以提高可發現性，例如 *Sitemaps* 與 *Schema.org*，但這些改善技術都是在搜尋引擎問世一段時間之後發明的。

搜尋東西往往比僅僅發現它們更依賴背景（contextual）許多。搜尋通常圍繞著搜尋的背景，以及如何提供「有用」與「不太有用」的搜尋結果。Google 的 PageRank（*https://oreil.ly/xnt6Z*）演算法徹底改變了 web，它根據受歡迎程度來計算相關性。在很多情況下，搜尋被當成一種額外的服務，在最初的發現與資訊收集（一種稱為爬網的行動）工作之後才提供。

第 210 頁的「API the APIs」談過，在園林中實現 API 可見性並讓它可被使用的前提，是透過 API 公開關於 API 的資訊。這是 web 發揮作用的核心要素：關於網頁的一切都在網頁裡面，而且 web 提供一種統一的網頁造訪方式。因此，能見度層面意味著關注「如何」藉著提高 API 的能見度來協助用戶，考慮那是不是個可發現性問題（用戶能不能找到 API？）、表示問題（用戶能否透過 API 取得所需的資訊？）或搜尋問題（有沒有搜尋服務使用公開的資訊？），並微調這些園林因素來改善能見度。

雖然 API 的能見度很重要，但是讓 API 裡面的東西可被看見也一樣重要。例如，第 214 頁的「詞彙」中的「問題細節」格式等層面，可協助提升 API 內部的能見度，因為你可以使用工具來了解 API 之間的問題的細節。實際上，詞彙與能見度有密切的關係：API 共用的詞彙越多，利用這些 API 的共同層面就越容易。因此，前面談到的「API the APIs」模式可藉著共用詞彙來獲得很多能見性的好處：當你想要說一些關於 API 的事情時，那就透過你的 API 來說，最好使用 API 的共同方式來說。

版本管理

從整合移往去中心化有一個挑戰在於，變動也會以去中心化的方式發生，這是好事，因為這可提升速度，而速度往往是 API 園林所提供的主要優勢之一。但是為了以合理的方式來處理 API 園林裡面的變動，你不能用整合系統的方法來管理版本。

有一個重要的考慮因素在於，你要盡量*避免使用版本系統*，至少要避免這個術語代表的事情：描述不同版本的發表情況，並要求用戶以不同的方式來使用它們。我們再次以 web 為例：很少網站會發表「新版本」，迫使用戶重新學習網站的運作方式。與之相反，網站的目標是在進行改善之後，讓想要使用新功能的既有用戶可以立刻使用它們，而且不會干擾他們使用網站的既定流程。

API 園林的版本管理的總體目標類似網站：避免破壞既有的用戶、在開始設計所有 API 時就考慮擴展性，讓用戶期望的「版本」和服務提供的「版本」之間有鬆耦合的關係[7]。

在這種模式中，API 始終沒有「硬性的版本系統」：變動被視為*改進的 / 擴展的 API* 版本，用戶想要使用新功能時，才需要了解它。非回溯相容的變動會破壞 API，此時必須發表新 API，用戶也必須從舊的版本遷移到新的。在這種情況下，它是*新的* API，不是舊 API 的新版本。

所以，有些人認為 API 的版本並不重要。但是 API 確實會隨著時間而演變，API 在某個時間點的功能「快照」是很有用的，也許可讓我們知道從那個時候開始有哪些變動。因此，版本號碼仍然是個有用的概念，可以用來識別 API 不斷演變的功能，與瀏覽它的歷史紀錄。

7　遵循「強健擴展性模式」（*https://oreil.ly/HTk61*）的方式之一就是使用有意義的核心語義，使用定義良好的擴展模型，以及使用定義明確的互動處理模型。

語義版本系統

語義版本系統（*https://semver.org*）是一種簡單的版本管理方案，它用結構化和有意義的方式來設定版本號碼。語義版本號碼是用 *MAJOR.MINOR.PATCH* 這個格式來建構的，這個格式的每一個部分都是數字，它們意思是：

- *PATCH* 版本是修復 bug 的版本，不會影響任何特定的介面，只會修正不正確的行為，或是進行只會影響實作的變動。
- *MINOR* 版本是修改介面且回溯相容的版本，也就是說，用戶端可以像之前一樣繼續使用它，不需要因應介面的修改而進行調整，可將用戶端為了適應新版本而必須花費的精力降到最低：當新的 minor 版本發表時，除非他們想要利用該版本的新功能，否則不需要進行改變。
- *MAJOR* 是破壞性變動，用戶端必須改變他們使用 API 的方式，無法期待在不同的 major 版本之間順暢地變換。

當你讓 API 產品使用語義版本時，版本號碼實質上就是文件的一部分，因為它們意味著各個版本之間有什麼變化。你也可以記錄具體的改變，這通常是很好的做法，但是語義版本為客戶提供了一個很好的起點，讓他們決定要不要調查 API 的更新。

波動性

如同我們在速度和版本管理層面談過的，API 園林的動態與「整合法」不同，因此服務必須留意這些動態。在大型的去中心化系統中，波動性是個事實：服務可能變動（避免破壞性變動有很大的幫助）、服務可能停止運作（將部署與營運去中心化意味著妥善性有較少中心化模式），服務可能會消失（服務不會永遠存在）。在 API 園林裡，負責任的開發實踐法會幫所有依賴項目注意這些問題點。

波動性可視為將實作與營運去中心化的結果，去中心化會導致比整合式單體系統的「正常運作」或「故障」的二元對立狀況更複雜的失敗場景。這是徹底分開組件造成的副作用，它是不可避免的，處理這種額外的複雜性一定要付出代價（這是 Jeff Bezos 的「API 命令」的一個層面及其後果，見第 46 頁的「Bezos 命令」）。

對開發者而言，從「將 API 當成系統的一部分來編寫」轉換成「將 API 當成生態系統的一部分來開發」很有挑戰性。此時，關於穩健性與妥善性的傳統假設都不再正確了，讓應用程式將每個外部依賴項目當成潛在故障點來處理需要開發紀律。

另一方面，優雅降級是一種著名的技術。我們再次以 web 為例，設計得好的 web APP 通常可以用穩健的方式實現優雅降級。這個原則適用於執行期對其他服務的依賴，以及執行期對執行環境（瀏覽器）的依賴。web APP 的營運環境比傳統的執行期環境更難控制。因此，它們必須具備穩健性，否則就無法在很多瀏覽器或很多環境裡正常運作。

開發 API 園林中的 APP 也要採取類似的思維。APP 被設計得越有防禦性（defensively），它就越有機會適應執行期環境的變化。在 API 園林中，應用程式的終極目標是：盡量穩健地營運，以及不要依靠其他組件的妥善性。

結論

本章更深入地討論 *API* 園林的概念。我們研究了既有的整合方案為什麼可視為「proto-API」、擴展 API 實踐法如何帶來更多挑戰，以及 API 平台理想的樣子。

切記，為了讓 API 園林提供其主要價值，務必將它們視為不斷變動的環境，變動是藉著觀察各個 API 的實踐法而觸發的。園林的作用是將不斷變動的實踐法濃縮成原則、協定與模式，以幫助 API 團隊提高生產力。

本章也介紹了 API 園林的八個 V，當你考慮 API 園林的具體挑戰時，牢記它們將很有幫助。因為管理與培育 API 園林是一個漸進的過程，下一章會繼續使用這些園林層面來討論它們如何指引我們投資 API 園林，以及如何讓所有層面更加成熟。

第十章

API 園林之旅

真正的問題是，程式員在錯誤的地方和錯誤的時機花了太多時間擔心效率；優化得太早是程式設計所有壞事的根源（至少是大部分的壞事）。

—Donald Knuth

我們在第 9 章深入研究了 API 園林，把重點放在基礎與關鍵層面上。接下來要討論 API 園林變得更加成熟是什麼意思。正如我們到目前為止的做法，我們將它視為一趟旅程，而不是一個目的地，因為 API 園林永遠不會「完成」，它一定會隨著業務和技術的發展而不斷演變（如第 7 章所述）。

引用之前的比喻，這種對 API 園林的看法類似 web 的持續演變。web 也不會「完成」，新技術的開發、新的場景、新的使用模式都不斷為它的演變提供動力。雖然這種情況可能令人擔心，但這種持續演變正是 web 能夠隨著時間的變遷取得成功的原因。如果沒有持續演變，web 在某個時間點會變得無關緊要，並且被一種不同的做法取代。

與 web 的持續演變一樣，API 園林也必須持續演變。園林架構本身必須不斷演變，以回應不斷改變的需求與不斷發展的原則、協定和模式。

但是，即使是最好的架構師，也不得不面對改變架構所需的資源有限的情況。此外，API 團隊只能處理一個最大的變動率，畢竟，只要當前的 API 園林能夠扮演好 API 產品平台的角色，重復使用既定的原則、協定和模式可能更經濟，而不是試圖建立完美的平台來處理每一個問題。

因此，了解園林規模的成熟度，意味著了解該在園林中觀察什麼，以及在哪裡和如何投資以改善園林。我們將再次使用第 212 頁的「API 園林的八個 V」介紹過的「八個 V」。但是，這一次，我們將利用這些領域來考慮不改進它們的風險，並提出改進的方法。為此，我們定義了一些檢查點來協助你了解各種領域的成熟度，以及該在何處直接進行投資，以便在各個領域達到更一致的成熟度。

但是，在討論這些成熟度與方法之前，我們要先討論一些組織方面的問題，這些事項與提升 API 園林的意識和管理的主動性有很大的關係。

API 園林建構準則

創造與管理準則是管理 API 園林的一個重要部分，準則可以向大家傳達為何某些事情重要、做了什麼來處理這些問題，以及實作該如何遵循準則。準則應當成一份活生生的文件來管理，必須讓所有人都可以閱讀、評論與做出貢獻。如此一來，每個開發者都是建立和發展該文件的一分子。

改善 API 園林效能的共同主題在於，在處理 API 的需求時，將「what」和「how」嚴格地分開、提供一個解釋理由的「why」故事，以及為滿足需求的特定方法提供工具和支持。

「*Why*」(準則的動機)

描述需求或建議背後的理由，確保它不是一條沒有任何解釋就被制定出來的不透明規則。敘述基本理由也可以讓你在其他方案被提出來時，更容易確定它們是否針對相同的理由。

「*What*」(設計準則)

解釋處理「why」的方法，清楚說明 API 需要做什麼來處理這些問題。為 API 本身定義明確的需求，而不是為實作定義需求。描述「what」時，最重要的是確保它沒有和「如何」做某件事混在一起，「how」會被單獨處理。

「*How*」(實作準則)

提供「如何」解決該問題的具體方法，以便實施那一條準則。它可能使用特定的工具或技術，而且一個「what」可能有許多處理它的「how」方法。隨著時間過去，當開發 API 的團隊發現或發明解決問題的新方法時，新的「how」方法可能會被加入既有的「what」方法中，使得新的解決方案隨著時間的推移而建立。

準則應該幫助每個人在整個 API 領域成為一位有效的團隊成員。它們的建立，是為了促進 API 團隊的生產力，以及追蹤與管理持續變動的文化與設計，和開發 API 的方法。

我們用一個具體的例子來說明。這個例子指出 API 除役時的共同挑戰，特別是如何向 API 用戶傳達即將到來的除役。這個例子有一個「why」，兩個「what」與三個「how」：

「*Why*」（準則的動機）

服務的用戶可以從了解「即將到來的 API 退役」中受益。因此，API 應該有一個機制來宣布它即將停止服務。

「*What*」（設計準則 *#1*）

API 可以使用 HTTP `Sunset` 標頭欄位來宣布它即將除役。它應指定有哪些資源將使用標頭欄位（流行的選擇是 home 資源），以及它何時出現（流行的選擇是在規劃的除役時間出現）。API 也可以指定標頭欄位會在除役前的至少一段時間內出現（給 API 用戶一段寬限期來進行緩解和遷移）。

「*How*」（設計準則 *#1* 的實作準則 *#1*）

有一種實作方法是用組態來控制 HTTP `Sunset` 標頭欄位。只要沒有設置組態，標頭欄位就不會出現。到了即將除役時，加入組態，標頭欄位就會被 API 定義的資源看到。

「*How*」（設計準則 *#1* 的實作準則 *#2*）

有一種實作方法是透過 API 閘道加入 HTTP `Sunset` 標頭。我們不是讓 API 實作本身加入標頭欄位，而是由 API 閘道加入，當這個策略被設置並啟動時。在 API 閘道中設置策略之後，標頭欄位就會被 API 定義的資源看到。

「*What*」（設計準則 *#2*）

擁有已註冊的客戶的 API 可使用 API 之外的管道來與他們溝通，以及宣布即將到來的除役。這條準則只適用於有這種客戶存在，而且相關的溝通管理是可靠的。

「*How*」（設計準則 *#2* 的實作準則 *#1*）

有一種實作方法是使用 email 訊息來和 API 的所有註冊用戶溝通。這封 email 最好是引用一個可用的資源（API 變動 log 或 API 文件的一部分），裡面有關於即將到來的除役資訊。那個資源應該有一個穩定的 URI，以便在與用戶對話時引用。

在決策中使用 API 的組織大都有某種形式的 API 準則。有些甚至是公開發表的，允許你自由瀏覽，例如，你可以查閱 Google、Microsoft、Cisco、Red Hat、PayPal、Adidas 或 White House 使用什麼 API。

API Stylebook

著名的「API 雜工」Arnaud Lauret 在他的 API Stylebook（*https://oreil.ly/x4NwM*）中彙編了許多已發表的準則，那些準則來自 Microsoft 與 White House 等大型組織。它是個有趣的資源，你可以在裡面探索大型組織製作的 API 準則。

在這些公開的 API 準則中，你甚至不用查看內容，光從他們選擇的發表管道就可以知道關於文件的建立與管理的故事了（以及準則及其管理背後的一般理念）：

- PDF 文件有明顯的唯讀「氣味」。PDF 是由一些無法訪問的來源發表的，它是一種彙編、格式化與分發既有內容的方式，幾乎沒有「參與準則的管理與演變」的感覺。
- HTML 通常好一些，因為在多數情況下，發表出來的 HTML 就是來源，所以讀者實際上是在閱讀文件的來源本身，而不是像 PDF 那樣，看一個格式化的、分離的產品。但是，HTML 來源的管理不一定很明顯，所以仍然有和創作與編輯階段脫鉤的感覺。
- 許多版本控制系統都有某種形式的發表功能，因此可以用來託管和發表準則的內容。例如，GitHub 有簡單的內建功能，可以格式化與發表內容（在最簡單的情況下，使用 Markdown 檔案來發表），儘管它可能缺少一些基本的格式化功能[1]。GitHub 有容易使用的功能，可讓你進行評論、提出問題和提議修改。此外，大多數開發者都不需要學習這些功能，因為很多人已經習慣使用 GitHub 了。用發表程式碼的方式來發表準則可讓別人更容易對它做出貢獻。

準則還可以遵循一條規則：只允許提供可測試的準則（即，有工具可協助開發者確定他們是否成功地處理一些準則）。這不僅使準則更加明確、讓人們更客觀地遵守準則，也意味著準則可以用自動化的方式來測試。雖然用完全自動化的方式來測試所有準則有時不是一個值得投資的做法（甚至無法做到），但你至少要將它視為一種理想，因此，之前建議的那個比較典型的「why/what/how」模式可以加入第四個元素：

1 Markdown 內容會被直接顯示在版本庫的網頁畫面上。更有企圖心的作家 / 出版商可以使用 GitHub 的 *Pages*，它是直接用版本庫來產生網站的手段。

「*When*」（準則測試）

「When」描述需要完成哪些事情，才能說它已經完成了。這意味著有一種方法可以測試它是否正確完成，而且在部署流水線裡，可能有一個自動化測試，它會執行這項測試，以確保準則有按預期遵循。

如同在 API 園林裡受到良好管理的所有東西，測試也可以隨著時間而改善。它們最初可能只是個簡單的合理性檢驗，以提供準則已被履行的最低程度保證和正面回饋。如果隨著時間的過去，人們發現這種回饋沒什麼幫助，他們或許會改進測試，以提供更好的回饋給團隊，讓他們更容易驗證準則是否被遵循。

準則的生命週期

因為準則是一套不斷演變的建議，它也有生命週期：可能有人提出一套方案，它們會被探討一段時間，然後成為關於該做什麼或如何做的建議。但如同園林中的所有事項，它們最終都會被換成較新的、不同的做事方式，所以這些建議會經歷一個日落階段，最終成為歷史。因此，在 API 園林裡的準則的生命階段可以定義如下：

實驗性

這是探索準則的階段，這意味著它至少會被用在一個 API 產品上。它會被用來進一步了解它是否適合當成園林規模的準則。此時，這個準則會被記錄下來，但還不會被投資來讓它更容易被團隊遵循。

實作

當準則被做成園林規模之後，它就要受到支持（至少要有一個「how」），它可能成為團隊至少必須先考慮的方法。有些準則不能不執行，所以團隊必須遵守它。

廢棄

一旦有了新的 / 更好的方法，準則可能進入廢棄週期，團隊仍然可能遵守它，但他們最好考慮遵守處於實作階段的指南。

歷史

最後，準則被除役，不應該再被用於新產品中。團隊甚至可以考慮重構現有產品，以遷移至更現代的做事方法。由於歷史因素，保留已成為歷史的準則，以及記錄舊產品的設計與實作方法仍然有很大的幫助。

以上的階段只是管理準則如何演變的方法之一，你可以自由地定義自己的階段。此外，可能有人會用各種遵守程度來標記準則，例如將它標成「可選的」或「必須的」。有人可能會制定一個批准例外的程序，例如，如果有足夠的證據證明遵守準則會造成問題，那就可以忽略「必須的」準則。

關於準則週期的重點在於，你要接受準則會持續演變的事實，並設法追蹤這種演變，以及設法在組織中管理它。這就是下一節要討論的內容，我們要介紹一種流行的方法，很多大型組織都用它來處理準則管理的挑戰。

賦能中心

不同的組織會用不同的名稱來稱呼負責管理 API 準則的名稱，他們通常也有驅動 API 專案的角色。有一種熱門的名稱是 *Center of Excellence*（CoE），但是對許多人來說，這個名稱有負面含義，似乎暗指外人都不夠卓越。因此，我們比較喜歡賦能中心（*Center for Enablement*）（C4E）這個名稱，它更貼切地反映今日的 IT 團隊不斷變化的作用。

管理準則看似一種技術細節，但實際上，它可以產生重大影響。C4E 的作用主要是收集和匯編，API 團隊是準則內容的主要貢獻者，或至少是推動者。C4E 也負責確定準則的哪些層面值得在基礎設施進行投資，如此一來，原本必須由各個團隊解決的問題就可以用現有的工具來處理。

C4E 的另一個作用是確保後續的 API 準則不會造成任何瓶頸。理想的情況是，團隊知道準則、知道如何獲悉更新，有足夠的內部技能，以及知道 C4E 透過工具提供的支援，所以遵守準則不會降低他們的速度。任何瓶頸都應該被找出和解決，如此一來，開發「API 產品」中的「API」部分才可以在最少摩擦的情況下實作。

當然，這一切都取決於組織的約束因素。例如，有些地區的條例或法規要求組織審查與簽署發表。在這種情況下，這些程序都必須受到遵循，無法用工具完全自動化。但是這些情況通常是例外而不是常態，所以大多數的準則確實應該被視為應遵守的事情，而 C4E 主要作用是讓 API 團隊有效且成功地遵循它。

設計工程師：Chaos Monkey

C4E 的另一個有趣的作用是決定如何將非功能性需求轉換成一般設計，與組織的開發文化。有一個例子就是 Netflix 流行的「Chaos Monkey」工具。在它背後的故事是，作為一般的開發實踐法，在像 Netflix 這種複雜且相互依賴的 API 園林中，服務應該具有最大的韌性，個別服務產生的問題影響越少服務越好。

將「有韌性的程式碼」當成需求的問題在於它很難測試。Netflix 的方法是使用巧妙的 Chaos Monkey，這種工具可以模擬在基礎設施中孤立且受控的故障，並觀察其他的服務在這些故障下的行為。這可讓工程師以可控的方式來觀察服務的韌性。這是一種所謂的設計工程師（*engineering the engineers*）案例：園林管理者製作工具來識別無韌性的程式，來確保工程師有紀律地讓程式更具韌性。就算他們沒有做到，在問題更加嚴重之前，他們也有一項測試可以揭露問題，這意味著，開發者有這個額外的「在生產環境中測試」的保障，確保程式碼具備韌性。

這種方法可讓 C4E 更容易擴展 API 園林，讓更多 API 被設計出來和部署，也讓各個團隊更容易了解需求是什麼，並且提供自動化的方法來讓他們測試它們（至少部分自動化）。有些準則可能仍然需要進行一些審查和討論，但那些不能自動測試的方面越容易被關注，C4E 的規模就越大。

總之，C4E 的作用是擔任園林規模的準則管理人。C4E 的目標有兩個：讓 API 團隊盡量輕鬆地建立新的產品，以及讓 API 用戶盡可能輕鬆地使用整個園林的 *API*。因為 C4E 的職責是管理「方便生產」與「方便使用」之間的平衡，所以它最重要的工作是不斷從生產者與用戶收集回饋，找出一種方法來持續發展 API 園林，讓這兩個群體獲得最好的服務。

API 園林的這種持續演變意味著它必須注意第 212 頁的「API 園林的八個 V」中介紹的園林層面，這也意味著 C4E 必須決定何時該投資哪些層面，觀察哪些 V 不需要提供複雜的支援，以及在哪裡投資有意義。例如，數量層面也許可以在一段時間內不投入太多精力在擴展至上百個或上千個 API 上，但一旦有越來越多團隊開始建構和使用 API，以可擴展的方式來處理數量就變得非常重要，需要投資。

C4E 的主要理念是協助 API 產品團隊更有效地為 API 園林做出貢獻。我們曾經在第 8 章討論 API 產品團隊。作為這個討論的補充，在下一節，我們將介紹 C4E 團隊以及如何將 API 和 API 園林的管理轉化為組建一支團隊，以最佳方式支援各個 API 產品團隊。

C4E 團隊與背景

C4E 的職責是管理園林準則，並支持團隊遵循準則。C4E 藉著與 API 產品團隊互動來收集關於新模式可能出現的回饋，並且了解原則、協定與模式該如何演變，來改善 API 園林。

為了做這些事情，C4E 必須隨著園林一起演變。最初，它可能不是一個有專門成員的實體團隊，而是由不同的 API 產品團隊成員（如第 8 章所述）來負責上述工作。但是隨著時間過去，在大型組織中，C4E 可能會發展成一個真正的團隊，擁有自己的成員。即使如此，切記，它的主要職責是支援產品團隊的交付。正如 Kevin Hickey 所言[2]：

> 現在不是由中央 [企業架構] 團隊幫開發團隊做決定，你現在是資訊的影響者與收集者。你的任務不再是做選擇，而是幫別人做出正確的選擇，然後將那些資訊傳播出去。

我們在第 176 頁的「API 角色」介紹的團隊角色在很多情況下也與 C4E 有關，至少為園林級別的活動提供相關的輸入。但有些園林規模的角色在團隊規模通常不存在。

例如與遵守規定有關的角色。很多組織會安排專門的角色來確保組織遵守法規、追蹤不斷變化的合規需求，以及確保組織做出相應的調整。對 API 園林來說，這往往轉化成必須遵守的準則（如本節前面所討論的）。為了避免瓶頸，合規性最好是 API 團隊可以測試的東西，好讓它可以成為交付流水線的一部分。事實上，這往往不能完全做到，甚至不允許（在進行審查之後可能要有人簽名）。無論組織的具體需求是什麼，重點是從 API 的角度思考合規性問題，確定需要將合規性轉化成準則的領域，並支持 API 團隊，讓他們盡可能以合規方式輕鬆地製作產品。

另一個園林級別特有的角色是提供基礎設施與工具的角色。第 226 頁的「API 園林建構準則」介紹過，API 園林的典型準則是由「why」、「what」與「how」組成的。我們建議，每一個「why」（準則動機）都應該至少有一個「what」（設計準則）與一個「how」（實作準則），可能的話，也要提供測試基礎設施與工具，以協助團隊更容易驗證他們與現有準則的一致性。對於每個「how/test」，園林規模的角色是讓團隊盡可能有效地處理和驗證準則，這可能意味著提供工具與（或）基礎設施來處理並驗證準則。因此，建立與維護這個工具 / 基礎設施成為一個園林規模的重要職責。在園林規模上提供的協助和工具越好，團隊越能專心處理他們的業務和產品需求，而不是必須專心適應園林。產品團隊遇到的摩擦都要視為一個重要的信號，代表需要用更好的援助和工具來解決一些問題。

---

2 Kevin Hickey, "The Role of an Enterprise Architect in a Lean Enterprise," November 30, 2015, *https://oreil.ly/OYmKt*.

API linting 是這種工具的一個例子，它是檢查 API 描述（例如 OpenAPI 或 AsyncAPI）是否符合需求規則的流程。為了讓 API 設計者更容易遵循設計準則，C4E 可以提供 linting 工具或服務，以便進行自動測試。這種工具可以整合到 CI/CD 流水線中，進一步減少開發團隊遵循現有準則的負擔。

C4E 團隊在支援 API 產品團隊和發揮他們的能力等方面發揮關鍵的作用，他們藉著提供相關決策點的準則，來讓這些團隊意識到必要的決策，並藉著提供基礎設施和工具來幫助他們，讓常見的 API 任務被有效地解決，從而讓 API 產品團隊把大部分精力用在解決商務問題上。換句話說，C4E 團隊負責確保每個 API 產品團隊能夠有效地推動 API 的成熟度旅程，並在過程中做出正確的決定，讓這種效應擴展到許多 API。

成熟度與八個 V

第 9 章介紹的 API 園林的八個 V 是規劃 API 園林及其演變時需要考慮的重要領域。當你想要確定這些領域的成熟度、思考提高成熟度的動機與優勢，以及決定在這些領域可做的投資時，也可以將它們當成準則。

重點是要明白，投資這些領域應該是漸進的，而且應該根據 API 園林的具體需求來驅動。如果你有良好的架構，這些投資可以根據需要逐步進行，不需要重新建構 API 園林。這意味著，不斷發展的 API 園林本身的成熟度是不斷變化、根據需求來改進的，而且園林會根據開發者與用戶的回饋而持續改進。

和任何演變一樣，這種持續改進不是一種導致某種有限的目標甚至可預測的目標的過程。園林的價值取決於它對正在開發的產品的支持程度，以及那些產品滿足消費者需求的程度。開發者的實踐法和用戶的需求都會隨著時間而變化，因此持續改善是一個永久性的過程。

園林架構的主要目標是讓這個過程盡可能簡單，藉著讓園林適應開發者和用戶不斷改變的需求。園林成熟度可以根據園林能夠提供多少支援來衡量。我們可以單獨研究如何為八個 V 制定成熟度，以及它們的成熟度管理策略可能是什麼樣子。

這種「讓園林成熟」的想法與第 7 章討論的 API 產品的成熟週期有些不同。產品會來來去去，產品本身的生命週期旅程也是如此，有開始與結束。園林的目的是支援產品，並且應該透過持續演變來實現，演變沒有單一線性路徑，也沒有結束狀態。因此，演變沒有階段性，我們藉著研究如何將八個 V 當成指導原則來持續改進園林、發展園林策略、在不同的時刻決定該做哪些園林規模的投資來處理這個問題。

多樣性

第 213 頁的「多樣性」談過，園林的多樣性取決於團隊在設計與實作 API 時受到多少限制，以及團隊有多大的自由可以設計他們認為好的 API 解決方案。

多樣性是個麻煩的問題，因為生態系統的多樣性必須在「促進某種程度的一致性」與「重複使用」之間取得平衡，同時又不能過度限制團隊，迫使他們使用不適合其問題的解決方案。因此，多樣性的光譜有兩個「不好的極端」。

沒有多樣性意味著被選出來的模式變成眾所周知的「馬斯洛的錘子」(*https://oreil.ly/QKFSK*)，成為解決問題的唯一途徑[3]（最終往往非常不合適處理某些問題）。

太多多樣性會導致「珍貴的雪花」，意味著團隊投入精力解決已經有合適的解決方案的問題，因此，當用戶理解 API 時會遇到沒必要的困難，因為沒有連貫的「外觀與感覺」。

在兩者間取得平衡並不容易，在「馬斯洛的錘子」與「珍貴的雪花」之間沒有「唯一正確答案」。因此，用 API 園林表現出多少多樣性來定義多樣性的成熟度並不合適。在許多情況下，多樣性只是意外發生的，原因可能是在允許多樣性時缺乏彈性（導致低多樣性），也可能是沒有能力促進和管理一致性（導致高多樣性）。

多樣性的成熟度

高度成熟地管理多樣性意味著什麼？

- 多樣性成熟意味著在 API 園林中有意識地管理多樣性，明確地記錄目前使用的選擇和它們背後的理由。
- 這些選擇應視需求而演變：多樣性是藉著在「促進重複使用」與「如果現有的方案已經不適當，允許新方案」之間取得平衡來管理和驅動的。
- 提升多樣性可在不破壞園林的情況下進行。也許你要調整園林的某些工具與支援，但你要妥善地設計所有工具和支援基礎設施，來讓你可以逐步增加多樣性，並讓它們成為底層架構的一部分。

3 美國心理學家 Abraham Maslow 有一句名言：「如果你唯一的工具是把錘子，你很容易把每件事情都當成釘子來處理。」

在 API 園林裡的許多概念都有多樣性，取決於園林的組織方式。例如，在以 HTTP 為基礎，並採取資源風格 API 的園林中，序列化的選擇可能是一種多樣性因素。雖然現在大部分的 API 園林可能使用 XML 與 JSON，並讓 API 支援它們，但是它們只是當今與近期最流行的選擇。

以後很可能會出現新的序列化選項，或 API 設計者可能考慮不同的選項。問題應該是，新格式是否該視為潛在有價值的加入對象。我們可以先觀察一些 API 使用新選項的表現如何。當新格式的使用是實驗性的，這些 API 可能無法從既有的工具與支援中獲益（在這個階段還沒有進行園林規模的投資）。

一旦新的變化被認為富有成效，它就有可能引發工具和支援的更新。成熟的園林可以將這些更新當成漸進變動來處理，視需要將它們加入，這意味著增加多樣性純粹是評估新增變動的效用，以及更新工具和支援的漸增成本帶來的結果。

這種觀點最重要的後果是，所有的工具與支援都必須能夠進行這類的更新。無法處理新增的多樣性的工具與支援都會造成限制，這些限制都不是多樣性為 API 園林帶來的價值推動的。工具與支援反而阻止價值的增加，從 API 園林的角度來看，這是有問題的。

多樣性策略的重要結果之一，就是綜觀 *API* 的工具使用和支援能力。第 210 頁的「API the APIs」說過，如果一切都是用 API 來完成的，包括工具與支援的互動，那麼擴展多樣性將變得更容易。只要新版本支援相同的 API，它們仍然可以和既有的工具和支援基礎設施互動。

多樣性成熟策略

在投資工具與支援時，務必考慮這些投資在多樣性上升時將如何轉變。盡量避免沒有明確演變路徑的工具與支援。畢竟，工具與支援應配合最有生產力的園林多樣性，而不是支配它。

詞彙

第 214 頁的「詞彙」說過，許多 API 使用詞彙來決定 API 模型的某些層面。詞彙可透過許多不同的方式發揮作用，在很多案例中，剛發表的 API 會使用某種詞彙，但我們可以預期，那些詞彙可能隨著時間過去而改變。在這種情況下，詞彙成為 API 的擴展模型的一部分，所以問題就變成如何設計和管理這種擴展性了。

在 API 園林中使用的詞彙會不斷發展，這是因為 API 的領域模型往往會隨著時間而不斷演變。API 詞彙的演變只是反映這個現實。詞彙往往隨著人們對問題領域更加了解而演變：例如，一個客戶模型本來只有基本的個人資訊，後來加入社交媒體控點（handle）。問題來了：如何處理客戶模型被修改之前的資料（沒有社交媒體控點的既有客戶紀錄）與程式碼（不支援控點的 APP）？以嚴謹的方式管理這種詞彙演變的能力，決定了 API 園林的詞彙處理方式的成熟度。

詞彙概念

第 214 頁的「詞彙」討論了 API 可以使用哪些詞彙，例如與領域無關的概念（例如語言代碼）、與領域有關的概念（在 API 中反映的領域），以及 API 設計本身的概念領域（例如 HTTP 狀態碼）。

詞彙成熟度

從單一 API 的角度來看，我們的基本出發點是為每一個 API 找出可能演變的詞彙。這與確定 API 的可擴展性相輔相成：如果 API 團隊期望詞彙能夠演變，他們就要在 API 本身裡面確定這一點，並提供處理模型給 API 用戶。

一旦詞彙演變成為 API 的自然部分，負責任地管理它就變得很重要。一方面，這意味著在 API 端負責任地管理版本，並記錄不同時期的版本。另一方面，這代表協助用戶端以正確處理演變的方式使用 API。實際的做法取決於各個 API 如何實作詞彙的演變。

你可以讓各個 API 管理詞彙的演變。但是，另一種模式是讓 API 園林支援這種方法，讓詞彙獨立於 API 演變。有一種典型的模式是使用註冊表（*https://oreil.ly/VhE3a*），如此一來，支援與管理註冊表的工作可能成為 API 園林本身的一部分。

這個最後一個成熟度層面需要額外解釋一下。詞彙的演變可以用兩種方法來「委託」（也就在 API 本身之外進行管理）。一種方法是參考外部的詞彙管理權威機構，另一種方法是管理 API 園林的詞彙，但將 API 和不斷演變的詞彙分開：

外部權威機構

典型的例子就是使用語言標籤（即人類語言的識別碼，例如「English」，甚至是「American English」）。在多數情況下，API 沒有這些語言標籤的靜態清單，合理的做法是參考國際標準組織（ISO）在 ISO 639 標準（*https://oreil.ly/a23v2*）中管理的清單。使用這種模式，API 可以定義語言標籤的值空間（value space）是 ISO 在任何時間點決定的語言標籤。ISO 保證語言標籤將以非破壞性的方式來演變，絕對不會移除或重新定義既有的標籤。

API 園林支援

並非所有概念都有外部實體和管理者（例如 ISO 的語言標籤清單），但是你也可以用同樣的模式來處理其他的詞彙。API 園林可以支援註冊表，讓 API 將「API 的定義」與「不斷演變的詞彙值空間」解耦。雖然處理這種註冊表並不複雜，但它不應該是個別 API 團隊的責任[4]。你應該用園林規模的註冊表來支援，就像 Internet Engineering Task Force（IETF）在 Internet Assigned Numbers Authority（IANA）管理的超過 2,000 個註冊表裡面管理規格的註冊表一樣[5]。

架構在管理詞彙方面發揮的作用，與培養 API 的生產性和支持性環境的其他層面一樣：監測既有 API 的需求和實踐法，當詞彙的演變在 API 之間似乎成為重複的模式時，以良好的實踐法和支持介入。

最初，你至少要在 API 中識別潛在的可演變詞彙，並將它們記錄下來，這可當成一般可擴展性優良實踐法的一部分。如果 API 的演變經常只是詞彙演變的意外結果，這可能意味著，由 API 園林支援詞彙的演變，可幫助減少更新 API 的需求。

詞彙層面的成熟度可能更難實現，因為讓 API 裡的詞彙更容易觀察並不是一件容易的事情。也許你可以進行前期投資來提高可觀察性。例如，藉著製作記錄詞彙的工具或許可以幫助你觀察它們的用法以及跨 API 的演變。但是這種做法的前提是 API 團隊必須發現這份文件足夠有用並使用它，因此你可能要更仔細地觀察團隊通常如何記錄他們的 API。你可以看到，成熟度之旅往往不僅僅是園林規模的支援與工具的問題：你可能要先了解需要觀察什麼，然後設計觀察的方法。

---

4 畢竟，註冊表的主要動機之一，就是將「值的管理」與「使用它們的地方」**解耦**。

5 IETF 的 IANA 註冊表模型是一個很棒的模型，可以說明這種基礎設施是多麼簡單且有效。它也證明，在許多規格和 API 定義中有系統地應用這種設計模式，可讓那些規格更穩定，因為許多變動只要更新註冊表就可以完成。

詞彙成熟策略

盡量提倡將 API 的設計與詞彙的演變解耦的做法。先促進重複使用外部定義和管理的詞彙，例如由標準定義組織定義和管理的詞彙。監測有多少 API 的變動（大部分）是因為詞彙的更新，考慮在 API 園林中支援詞彙管理，並安排基礎設施。

數量

第 218 頁的「數量」指出 API 的數量越多越好。當然，事實不一定如此，但是它暗示一件事：要不要讓 API 進入園林，不應該根據 API 園林能否應付某個 API 數量來決定。雖然數量多不一定是好事，但數量多也不見得是壞事。

你的整體目標應該是始終允許製作、更改和撤銷 API。API 園林的作用是能夠擴展到任何規模，在你決定關於園林規模和變動速度的策略時，最好不要將園林能夠處理的數量當成考慮因素。

在 API 園林中管理數量的工作主要圍繞著規模經濟來考慮。當園林還很小時不需要支持或自動化的事情，在園林開始成長時，可能變成合理的目標。這是一個圍繞著投資報酬率（ROI）的簡單模式：在超過某個門檻時，投資「支持」和「自動化」就變成有意義了，也就是當各自解決問題的成本（而且反覆不斷地），超過提供「支持」和「自動化」的成本時。

一旦數量推動「支持」或「自動化」，在園林裡可能會出現一些一致性，因為更多 API 將開始使用這些支持的機制。這會讓它們更相似，從而協助園林用戶更容易了解與使用 API，因為他們都用特定方式來處理某些問題。

但是，正如第 230 頁的「賦能中心」提到的，「支持」或「自動化」（「how」）絕不能成為某件事的唯一做法。它是 C4E 應確認並提供的 API 平台支援，但一旦有更好的解決方案出現，它始終可被替換。

如前所述，數量成熟度最重要的層面，就是不要根據數量來考慮 API 園林是否增長和如何成長。最好的方法是監測 API 園林的持續演變，追蹤有哪些團隊正在實作，以及它們如何進行實作，並且在你認為「支持」或「自動化」可以協助團隊更有生產力時進行投資。

數量成熟度

- 監測 API 團隊如何解決與產品的設計、建構與營運有關的問題，並考慮在必要時提供「支持」或「自動化」（也就是從 ROI 的觀點來看，這樣做開始有幫助時）。
- 考慮「支持」或「自動化」可為創造 API 的團隊和 API 用戶創造什麼價值。提供「支持」或「自動化」所創造的整體價值就是那兩個價值的總和[6]。
- 從 API 園林的角度來看，最重要的工作，就是識別團隊正在重複進行的設計或實作活動，並探索藉著提供「支持」或「自動化」來提高生產力的可能性。

這種做法意味著你要積極監測 API 園林，並根據資料做出決定。你可以採取可擴展的做法，遵守上一章的「API the APIs」原則，確保 API 本身公開關於自己的資訊。如此一來，你就可以將「支持」與「自動化」建立在 API 的監測裡，從而決定何時該為 API 的設計與開發提供「支持」與「自動化」。

評估數量層面的成熟度有一種好方法：反思那些評估園林的人可以隨時獲得哪些與 API 園林有關的資訊。切記，這種資訊可以用任何方式收集，只要它是有用的。資訊可能從 API 本身收集的（API the APIs）、使用執行期基礎設施來取得（例如從 API 閘道取得資料），或使用設計期 / 開發基礎設施來取得（例如從 API 產品共享的開發 / 部署平台收集資料）。有了這些資訊之後，理解和管理園林的軌跡就更容易了。

數量成熟策略

處理數量需要一個基礎，你要在它之上，以可擴展的方式觀察 API，從而理解 API 園林的演變。觀察的目標包括 API 資訊，讓你可以根據 API 園林的趨勢做出投資決策。當了解 API 園林所需的資訊是 API 本身的一部分時，數量管理本身即可擴展，以處理更大的數量。這種「API the APIs」方法會隨著時間演變，改變用來理解 API 園林的演變情況的可觀察資訊。

6 有人可能將「技術債務」的產生視為考慮因素。我們在此跳過這個問題，但採取更主動的方法，始終考慮沒有提供「支持」和「自動化」時有多困難也是園林管理的重要面向之一。

速度

正如第 219 頁的「速度」所說的，速度是指 API 園林以相對較快的速度持續演變。一方面，這是越來越多 API 被製作出來和使用的結果，但另一方面，這也是 API 被當作產品的結果，因為它必須被觀察和改變，以回應用戶的回饋和要求（如第 3 章所述）。此外，多數情況下，這個變化是不需要協調的，因為 API 園林的目標就是讓各個服務可以分別演變，而不是訂下一個複雜的、協調過的發表程序，只允許服務以高度相互依賴的方式來發展。

以成熟的方式處理速度意味著 API 的發表和更新可以在必要時進行，而且 API 園林能夠支持高速度的變化。沿著這條軸線的成熟度應該能夠自我發展。雖然最初 API 園林可能足夠小，所以相對較高的變動速度也只代表少量的 API 變動，但是這會隨著時間而改變。數量越來越多（見第 238 頁的「數量」）以及 API 變動速度越來越快，意味著處理速度的重要性隨著 API 園林的擴大與成熟而越來越高。

速度的成熟

- 設計 API 時一定要考慮可變性，考慮不同的 API 風格，這句話可能代表不同的事情，但為了將它變成 API 設計文化的一部分，了解團隊的可擴展性路線圖是很好的第一步，將 API 的演變視為 API 生命週期的一個自然部分。
- API 不斷演變意味著 API 用戶的做法也會改變：使用 API 的方法必須有足夠的韌性可應付 API 的演變，讓 API 的演變與它的用戶端解耦合。
- 你可以藉著減少 API 實作之間的協調成本，來提高 API 的變動速度。其中一種做法是採用微服務作為實現服務的一種模式。

以上的考量也清楚地說明，速度對製作者和用戶都有影響。隨著 API 園林的規模和普及性（以及越來越多的用戶），以成熟的方式處理速度將變得更加重要。協調 API 和所有用戶之間的更新將變得越來越昂貴，這個協調成本很快就會高到讓團隊重新考慮產品的改進。

第 222 頁的「版本管理」說過，有很多策略可以處理不斷演變的 API。它們可能會透明地發生變化，因此，當用戶使用一個不斷變化的 API 時，這些變化可透過 API 的語義版本號碼來明確說明（見第 223 頁的「語義版本系統」）。另一種做法是將「穩定的版本」和「速度」的承諾轉化成持續不斷發表新版本，和並行提供它們。第二種模式意味著你必須讓用戶很容易知道新版本的推出，並找到相關的資訊，正如第 221 頁的「能見度」所討論的。

雖然實現速度很重要，但管理它也同樣重要。用戶必須跟上速度的提升，這可以透過各種方法實現，例如承諾提供穩定的 API，在一段時間內保持運作[7]，或持續發展 API，從而消除持續營運舊版本的需要[8]。無論園林支援哪種模式，這是個別 API 可從園林規模的支持中受益的領域，所以建立實踐法並支持他們值得投資。

> **速度成熟策略**
>
> 實現敏捷性（即根據回饋與需求，快速改變事項的能力）是 API 園林的主要驅動因素之一。一方面，為變動而設計意味著設計 API 來讓它們能夠被製造者快速且輕鬆地更改。另一方面，使用持續變動的 API 意味著必須有一個使用模型，來讓用戶處理不斷變動的服務，讓變動難以進行的任何事情都必須找出與檢查。這可能是一個漸進的過程，需要先確定並改進一個降低速度的因素，之後再視需求重複這個過程。

脆弱性

第 220 頁的「脆弱性」提到，脆弱性越來越大是 API 園林變大的過程中必然發生的結果。沒有 API 意味著沒有潛在的 API 脆弱性，從那之後加入的任何 API 都可能有脆弱性。意識到這個簡單而不可避免的事實，是讓園林的脆弱性層面更成熟的第一步。

取決於受眾，API 可能只發表給內部的用戶使用（私用 API），也可能發表給外部用戶（伙伴或公眾 API）。如圖 10-1 所示，在很多情況下，這兩種甚至三種情況是用不同的方式來保護安全的，通常會使用獨立的組件。

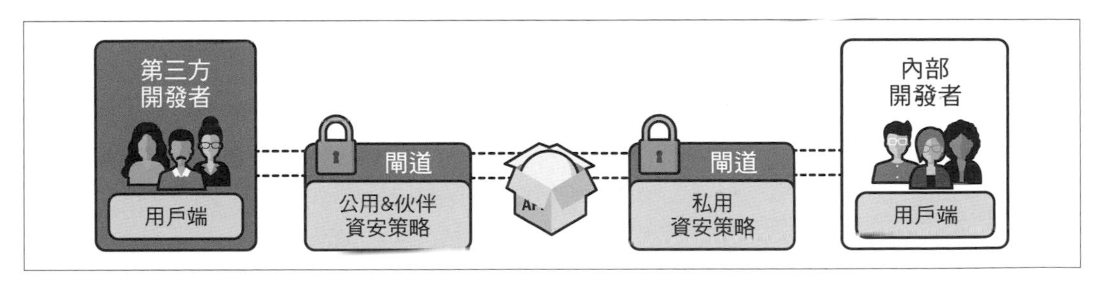

圖 10-1　用 API 閘道來保護 API

7　在這種情況下，用戶端比較方便，而製作者必須投入營運精力，同時運行各種的 API 版本。

8　在這種情況下，製作者那一方比較方便，而用戶端必須確保他們的 APP 可以應付不斷演變的 API。

從資安的角度來看，我們用相對中心化的方式來實作它是可以理解的，如此一來即可觀察與管理（可能中斷）流量，以更仔細地了解使用情況和潛在問題。另一方面，這種資安驅動的中心化與一般的去中心化工作互相衝突，這導致一個問題：各個 API 產品對中心化的安全執行點的控制和組態有（而且應該要有）多少控制權？此時，在速度與安全之間取得平衡是一項挑戰，但同樣的，它應該由組織和資安需求推動，而不是由架構的技術限制。

我們看待成熟度的一般模式也適用於脆弱性：重要的是，你要觀察 API 園林裡的 API 的發展，並提煉出可用「支持」與「工具」來協助的共同主題和領域。這個一般模式的唯一例外是，脆弱性是風險較高的層面，所以用比較規範性的方式來觀察園林和採取行動可能比較合適。

例如最近圍繞著個人身分資訊（PII）的發展是用 API 來公開的。API 的日益普及意味著用 API 來公開 PII 的風險更高。由於潛在的法律、監管或聲譽後果，公開 PII 對組織來說是有風險的。製作 API 產品的團隊可能無法立刻發現這些潛在問題。此外，雖然某個 API 公開的資訊看起來足夠匿名，因而不會被看成 PII，但是其他 API 提供的補充資訊日益增加意味著去匿名化的風險越來越高，這種風險從園林的角度來評估，比從個別 API 的角度來評估更容易。

另一個問題是透過 API 來公開某些資料帶來的意外後果。歐盟（EU）在 2016 年公布了一般資料保護條例（GDPR）。該條例涉及 PII 的處理，要求歐盟的所有組織提供關於它們擁有的 PII 的資訊，並且在被要求時提供那些資訊。這意味著製作管理 PII 的 API 產品對組織有深遠的影響。實施符合 GDPR 條例的流程可能很複雜，依組織的規模與成熟度而定。

這些例子表明，即使速度在 API 園林中是有益的，而且速度是組織採取 API 策略的原因之一，管理風險仍然是必要的。而且取決於組織的商務部門和他們開發的 API（及其用戶群），在許多情況下，考慮脆弱性和管理脆弱性是負責任的風險管理的必備條件。

> **脆弱性的成熟**
>
> - 根據定義，API 公開了本來沒有提供給用戶的商業功能（或本來無法輕鬆使用它）。為了避免洩漏資訊，以及避免讓組織陷入危險的其他問題，你必須評估每一個新 API 的風險。
> - API 產品應記錄它們儲存的所有資訊，以及儲存資訊的原因。資訊有潛在的價值，但也可能增加風險；務必將資訊的管理視為可能有法律、監管或聲譽風險的工作。
> - 確保 API 的安全對負責任的 API 策略而言非常重要，你應該將它視為組織整體的資訊安全策略的關鍵因素。

與其他園林層面相較之下，脆弱性帶來的風險比其他層面更大，這是 API 提供商業功能的固有問題。

除了防禦惡意攻擊者或潛在的法規、聲譽風險之外，你也必須處理服務的穩定性以及測試問題。如引文所述，能力越大，責任越大，這意味著，當 API 產品有更多設計、開發、部署的自主權時，那些自主權也可能加入新的失敗場景。Steve Yegge 在著名的「Google Platforms Rant」說：「你的同儕團隊突然都變成潛在的 DOS 攻擊者。除非在每項服務中實行非常嚴格的配額和節流，否則任何人都無法取得任何真正的進展。[9]」這句話指出穩健性與韌性對 API 園林的穩定性有一定的影響力，而且，脆弱性的確容易受到去中心化帶來的失敗模式的影響，它在中心化的情況下比較容易處理。

園林規模的脆弱性最大的挑戰之一，就是適應「業務能力更容易取得」的新現實。因為 API 園林的目標是提供這些功能，所以這只是一個必須管理的現實。只要評估與管理每一個 API 的脆弱性，以及讓 API 產品更容易適應這個架構，脆弱性管理就可以融入以 API 為主的 IT 園林的去中心化視野。

9 "Stevey's Google Platforms Rant," GitHub Gist, October 11, 2011, *https://oreil.ly/jxohc*.

脆弱性成熟策略

當你過渡至 API 園林時，你要用不同的方式來管理脆弱性。你必須將傳統的內部 vs. 外部模式換成另一種模式：將所有服務視為單獨的、可能被外部化的組件，以便對它們全部套用同樣的資安模式。園林必須讓服務容易保護自己免受惡意或有問題的行為影響。你可能有「私用 / 伙伴 / 公眾」服務，但在理想情況下，切換類別只意味著採取不同的資安策略。

能見度

第 221 頁的「能見度」談過，能見度有一個重要的層面在於 API 的可觀察性。它遵循第 210 頁的「API the APIs」中描述的原則，即「關於 API 的一切都應該透過 API 說出來」。按照這條規則，一切必要的東西都要透過 API 來展示，讓 API 園林的其他服務可以取得它們，如此一來，久而久之，在必要時，你可以用那些資訊來建立額外的服務。

如同 API 園林裡面的一切，這是一種進化和漸進的過程。最初你可能沒有什麼關於 API 資訊必須透過 API 公開出來，但是經過一段時間之後，這種觀點可能會改變，因為數量和速度的增加，使得 API 園林的某些層面必須提供更好的支持與自動化。如果這些支持與自動化可以建立在 API 之上，它就會成為 API 園林本身的一部分，這意味著它不需要用非 API 的方式與服務互動。

畢竟，API 的基本屬性之一是進行封裝，這意味著 API 應封裝關於實作的一切，使 API 成為唯一的互動介面。因此，任何繞過這一點的途徑，即便那是出於「公司內部」的目的，也被視為違反 API 園林規定。

如果 API 是組織為了讓所有依賴關係更明確、定義得更清楚，從而可見和管理而選擇的方法，那麼創造不可見的依賴關係的任何做法都會破壞這種方法。這就是著名的 Jeff Bezos「API 命令」（見第 46 頁的「Bezos 命令」）有最後一個訊息，任何規避 API 策略的做法都不會被容忍：「任何不這樣做的人都會被開除。」

在沒有 API 園林能見度的情況下，依賴關係經常是用（潛在共享的）程式庫來建立的[10]。雖然很多開發者可能認為使用程式庫與建立「API 級的依賴關係」不一樣，但實際上並非如此，特別是當程式庫是許多 API 產品共享的，或是那意味著在執行期依賴其他組件時。

---

10 諷刺的是，這就是應用程式開發介面一詞的原始含義，API 被視為兩個同地的軟體組件（通常是用戶程式碼和一個程式庫）之間的介面。最近（以及在本書中），在大多數情況下，大家在談論 API 時，都會提到網路介面，使得該術語的含義未涵蓋傳統的「本地 API」場景。

這意味著，以對待其他 API 的方式對待程式庫，可以在很大程度上避免依賴關係管理問題重新出現在園林中。

能見的成熟度

- 提升能見度的重要層面之一，就是在 API 園林中，公開關於使用或管理 API 所需的一切。這些資訊可能隨著時間而改變，因此，你必須能夠根據用戶和管理人員不斷變化的資訊需求，輕鬆地改變 API。
- 關於能見度的另一個重要層面是透過 API 公開每一個依賴關係，讓 API 準確地反映依賴關係，並且未使用非 API 的隱性依賴關係。
- 一旦 API 園林成長，API 級的能見度必須用園林級的能見度來輔助，也就是讓人們能夠根據 API 的可見資訊來找到它們。
- 最後，API 的資訊多麼容易取得也是一種能見度。舉例來說，當 API 將某些功能標準化時（例如錯誤訊息或狀態資訊的顯示方式），讓這種資訊可以在園林規模更輕鬆地使用與收集，可增加這些 API 層面的能見度。

API 級能見度會反映在園林級能見度上：API 層面上可見的東西都可以在園林層面上用來提升 API 的可發現性，讓它們在園林規模更容易被發現（從而更可見）。

例如，如果 API 在 API 層面上清楚地公開它們的依賴關係（考慮我們之前討論過的原則：將所有依賴關係視為 API 依賴關係）[11]，那麼這些資訊就可以用來建立依賴關係圖，甚至建立更高層次的資訊，例如計算 API 受歡迎的程度。

在回饋迴圈中，園林級的能見度需求可能會回饋到 API 級的能見度需求中，觀察 API 用戶的需求與 API 提供者的做法，可讓園林適應新的能見度需求。

當能見度足夠成熟，使得 API 成為成熟的園林公民時（藉著滿足園林級的能見度問題觸發的能見度需求），將 API 的「園林輔助」部分與 API 的功能層面分開可能會變成一種模式。如果「園林輔助」部分被限制成只能用於園林工具，這種做法可能必須搭配穩健的脆弱性防禦方法。

11 公開依賴關係可以用許多不同的方法進行：由開發者明確列出依賴關係資訊、使用工具來檢查實作的程式碼，或進行 API 級的執行期觀察。

> **能見度成熟策略**
>
> API 必須是實用的而且可被發現才能提供價值。為了讓 API 對園林而言是有用的，它們必須提高一些資訊的能見度。在 API 園林中的任何問題都會引發這個問題：「哪些資訊有助於解決這個問題？」如果有事情會影響 API 或園林級的能見度，你就要更新準則（讓 API 提升能見度）或更新園林工具（為園林提升能見度）。

版本管理

速度（API 產品根據回饋或不斷變化的需求而快速變化的能力）是遷移至 API 園林的重要動機。版本管理是不可避免的一部分，因為每次 API 產品的變動都會產生一個新的版本。第 223 頁的「語義版本系統」說過，新版本不一定代表用戶必須採取相應的行動（minor 級的版本號碼增加代表回溯相容的變動），他們甚至不一定需要知道這件事（增加 patch 級的版本號碼代表介面沒有變動）。但是為了確保速度不受到不必要的損害，我們必須管理這個版本指定程序，來盡量減少對園林的負面影響。

版本系統適用於所有風格的 API。在隧道、資源和超媒體風格中，版本管理涉及改變用來互動的資源介面（隧道 API 的程序，或是和資源 / 超媒體 API 的資源的互動）。在查詢風格的 API 中，版本管理不屬於介面本身（介面是通用查詢語言），而是管理被查詢的資料的 schema 並讓既有的查詢能夠持續運作。在基於事件 API 中，版本管理涵蓋訊息設計，確保新訊息的接收者足夠穩健，可以像處理舊訊息一樣處理新訊息，而不會因為訊息 schema 的改變而拒絕它們。

你可以根據 API 的目標採取不同的途徑來管理 API 的版本系統：承諾客戶永遠不會改變穩定的 API（就像 Salesforce 那樣）對客戶而言很有價值，因此可能是一個很好的投資，但另一方面，這種策略有平行運行許多版本帶來的營運成本。另一種策略是採取 Google 的途徑（*https://oreil.ly/YMIVU*），不承諾 API 完全穩定，而是實施有紀律的 API 變動策略，這種策略比較有可能導致用戶出錯，但另一方面，它也減少營運的複雜度。

版本系統的成熟

- 確保每一個 API 都有一個版本系統策略是讓版本系統邁向成熟的第一步。這可能包括接受這些事實：API 有意識地決定不支援版本系統，以及任何更新將是破壞性變動，所以實質上都是一個新產品。
- 版本系統模式在很大程度上取決於 API 風格、 API 的使用模式，以及製作者與用戶必須在這些模式之中投入的成本 / 收益平衡。
- 一致地管理版本有很大的好處，即使不採取一致的做法來管理整個 API 園林，至少也要針對某些 API 類別與用戶類別採取一致的做法。
- 根據版本系統模型的不同，API 園林的支持或許可以協助 API 製作者或用戶，確保園林的版本系統模型獲得支持和正確使用。

版本管理的通用模型仍然處於起步階段，無論是在標準方面，還是在工具方面。例如，流行的 OpenAPI 描述標準沒有「版本」或「差異」的模型，因此很難將它當成版本管理的堅實基礎。反過來說，標準鼓勵以描述語言來產生程式碼，但從未解決一個問題：如何在 API 發生演變，因此有了新的描述時，管理版本？這反過來又引發一個問題：如何修改用戶端的程式碼，以適應已改變的 API？

版本管理的重要性可能隨著 API 園林的日益複雜與動態而增加，標準與工具也要適應這種發展。目前，版本管理的成熟度仍然需要在園林層面上關注和妥善管理，個別的 API 可大大受益於這個層面提供的指引和工具。

與園林規模的所有事情一樣，在處理版本系統時，不要預設有一種唯一的正確方法。擬定策略與支援它是件好事，但是對其他模型持開放態度，並且有能力轉而使用它們更為重要。版本管理方法可能在不同的 API 風格、某些類別的 API 或某些 API 用戶群中存在極大差異，因此，能夠逐漸發展這些策略以及它們的適用範圍是很重要的。

版本系統成熟策略

為了讓版本系統盡量不破壞 API 園林，盡量減少硬版本系統（hard versioning），盡量支持軟版本系統（soft versioning）。軟版本方法有很多種，但最重要的考慮因素是，版本系統本身就有足夠的破壞性，因此應該儘早制定一致的版本管理策略（以及在園林層面上可能使用的工具與支持）。

波動性

程式設計模式很難改變，尤其是在程式設計師頭腦裡的模式。第 223 頁的「波動性」說過，在分散式系統中設計程式特別有挑戰性，因為它有很多故障模式不會出現在整合型環境裡，整合型環境的故障模式沒那麼複雜。為了在 API 園林裡處理服務固有的波動性，你要改變開發者的想法。

當你最初遷往 API 園林時，開發者可能堅持他們自己的程式設計模式，過度樂觀地假設組件的可用性，並據此編寫 APP。特別是在有許多依賴關係的園林中，這可能會讓你難以找出問題的根源：當一個 APP 出現問題時，你可能要「追蹤」各種服務來找出根本原因，這與傳統的做法完全不同，傳統的做法是檢測一個單體程式並對它進行 debug。

理想情況下，APP 會處理所有 API 依賴關係，並具備韌性，包括諸如優雅降級等方法。為了應付波動，它也可能以更防衛性的風格來開發，並最大限度地利用園林實際的營運狀況。APP 的依賴項目都不是不可或缺的，也就是說，即使有些服務無法使用，你也可以開發一個具備合理回饋行為的 APP（仍然可以運行並提供價值）。

波動性的成熟度

- 定位錯誤狀況是 API 園林必須滿足的基本要求。追蹤流量以及深入了解追蹤情況的能力，往往是定位問題的關鍵因素。
- 配合去中心化失敗模式改變開發方法，可避免個別的故障沿著依賴鏈蔓延。
- 你越能夠幫助或鼓勵開發者採用更有韌性的開發方法，你的 API 園林就越強健。

雖然波動性是去中心化不可避免的結果，但切記，從整合變成分散也改變了失敗模式。因為個別的服務可能故障，所以整個系統的可靠性會以複雜的方式被單一服務的可靠性影響，而且隨著 API 園林（以及 API 之間的依賴關係圖）的增長，這些個別故障的複合效應也會增長。

若要避免整體故障率增加，你必須盡量減少故障的傳播。在某種程度上，你可以讓組件具備避免故障的韌性來隔離故障，而不是讓故障傳播出去。

波動性可能被認為暫時不需要處理，但問題可能很快失去控制，特別是當 API 園林的動態開始上升時。當然，隨著 API 園林的增長和變化速度越來越快，整個園林的可靠性問題也會開始浮現，這是最糟糕的時刻。因此，你應該在早期就開始處理波動性，並將它視為一般 API 園林成熟度旅程中必要的第一步。

波動性成熟策略

在 API 園林中管理波動性需要改變開發者的做法，讓他們寫出在分散式系統中，對其行為負責的 APP。園林也要提供在分散式系統中處理波動性所需的工具，例如追蹤錯誤的工具。以不成熟的方式處理波動性所產生的影響很快就會被感受到，尤其是在園林快速增長或園林中的服務具有不同的營運穩定性時。

結論

本章探索了 API 園林的成熟度之旅，使用第 9 章介紹的園林層面（八個 V）來建構實現成熟的 API 園林的旅程。在每一個層面中，我們討論了影響成熟度的各種因素，並研究了對成熟度進行改進會如何體現在園林層面上。我們並未展示一條前往「API 園林成熟度」的線性途徑，而是使用園林層面，以多方面的途徑來展示這趟旅程。切記，所有層面都會影響 API 園林的整體成熟度，因此當你評估園林當前的成熟度與改善園林的途徑有哪些時，一定要了解所有的層面。

在下一章，我們會將這些的點都連起來，看看 API 園林的成熟度如何與圖 7-1 的 API 產品週期互動。畢竟，API 園林的目的是為 API 的開發、使用與改進提供良好的條件，因此我們要了解用來開發與部署產品的園林，如何影響一個 API 產品的建構方法。

第十一章

在持續演變的園林中管理 API 週期

> 許多水滴聚成一桶水，許多桶水集聚成池塘，許多池塘聚成湖泊，許多湖泊聚成海洋。
>
> —Percy Ross

如果你一直跟著這本書讀到這裡，在理想情況下，你可以注意到，管理單一 API 的生命週期與管理整個 API 園林的生命週期，有一些關鍵的差異。事實上，根據我們的經驗，那些注意到「一」和「多」之間的重要區別（並據此採取行動）的公司，更有機會在數位轉型方面取得長期的成功。

本章將簡單說明這些差異，然後探討第 4 章介紹的生命週期支柱，但是這次將關注園林（多，如第 9 章所述）而不是 API（一）上，這應該可以讓你了解我們在第 1 章中討論的範圍、規模和標準等挑戰，在發展 API 生態系統時如何發揮作用。

在過程中，我們將回到 API 園林的八個 V（在第 9 章介紹，在第 10 章詳述），並說明一些可採用的決策元素（第 2 章）。將所有這些元素結合起來，將協助你了解如何以符合你的公司文化和價值觀的方式，在你的團隊中，將這些模式和做法應用在你的產品上。

但是，在重訪園林和 API 產品模型之前，讓我們來看看一些務實的方法，它們可讓 API 管理在不斷發展的複雜層面上發揮作用。

實際管理不斷變化的園林

在任何大中型組織中，你最終都會有很多 API。每個 API 都有自己的團隊動態、微文化和產品生命週期。在前幾章，我們已經談了 API 園林的屬性，以及隨著它的發展需要考慮的事情。

在本章稍後，我們將試著把我們所建立的園林「宏觀」模型和之前已經建立的 API 產品「微觀」模型聯繫起來。但是，在討論統一模型之前，我們想探討三種幫助你開始管理園林的做法。

事實上，管理 API 產品的園林並不容易。我們在本書中已經暗示了園林的複雜性質。但是，除非你是負責讓組織中的所有 API 更安全、更好、更便宜的人，否則你不會真正了解那種複雜性。

考慮到這一點，我們將介紹一些對我們和我們接觸過的從業者都很有幫助的方法。我們從任何系統設計工作的第一個重要步驟開始談起：藉著建立「紅線」來定義你的界限。

將你的「紅線」社會化

在自然界中，進化之所以發生，是因為有些東西是有用的，有些則是沒用的。有用的東西會長期存在，而沒用的東西則會消亡。進化是強有力的。但是，你應該不會為了長期成功進化，而讓你的產品、業務或組織「消亡」。

這就是為什麼你的第一個實際的工作是為你的園林背景定義「紅線」。在你的工作場合，有哪些事情是沒得商量的？那些都是你無法承受實驗所帶來的風險的事情，原因可能是因為在這個領域的錯誤決定帶來的風險太高，因為它會阻礙你實現一個已知的商業目標，或僅僅是因為它違反公司文化。

根據我們的經驗，在大型組織中，這類界限和限制往往是沒有明說而且沒有明確定義的。新人可能在不了解界限已定的情況下，浪費時間試圖推動創新，進而導致問題。以一種可以快速學習的方式來表達這些界限非常有用，例如以原則、政策，甚至「最佳實踐法」的形式。

例如，以下是我們在不同組織中遇到的一些「紅線」：

- 服務中斷是不可接受的，我們要不惜一切代價，讓用戶端所使用的應用程式實現 100% 正常運行時間。

- 由於最近的一場糾紛，我們不能使用 X 公司的工具。
- 團隊結構應遵守人力資源部門最近公布的規定。
- 不要做出與創始人的決定相牴觸的技術決定。
- 不能為來自 Svenborgia 的用戶儲存任何資料。

別忘了，「紅線」是不容挑戰的。這意味著每當你引入它們時，你就是在限制你的創新潛力。但是，從積極面來看，約束可能是設計師最好的朋友。他們可以幫助你把組織的能量引導至有巨大改進潛力的領域。

平台大於專案（最終）

如果沒有持續改進，我們很難從 API 園林中獲得最大的利益。這是本書的核心主題之一，它反映了我們的現實生活經驗。但問題是，很多組織並不是為了以這種方式來工作而成立的。持續改進也可能意味著持續付出成本，這對於一個尚未認同 API 管理的價值的組織來說，可能是巨大的一步。

另一種說法是，組織應採用產品（或平台）思維來管理 API。這意味著讓一個永續的團隊負責設計、建構和支持 API 園林。他們負責進行決策，與改善園林裡的 API 產品。這與專案思維不同，專案思維就是組織為了完成園林改進專案，而資助成立一個短期的團隊。

以下是一些傳統的專案方法的例子：

- 為了改善 API 治理，進行為期六個月的有限資金投資
- 聘請顧問公司在固定的期限內審核和改進一套 API
- 讓集中管理的交付團隊來進行短期的技術改進專案

從組織的角度來看，專案思維是高效的、可衡量的和可管理的，但它也會阻礙變革、執行和整體決策。如果沒有永續的團隊，園林的功能就會變得互不相干，互相衝突。如果沒有持久的投資，為了獲得批准而帶來的間接費用會導致變動或改進減少。

如果你夠幸運，你能夠成立一個永續團隊，在第一天就獲得組織的信任，可策劃你的園林。但是，在許多現有的組織中，你必須先贏得這種信任（和資金）。為此，你要更努力工作，並藉著提供價值，來將專案視角調整為平台視角。有時，這需要進行一些談判。以之前的例子為例，你可以嘗試以下的戰術方法：

- 使用部分的資金為下一個資金週期建立一個商業案例。重複建立案例，來成立一個永續的團隊。
- 選擇一家能從園林角度看待你的 API 的公司，這樣他們就能為平台的成功所需的組織和營運變化提供建議。
- 定義一個 API 管理專業技能。然後找到一組穩定的人才並使用他們，你可以將他們組成一個永續團隊。

這些方法都不是完美的。但它們告訴我們，你要採取切合實際的方法，將組織由下而上轉換成平台思維。

為消費者、生產者和贊助商設計

無論是產品還是平台，成功都取決於滿足用戶的需求。在 API 園林裡，你要迅速釐清誰是系統的主要消費者、生產者和贊助者。

服務你的消費者

你的早期目標之一，應該是改善園林滿足 API 消費者需求的方式，我們曾在第 9 章中定義那些方式。如何塑造園林的種類、數量、能見度和其他 V，讓它們滿足消費者的需求？有一個很好的起點是確定誰是你的主要消費者，以及他們的需求。然後，你可以根據這些需求來檢查你所做的設計和執行決策。例如，如果我們提供會議日期安排服務，我們會優先考慮使用「安排日期的 API」的開發者的需求，但也會考慮使用內部 API 來滿足這些用戶的需求的團隊的需求。

服務你的生產者

以消費者為中心對產品來說是有意義的。但是，為了擁抱第 206 頁的「平台原則」中定義的平台觀點，我們也要為建構和運行 API 的團隊提供服務，滿足他們的需求。如何使 API 團隊更容易製作滿足消費者需求的 API？同樣的，確定誰是你的主要 API 生產者是有價值的。這可能意味著確認一些關鍵的「原型（archetype）」、社群或「部落」。例如，你可能會發現，你的大多數團隊都使用 Java 和 Spring Boot 框架。或者你可能會發現，製作開放外界使用的 API 的團隊與製作內部 API 的團隊有不同的需求。無論你如何定義他們，你的目標是透過你所做的園林決策來服務這些生產者的需求，並塑造他們最終推出的 API。

服務你的贊助者

每個平台至少有一個負責人或贊助者。這些人會決定系統的目標，並提供營運、改善和運行系統所需的資金。我們在討論一個平台的理論時，很容易忘記這個群體。但是，在大型組織中執行過 API 管理專案的人，都會敏銳地意識到，為贊助人的需求提供服務的重要性。如果你在設計平台時沒有考慮贊助人，你的平台可能無法持續很長時間。在大型組織中，你應該讓你的 API 園林更容易被贊助人理解和觀察，尤其是當你的平台資金來自非技術性的業務團隊時。企業多麼容易了解他們擁有的功能？如何讓他們輕鬆地將你的園林結構對映到他們的商業策略？讓園林更容易滿足贊助人的需求有助於長期成功。

設計平台

平台的觀點不是 API 獨有的。事實上，目前已經有一些很好的工具和方法，可以幫助你從需求的角度出發，設計整體的解決方案。我們曾經在較大的專案中成功地採用服務設計方法（*https://oreil.ly/XvvdX*）。此外還有一些特定的工具，例如 Platform Design Toolkit（*https://oreil.ly/rfJsA*），可以指引你邁向正確的方向。

關注園林的參與者，可以幫助你持續關注你的人員和用戶的真正需求和工作，進而協助你為園林和 API 產品做出更好的決定。但你仍然需要做出大膽的、推測性的決定。這就是為什麼測試、衡量和學習的精神如此重要。

測試、衡量與學習

在處理大型的、「多毛的」複雜問題空間時，很多人會教你進行小改變並從中學習。在採取這種「測試並學習」方法時，你會進行一個改變系統的小投資，並從中獲得如何將系統改得更好的資訊。API 產品組成的園林當然可以稱為複雜的系統，需要採取「測試和學習」方法。

我們建議你為你的 API 管理專案制定一個以這個想法為導向的策略。

你的挑戰是定義正確的步驟和衡量進度的最佳方法。你的組織目標，你的「紅線」，以及你所使用的技術和人員，將決定最佳的前進方式。例如，考慮兩種截然不同的啟動 API 園林的方法：一種是新的、「綠地」、基於雲端的平台，另一種是複雜的、現有的、「棕地」的 API 平台：

「綠地」的有機園林演進

1. 啟動新 API 產品開發。在建立任何園林層面的功能之前就開始建構。
2. 成立一個跨產品的 API 專家團隊。
3. 汲取個別 API 的經驗教訓和最佳功能，將它們做成園林級的功能。
4. 賦予 API 專家權力，將園林功能帶回他們的 API 產品中。

「棕地」的結構化園林演進

1. 確認將會因為改進而受益（並且可以安全地改變）的候選 API。
2. 建立營運措施和「關鍵績效指標」來衡量進度。
3. 實施園林級的策略，並用候選 API 進行測試。
4. 觀察衡量結果，對園林進行調整。
5. 向更多的 API 推出園林級的策略。

我們在本書中已經談了很多關於 API 和 API 管理的持續改進方法了。但為了實際運用它們，你要善於細心處理這個複雜的問題。即使第一次沒有完美地釐清也無妨，重要的是，你要採取「測試、衡量和學習」的心態，這樣才能在成長的過程變得更好。定義正確的衡量指標和正確的步驟並不容易。但是，好消息是，你可以把園林的八個 V 和 API 產品的支柱當成一個指導框架。

讓我們深入了解這些模型，看看它們是如何一起運作的。

API 產品與生命週期支柱

第 3 章談過，在進行 API 工作時採取適當的「產品思維」可協助團隊把重心放在以客戶為中心的介面用法上。這是你運用 Clayton Christensen 的 Jobs-to-be-Done（JTBD）（*https://oreil.ly/tuyRY*）方法來設計與實作 API 的第一次機會。在商務層面，教你的設計與架構團隊發問：「這如何協助我們實現商業目標？」與「我們希望用這個設計來影響什麼 OKR？」之類的問題，可以降低後端團隊最終只發表「以資料為中心」的介面且沒有明確的用戶驅動（user-driven）工作流程的機會。關注 JTBD 與用戶驅動的話，IT 領導層更容易了解團隊的貢獻，並且讓你的 API 計畫和以 IT 為中心的 KPI 保持關聯，甚至共享的商業級 OKR 保持關聯。

除了 AaaP 策略之外，我們也介紹了 API 生命週期支柱（見第 4 章）。雖然生命週期支柱不是真正的週期（按照固定的順序不斷重複），但它定義了支援健康 API 專案的基本要素。你可以將支柱當成 API 的建立準則。如此一來，AaaP 模型與生命週期支柱即可在單一 API 層面上互相支援。

但是介紹 API 園林概念的最後幾章談過，公司幾乎不會在一個只有少數孤立的 API 的世界中運作。相反地，大部分的組織都努力建立一個由互相依賴且互用的 API 組成的生態系統，以協助公開商業價值，並降低使用 API 與服務來達成 OKR 的成本與風險。

API 園林

到目前為止，本書的重點是如何持續管理單個 API，以及那些 API 如何融入 API 園林大局。第 9 章與第 10 章介紹八個 V 是為了讓你關注這個大局的各個層面，確保你在管理持續成長與演變的 API 園林時考慮每一件重要的事情。

本章的目標是將個別的 API 管理層面與它們的 API 園林背景結合起來。我們將關注一般主題：個別的 API 與 API 園林之間的互動應該始終都是雙向的。*API 為園林做出貢獻*，它應該盡量可被觀察，讓園林可以深入了解各個 API 如何設計，以及如何演變。園林藉著提供關於原則、協定和實踐法的整體見解，以及指導和支持，*來協助 API 產品團隊*。

八個 V（園林層面）可用來關注個別的 API 生命週期支柱。為了將個別的 API 與 API 園林觀點結合起來，我們將討論當 API 是園林的一部分時，各個支柱如何被影響，以及在園林的背景之下，當我們重新考慮特定的支柱時，最需要考慮的園林層面有哪些（以及如何支援依賴那個支柱的 API 產品團隊）。

決策點與成熟度

第 16 頁的「決策」談到，我們今日撰寫的程式碼與介面都「很笨」——我們發表的程式只會做它被告知要做的事情。程式碼不會做決定或探索或實驗，它只會做事。決策與創意來自人類，那些決策必須在某個時刻轉換成程式碼與 API 才能實現。

決策有一個重要部分是知道何時該做出決定。事實證明，在協助實現 API 園林方面，晚一點做決定往往是個明智的選擇。因為在一個持續成長的生態系統中，有許多互相依賴、互用的元素，「過早」做決定可能會減少未來的可能性，甚至排除一些解決架構問題的最佳選擇。《*Lean Software Development: An Agile Toolkit*》與許多其他書籍的作者 Tom 和 Mary Poppendieck 建議你：「將承諾延遲到最後責任時刻，也就是不做出決定，就會失去一個重要選擇的時刻」。

但是這種延遲承諾的做法對系統級的 IT 經理與設計者來說可能很難做到。最常見的問題在於：最後責任時刻是什麼時候。這一章的目標是幫助你認識 API 園林形態的常見變化，我們的做法是討論每一個支柱，並指出與各種園林層面有關的常見挑戰。這應該可以幫助你將公司的可觀察層面（多樣性、數量…等），與我們提供的範例進行比較。希望我們的範例可以提供足夠的指導，協助你在持續成長的生態系統中，發現需要特別關注的支柱。

園林層面與 API 生命週期支柱

如同生命週期支柱與 AaaP 準則一起構成一套可在設計、建構與發表 API 的過程中應用的方法，這些支柱也可以幫助管理持續成長的生態系統或 API 園林。事實上，我們可以建立一個簡單的矩陣（見表 11-1），來結合上述的園林層面與 API 生命週期支柱，讓你感受一下你需要在 API 生態系統中管理的領域。

表 11-1　API 園林生命週期支柱與園林層面

	多樣性	數量	詞彙	速度	脆弱性	能見度	版本系統	波動性
策略	✔	✔		✔				
設計	✔		✔				✔	
文件	✔		✔			✔	✔	
開發	✔			✔			✔	✔
測試		✔		✔	✔			✔
部署	✔			✔			✔	✔
資安				✔	✔	✔		
監測		✔				✔		✔
發現	✔	✔	✔			✔	✔	
變動管理			✔	✔		✔	✔	

第 4 章介紹的每一個支柱與第 9 章介紹的每一個層面都值得關注。當園林成長時，它不是只是「變大」而已，你的生態系統也會改變形態。在小型的 API 園林（例如，一個團隊負責一組相關的 API），你不需要花太多時間來訂定關於 API 風格或訊息格式的準則與標準，因為所有人都在同一個團隊中工作、使用同樣的工具、以相同的結果為目標。

但是隨著 API 生態系統的發展，你會加入更多團隊，他們的目標也各不相同。有些團隊可能在偏遠地區，使用不同的工具、有不同的 API 風格與準則歷史。不斷成長的園林可能導致更大的多樣性、更廣泛的詞彙、不同等級的能見度、數量、速度與脆弱性。持續成長的園林會隨著時間而改變形態。

雖然回顧每一個園林層面很重要，因為它們也與生命週期的支柱有關，但若是如此，你手上的這本書將會厚非常多。所以，我們決定把重點放在各個生命週期支柱的特定層面上，並提供有幫助的範例，我們也會視情況建議一些在面對挑戰時可以考慮的準則。

在理想的情況下，隨著園林規模與範圍的擴大，以及隨著它進入各個成熟階段，你可以將接下來的評論當成指導準則。因為每一間公司都有不同的文化，也許你可以建立自己的空白矩陣模板，來刺激團隊之間的對話，與推動公開的討論，讓組織內的每個人都能沿著這裡提供的思路，貢獻例子和準則。

接下來，我們要開始討論 API 生命週期支柱，並特別強調在生態系統的成長與變化過程中可能遇到的園林層面。

策略

隨著公司的 API 園林的成長，它的 API 策略的舉措甚至短期目標都可能會發生變化。第 144 頁的「OKR 與 KPI」曾經介紹，如何用 OKR 與 KPI 來知道關於一般的數位策略的問題，以及 API 常見的用法與受眾（私用、伙伴、公開）。雖然隨著園林的擴大，它們仍然很重要，但它們的細節都會發生變化。

例如，最初的一套 API 的 KPI 可能是集中在可靠性、增加在公司內部的使用量，以及對收入與成本降低的貢獻。隨著專案擴展成數十、上百，甚至上千個 API，你可能要調整 KPI，以關注大型 API 生態系統特有的問題。此時你可以使用第 9 章介紹的園林層面來釐清戰術與實作指令，以應對當前生態系統的挑戰。

隨著生態系統的成長，當你調整策略時，你要特別注意三個園林層面：多樣性、數量與速度。讓我們簡要地討論一下。

多樣性

當你在 API 園林中加入更多產品群、更多團隊，以及更多 API 用戶時，你控制與約束各種設計與實作元素的效果將會開始下降，這意味著園林會自然地更富多樣性。我們可以相對輕鬆地要求一個團隊，或位於同一個地方的團隊都採用同樣的設計規範與使用相同的格式、工具，以及測試與發表方法。但是，當你增加更多地點（例如，在地球另一端的辦公室）、開始支援其他產品群組的 API（例如，被收購的公司），並使用截然不同的技術的產品（STFP、大型主機系統…等）時，你將發現你再也無法僅僅控制「如何」完成事情。

隨著園林的成長，它的多樣性會自然增加。與其試著逃避這種健康的多樣性，不如改變你的 API 策略，擁抱差異，並且把注意力放在所有團隊共同遵守的首要原則上，而不是試著讓每個人在各種技術組合與產品群組之間使用相同的做法（見第 208 頁的「原則、協定與模式」）。

增加多樣性並不是壞事。

數量

大型的 API 園林也意味著各種數量的增加，例如更多 API、更多流量、更多團隊…等，然而，你可能仍然只有有限的資源可以管理這種成長，這通常意味著你必須決定要支援哪些新舉措、廢除哪些舊舉措，以及哪些 API 需要在不久的將來保持原樣。

在做出決策時，關注那些明顯帶來正面業務的 API、比較容易更新與維護的 API，以及以商業為中心的目標，可以協助你管理日漸增加的數量。你可能要開始投資那些在高流量時「擴展得更好」的平台。你可能也要將內部版本（on-premise releases）遷移至比較容易擴展的虛擬機器。你可能有一些 API 在 Function-as-a-Service（FaaS）環境中有更好的表現…等。而且在某些情況下，你可以將流量帶回自己的本地基礎設施，以減少距離與成本。

隨著園林的成長，數量是你經常需要處理的層面之一，有很多方法可以處理這個問題。

速度

速度是我們在此提到的最後一個園林層面。有一些客戶告訴我們「事情變得越來越快」，跟上速度是一項挑戰。雖然有時的確如此，但有時問題不僅僅在於變化的速度，變化的數量也是問題。速度帶來的體驗有很多種。

隨著生態系統的發展，它需要改變的部分將越來越多，這意味著你會更頻繁地注意到變動。你必須調整 API 策略來確保變動不具破壞性（見第 285 頁的「變動管理」），並讓變動的成本和風險更低。通常這意味著設置大規模變動的障礙（例如，正式提案、仔細地審查與簽名），並移除小型變動的障礙（例如，修改 UI 版面的小 bug、非破壞性的 API 變動…等）。

速度也可能以客戶業務量提升的形式體現。如果你做出成功的 API 並帶來更多訂單，但你的後台團隊依然人工進行信用審查與客戶批准等工作，待辦工作將會大量累積，可能讓你失去大量的收入。你的 API 策略不但要包含設計與發表程式碼的技術細節，也要包含組織內的所有人。

速度不僅僅以簡單的速度來體現，它也可能在公司的某些部分造成遲緩的感受。

設計

第 77 頁的「設計」討論過，介面設計是 API 產品工作的重要支柱。在園林的背景之下設計 API 會帶來新的挑戰，此時，作為 API 園林一部分的 API 已經不是單獨的產品了，它可以視為一個「系列產品」的一部分。這個觀點會對各個 API 的設計造成多大的影響與 API 的預計用途有很大的關係。

有些 API 仍然可以像設計獨立的產品一樣設計，因為它們的設計主要是為 API 用戶而優化的，例如可能被大量使用的 API、預計有很高可見度的 API、將被當成「單用戶接觸點」來使用的 API。但是，讓 API 的實作（API 的用戶看不到）配合園林，可方便開發者利用支持與工具。

當你設計可能被當成 API 園林的一部分來使用的 API 時，你必須考慮這種使用模式，例如與「系列產品」的其他 API 一起使用的 API。此時設計熟悉感發揮更大的作用：當開發者使用同一個園林的各種 API 與結合它們時，API 設計層面的協調對他很有幫助。

從這兩種場景可以發現，API 設計在兩者都起著重要的作用，但方法卻截然不同。對前者而言，協調性是實作層面的主要考量，但是在識別與解決 API 設計面的問題時，你仍然可以從準則中找到關於設計的提示。對後者而言，協調在 API 設計與實作層面都很重要，也就是說，準則在這種情況下可發揮更大的作用。

在考慮如何在 API 園林中進行設計時，這裡提到的考慮因素可以補充第 9 章介紹的園林層面。在這些層面中，多樣性、詞彙與版本系統對設計支柱有最大的影響力。

多樣性

多樣性是不斷發展的 API 園林的自然結果。其中一個原因是，設計模式會隨著時間而改變，因此人們自然會根據設計時的既定做法，採取不同的做法來解決同樣的問題。第二個原因是，不同的產品可以滿足不同客戶的不同需求，沒有一種設計方法完全適合各種不同的用戶群。

由於這些原因，你應該允許多樣性，而不是將解決方案空間限制在一種可能的設計上。但是，你可以透過 C4E（見第 230 頁的「賦能中心」）所管理的設計準則來策劃設計空間，用一種可協助設計者的方式來約束設計空間，讓設計者可以根據「哪些選項是以哪種方式來實施的，以及有哪些工具支持」來做出明智的決定。

當同一個問題被不同的 API 以不同的方式來解決，而沒有好理由時，多樣性的一種反模式就在設計中浮現了。這不僅會因為發明新解決方案而不使用既有方案而浪費團隊資源，也會對用戶的生產力產生負面的影響，因為他們必須重新學習每一種 API。這種情況經常被稱為「各個 API 被視為『珍貴的雪花』」，他們認為每一個 API 的細節都是獨一無二的、與眾不同的，而不是在有意義的地方促進與支援重複使用。

總之，如果設計的多樣性有產品驅動的理由，它就是有意義的，應該被接受。否則，採取既有模式的設計比較經濟，對園林也比較有利。

詞彙

讓整個組織使用統一的詞彙有助於建立一致的設計方法，也有助於避免為同一個領域重複建立模型（在最糟的情況下還會造成衝突）。另一方面，定義與協調詞彙有一定的成本，所以只是試著協調整個組織的所有內容可能不是最經濟的選擇[1]。

一般來說，可以被安全地封裝在服務裡面的領域概念（也就是不會顯示在服務的 API 裡的東西）根本不需要協調。它們是服務的實作細節，在服務之外的地方揭露它們將直接違背封裝原則。

與服務的 API 有關的概念可以分成兩種情況：

與領域無關的詞彙應該很容易在組織中找到，例如國家清單或語言清單。使用詞彙的任何 API 都應該盡量將 API 與詞彙分開，然後列出所有的詞彙，讓詞彙的使用情況可被觀察。

1 其中一個例子是，許多大型組織試圖建立企業資訊模型（見第 216 頁的「EIM 與 API：完美主義與實用主義」）。很少企業變動的速度慢到需要使用這種模型，即使在這種情況下，這些 EIM 提議也幾乎沒有成功的案例。

特定領域的詞彙可能要做成 API 設計的一部分（而非只是引用它們）。根據這個層面的成熟度（見第 235 頁的「詞彙」中的討論），園林可以提供這方面的支持，讓 API 產品團隊可以輕鬆地定義與補充新的詞彙。

一般來說，為 API 設計管理詞彙遵循這個理念：統一詞彙是好事，觀察和支持有助於實現此目標。讓 API 列出它們使用的詞彙可以協助園林管理者觀察詞彙的使用與演變，從而促成詞彙的重複使用而非重新發明，進而簡化 API 的設計。

版本管理

先進的 API 策略有一個主要目標是讓各個服務不會影響各自的發展，如此一來，它們就可以用最有利的速度各自演變。這種演變意味著服務的實作可能會改變，API 也有可能會改變。從設計的角度來看，前者仍然很重要，因為它代表產品團隊可能必須以新方法解決問題。

第 246 頁的「版本管理」談過，為了了解 API 園林的變化速度，追蹤版本是很重要的工作。根據「API the APIs」原則（第 210 頁的「API the APIs」），這意味著 API 應公開它們的版本，如此一來，它們的實作和設計的變化才會被看到。

從用戶端的角度來看，管理版本也很重要，詳情見第 285 頁的「變動管理」。因此，關於 API 的設計，有一個很重要的部分是遵守設計原則來讓用戶可以輕鬆地處理新版本，理想的方法是讓用戶隨時掌握新版本的推出，但唯有他們想要利用新功能時，才需要做一些事情。

總之，在 API 園林內進行設計時，務必記得服務將持續演變。因此，為變動而設計意味著，讓園林的管理者和服務的用戶都能輕鬆地掌握新版本，同時在設計上盡量減少用戶適應新版本的痛苦。

文件

第 81 頁的「文件」介紹過，API 成熟度對文件有很大的影響，提供基本的文件絕對是件好事，而且在 AaaP 方法（見第 3 章）中，文件甚至是 API 產品的起點。

文件是範圍非常廣泛的支柱：你可以用 OpenAPI 描述之類的技術工件來產生最簡單的文件。你也可以加入註解、範例、教學、使用指南來補充它。你甚至可以將它整合到 API 本身，讓 API 可以自我描述，優化開發者體驗，消除幾乎所有使用 API 時的摩擦，將 API 變成一個高度優化的自我服務產品。

但是最後一步對文件的投資可能相當高昂，除非有大量的開發者從高品質的文件中獲益，否則這不是一項好投資。

正如第 7 章說過的那樣，對個別 API 的文件進行投資的程度，主要取決於 API 的成熟度與預計的用戶群。但是，一旦你做出投資的決定，園林就要提供準則和支援。要讓園林支援個別 API 的文件支柱，最重要的四個層面是多樣性、詞彙、版本系統與能見度。

多樣性

允許和管理各式各樣的文件風格，可以協助各個團隊為他們正在開發與發展的 API 挑選最好的風格。這個選擇取決於 *API* 的風格，以及個別 API 的成熟度和預期受眾。

讓團隊能夠選擇適合他們的 API 設計、成熟階段和受眾的文件工具和深度，可協助他們發表適合當前需求的文件。

如果有「成群的」文件需求，你可以提供特定的準則、工具以及驗證工具，讓團隊將文件的檢查機制整合到他們的交付流水線裡面。在多數情況下，我們無法用自動化的方式來檢查文件的所有層面，但通常可以加入一些合理性檢查（有沒有關於擴展性與關於版本系統的章節？它們有沒有被明確地指出或標示？），讓團隊更了解該期望什麼。

文件的多樣性可能會隨著時間而不斷發展。有些文件風格可能成為歷史，新的風格可能被採納。在理想情況下，文件風格的多樣性應該與文件的內容脫鉤，如此一來，舉例來說，你就可以在不同的文件風格中執行一些重要的原則（例如關於擴展性與文件中的版本系統章節的指引）。

詞彙

如同第 235 頁的「詞彙」所討論的，API 園林成熟的標誌，就是它能夠管理跨越多個 API 的詞彙，從而讓 API 製造者可以輕鬆地找到並重複使用既有的詞彙，並且讓用戶在使用各種 API 時，可以運用他們對詞彙的理解。

管理詞彙以做出更好的記錄意味著管理這些詞彙的文件，讓使用特定詞彙的任何 API 都可以重複使用這份既有的文件。根據文件的管理方式，這種重複使用可能是「webby」，只涉及連接到其他地方的既有文件。或者，如果文件的風格比較沒那麼 webby，而是為每個 API 製作自成一體的文件，那麼重複使用文件可能意味著將它加入 API 文件中[2]。

2 第一種 webby 方式稱為 *transclusion*，意思是它是透過 API 文件來提供的，但保留詞彙文件的身分。

切記，從觀察的角度來看，管理文件詞彙也是很有價值的事情：如果 API 用園林支援的方式來記錄它們使用的詞彙，或至少可讓園林觀察，你將非常容易了解各個 API 使用的詞彙、建議和關注新興詞彙，以及有哪些詞彙不再被廣泛使用。「透過觀察 API 來進一步支援園林」和「用可觀察的方式來支援 API」是一體兩面，可將個別的 API 和 API 園林的利益結合起來。

版本管理

API 與 API 園林的主要目標之一就是將實現解耦，讓單一產品可以分別發展。第 246 頁的「版本管理」談過，產品速度的提升自然會導致產品版本的增加。雖然從 API 的角度來看，在理想情況下，大多數的版本都是非破壞性的，但是在使用語義版本系統時，導致 minor 變動的每個版本仍然應該記錄下來，以幫助用戶了解已經發生的變動，並且幫助製作者讓他們的文件在不同的版本中都可使用。

如同第 210 頁的「API the APIs」所說的，文件（如同其他關於 API 的東西）應該是 API 的一部分。這意味著，文件歷史也應該是 API 的一部分，好讓 API 的用戶可以瀏覽 API 文件歷史來了解它的演變[3]。

關於版本的準則可幫助 API 更容易使用，並且協助用戶知道 API 版本的更新，並更準確地決定他們何時與如何適應 API 的更新。你可以提供準則給 API 產品團隊，告訴他們如何製作與發表跨版本的文件，讓他們更容易依循這些做法。園林可以提供測試支援與工具，以協助 API 開發者獲得即時的回饋，知道如何跨版本記錄他們的 API。

對使用語義版本系統與 webby 原則的 API 園林而言，有一種可行的園林準則是建議所有的 API 文件都應該使用 RFC 5829 連結（*https://oreil.ly/byW2L*）來讓所有版本可供瀏覽。這個系統包括一個可瀏覽的文件歷史，以及互相連結的個別版本的文件。開發者可以在部署 API 和它們的文件時，測試這些連結是否存在，讓他們至少可以驗證文件實踐法的示意圖（schematic）部分。

總之，API 園林裡的文件自然涉及版本管理層面，以可觀察的方式提供記錄版本的準則與支援，可以讓你在管理園林時，深入了解 API 版本與它們的文件。

3 至少對於 API 的非破壞性變動而言是如此。對於破壞性變動（會改變語義版本系統的 major 版本的），採取不同的方案應該比較好，例如將舊版的文件歸檔（這本身是可由 API 園林提供的服務）。

能見度

文件本身可能是個相當複雜的資源，有很多內容和結構，正如目前為止所討論的，如果文件有現成的工具與支持，那麼 API 團隊就可以用某種生產流水線來製作文件，而不用自行選擇或建立他們自己的流水線。

但切記，正如第 264 頁的「多樣性」所述，指導與支持的主要目標不是告訴團隊「如何（how）」製作文件，而是告訴他們該製作「什麼（what）」文件。你也可以提供工具鏈，讓他們可以按照你提供的「how」來輕鬆地滿足「what」，但務必將工具鏈與它產生的東西分開。

API 文件必須是可見的，可用來掌握園林的所有重要層面。這對於文件的用戶和園林本身都很重要，園林可以將這種能見度當成一種重要的手段來詳細了解 API，並且在需要時提供文件的深層連結。這意味著園林的準則必須處理「從園林的觀點來看，哪些必須是可觀察的」這個問題，並且將這些層面加入準則與工具。

開發

從表面上看（好棒的雙關語！），開發對 API 園林來說沒有太大的作用。畢竟，API 的作用是封裝實作，從純 API 的角度來看，實作的開發方法已超出 API 的範圍。然而，沒有人開發實作就不會有 API，所以開發支柱（見第 83 頁的「開發」）是 API 園林的重要元素。提高 API 園林的整體效率是 API 園林管理的主要目標之一，因此研究開發如何融入園林的觀點非常重要。

同樣的，將 web 視為最大型的 API 園林可帶來一些見解。如果有人宣布 web 的所有 APP 都必須用相同的語言和開發工具來編寫，並強制執行這項規定，那麼 web 可能早就死透了。畢竟，web 的主要制勝祕訣在於（特別是與早期的競爭者相比），它讓開發團隊完全自由地決定如何開發解決方案，只要他們發表的東西是一個可在瀏覽器上使用的 APP 即可。

另一方面，雖然不強制規定開發語言和工具是 web 架構成功的關鍵，但隨著 web APP 成為主流，提供開發支援也成為幫助 web APP 開發更有效率的主要因素。諸如 PHP、ASP、JSP、JSF、Django、Flask、Ruby on Rails、Node.js …等 web 導向的語言與框架已經塑造了 web APP 過往與現在的開發方式。但是它們本身也經歷了自己的生命週期，我們可以說，web 不但比曾經用來編寫 web APP 的許多語言和工具更長壽了，它也會比新出現的語言和工具長壽。

這些 web 的開發實踐與支援帶來的教訓可以直接應用在 API 園林上：提供語言與工具來支援個別產品的開發，有助於提高工作效率，並且對某些協定與模式有很大的幫助。然而，務必記得，隨著協定與模式的改變，語言與工具也會改變。即使協定與模式沒有改變，你也會看到源源不絕的語言和工具聲稱它是現有的問題更好的解決方案。

因此，如果你不從園林的角度來看待開發支柱，將導致你錯過重要的機會來利用規模經濟，建立和分享跨團隊的開發實踐法，以及評估和採用新的語言和工具。為了讓園林支援與實現這些機會，最重要的園林層面是多樣性、速度、版本管理與波動性。

多樣性

從 API 即產品的角度來看（見第 3 章），構思 API 的最初階段不關注實作細節，也不關注如何開發 API 產品，此時只關注設計，以及討論雛型，看看早期的回饋如何影響這些早期階段。

釐清 API 產品應該是什麼樣子之後，在這幅理想的畫面中，下一個任務是思考實際建構產品的最佳做法。這個決策應該基於產品設計（選擇正確的工具），以及產品團隊（確保團隊習慣你選擇的工具）。

因為不同的 API 有不同的目的、針對不同用戶族群、由不同的 API 產品團隊開發，世上沒有單一最佳開發語言與工具組可用來開發每一個 API。所以，務必在園林中支援多樣性，讓團隊在必要時可以嘗試新的方法。

在多樣性與不建立實作園林（landscape of implementations）之間取得平衡並不容易。主要的問題之一，就是讓多樣性層面有一些連貫性：即使允許使用各種語言和工具，但你最好限制這些選項，讓選項有一定的連貫性，進而使投資與指導透過規模經濟變得有價值，並使得開發選項的周圍始終有一些「臨界質量（critical mass）」。如果有超過一定數量的 API 產品使用特定的開發語言或工具，它們也許可以從「實驗性」變成「實作性」選項。

速度

對單一 API 而言，速度代表第一個 API 產品可以多快發表，以及如何快速改變與適應不斷變化的需求。與開發有關的速度會被整個開發與部署流水線影響，正如第 274 頁的「部署」所討論的。雖然使用適合處理實作問題的語言與工具很重要，但園林可以藉由提供支持和工具，來讓開發和部署過程更順利與快速。

速度也會被開發社群的規模影響：使用語言和工具的團隊越多，它們的發展速度就越快，與它們有關的問題就越有可能被處理和解決。這意味著速度不僅僅是一個關於選擇適合解決問題的語言和工具的問題，也是一個關於如何管理多樣性（上一節已討論）的問題。如果多樣性可確保你總是有臨界質量，可識別、處理與解決問題，那麼管理速度可以描述成「在組織層面上有臨界質量的情況下，為特定問題挑選最佳的解決方案」。

版本管理

與版本管理有關的方法對 API 的開發實踐法有明顯的影響。正如第 222 頁的「版本管理」所述，版本管理是 API 園林的重要層面，當 API 園林的園林規模、服務依賴關係和整個園林的變動數量增加，而造成複雜性提升時，負責任地管理版本也變得非常重要。

從用戶的角度來看，版本的改變可能有很大的好處（API 被改進，以提供用戶感興趣的服務），也可能有沒必要的破壞性（API 被改變了，但用戶不想要改變使用服務的方式）。正如第 240 頁的「速度」所述，當一個開發流程可帶來快速部署變動所需的速度，但也遵守設計慣例，將新版本的負面影響降到最低時，該流程可將服務敏捷性所產生的整體價值最大化。

在園林層面上，務必確保開發速度是可觀察的，以便觀察變動的速度，以及提供一些方法，來讓各種版本的資訊可被看到與取得。使用標準化的方式來有意義地設定（見第 223 頁的「語義版本系統」）與公開版本號碼是很好的第一步，光這樣做就可以為整個 API 園林的動態提供深刻的見解了。

波動性

我們在第 223 頁的「波動性」討論過，在 API 園林之中，服務的波動性會給現有的開發實踐法帶來一些挑戰。我們的主要問題是，根據定義，API 園林是分散式系統，所以它會帶來分散式模型創造的所有基本挑戰。為了負責任地處理 API 園林的波動性，你要採取和在緊密耦合的環境裡編寫程式不同的做法，如果你忽略這件事，園林的整體穩定性就會受到影響（例如產生一連串的故障）。

為了妥善處理波動性，開發語言、工具和實踐法都會產生很大的影響。因此，園林的作用是識別與培養適合 API 園林固有波動性的開發方法。或許有些情況不需要採取那種做法，但它是確保波動性被適當處理的好辦法。

> **GraphQL 與 API 的可用性**
>
> 波動性有時可以用某種方式來隔離，也就是說，有些團隊必須負責任地處理它，有些則不太需要。例如，Backend for Frontends（BFF）模式（*https://oreil.ly/qoyqo*）使用一個後端 APP 作為各種 API 的「聚合器」，用它來公開一個 *API* 給前端 APP，它可能使用靈活的查詢式 API 模式，例如 GraphQL。在這種情況下，前端的 API 可用性模式很簡單，要嘛有 GraphQL 可用，要嘛沒有。但是，後端可能有個複雜的模式需要處理。將 GraphQL 查詢轉換成各種 API 請求時，這些 API 應視為不穩定的（volatile）。寫得好的 GraphQL 解析器能夠處理部分的底層 API 停止服務的情況，用部分的 GraphQL 回應來回應。在這種情況下，在 *API* 層面的波動性管理任務已被委託給 BFF 後端，而 BFF 前端只需要處理資料層面的波動性（只有部分 GraphQL 回應的情況），讓開發團隊處理起來相當容易。

在 API 開發流程中，管理 API 園林固有的波動性可能對 API 產品的品質和 API 園林的整體穩定性造成很大的影響。確保開發語言、工具和開發實踐法考慮了這個層面，可讓產品在 API 園林這種天生不穩定的環境裡有全然不同的表現。

測試

我們在第 86 頁的「測試」介紹了測試的重要性，並且設定了一個很高的標準：「未經測試的 API 都不能投入生產。」隨著 API 園林的成長，這個標準可能變成一種挑戰，因為時間與最終期限總是軟體的一個考慮因素，你承受的壓力可能迫使你不但必須加快測試過程，也要藉著跳過步驟或減少測試的深度或徹底性來縮短這個過程。這絕對不是好事。但是，正如你將在這裡看到的，你的測試方式應隨著園林的增長而不斷發展。

當你擴展 API 園林時，你可能遇到的另一個挑戰在於，測試的成本將會提高，這不僅僅包括進行測試的實際成本（時間與勞力），也包括不進行測試的成本（例如，沒有被測試流程抓到的問題的成本）。換句話說，失敗成本會上升。系統結構師可能特別擔心這種狀況，因為系統的故障通常非常明顯，不妥善處理會給公司帶來巨大的損失。

好消息是，有經驗的公司經常面臨這種問題，所以有解決方案來應付 API 園林的測試的挑戰。我們將特別指出一些常見的解決方案，希望在過程中給你一些想法，讓你開始關注你的測試挑戰，並提出適合你的公司的解決方案。關於測試，最重要的四個園林層面是數量、速度、脆弱性與波動性。

數量

隨著 API 園林的增長，有一種常見的挑戰就是達成「覆蓋率」所需的測試數量會開始快速攀升。因為大部分的 API 生態系統都需要呼叫其他的 API，所以測試的數量會呈非線性增長。當你加入 1 個新的 API 端點讓其他的 12 個 API 使用時，你不只要新增 1 套測試，還要修改 12 套測試！如果你的測試方法主要是由人員操作的測試套件（例如，需要人員在螢幕上輸入與記錄結果），測試持續增長的 API 園林很容易會讓你的 QA 部門疲於奔命。

API 測試的非線性增長性質是公司更依賴自動化測試的主因。擴大自動化測試的規模（例如，加入更多測試實例來平行運行），比擴大 QA 團隊、訓練他們，並在他們手動測試時監督他們簡單多了。當然，引入自動化測試有其前期成本，但隨著系統的發展，這些成本很快就會帶來回報。

測試的另一個與數量有關的挑戰是：你的測試需要多少流量才能產生可靠的結果。在 API 旅程的早期，模擬每秒 100 個請求（RPS）可能已經反映了你的生產流量。但是，隨著更多團隊開始製作他們自己的 API，而且那些 API 開始頻繁地互相呼叫，巨大的流量將迅速膨脹。當產品的流量到達 1,000 RPS 時，當組件被發表時，成功通過 100 RPS 的測試就不再是良好的成功預測因素了。重要的是，你要密切追蹤生產需求程度，並確保測試環境在生態系統擴展時持續反映產品需求。

速度

如前所述，測試速度（在合理的時間內完成測試的能力）可能隨著生態系統的成長而成為一個問題。有一個很好的經驗法則是，單元（unit）或基準（bench）測試都必須在幾秒內完成，行為或商業測試應在 30 秒內完成，整合測試應在 5 分鐘內完成，規模 / 容量測試應在 30 分鐘之內完成。如果你的測試平台跟不上這個速度，而且你的開發團隊正在進行持續變動風格的更新，你就會在測試 / QA 領域累積很多待辦事項。

有幾種方法可以處理這種數量上的挑戰，我們特別列舉三項：

- 平行測試
- 虛擬化
- 金絲雀版本

平行化是提高測試速度的方法之一。最直接的做法，就是將自動測試分配給一組機器並同時執行它們。例如，如果你每次組建一個組件之後都要執行 35 項測試，你可以在一台機器實例上依序執行全部的 35 項測試，也可以在 35 台機器實例上平行執行全部的 35 項測試。假設每一個測試都在 10 秒或更短的時間之內執行，當你採取第二種做法時，測試時間會從 5 分鐘以上變成 10 秒鐘以內。這就是速度。當然，前提是所有的測試都可以平行運行，也就是說，測試的順序沒有依賴性（例如第 13 項測試必須在第 14 項測試之前執行），順道一提，這也是一個好的做法。平行測試可以協助改善發表到生產環境之前的測試速度。

雖然平行化可以協助處理單元和行為測試等級的速度問題，但對於互動能力與產能等級的測試，你可以使用虛擬元素來處理速度問題。用新組件和其他服務來執行互用性測試不但昂貴，也很危險。如果新組件不當地處理生產資料怎麼辦？如果測試目標以一種意想不到的、破壞性的方式與既有的組件互動怎麼辦？在小型的生態系統中，你可以用 *mock* 服務來作為生產組件的替代物。但是隨著園林的增長，mock 可能很難跟上生態系統變動速度。

如果你想提升測試速度，又想維持安全，有一種強大解決方案是使用虛擬服務，通常是透過一個通用的虛擬化平台，該平台可以接收生產流量，然後在一個受保護的測試環境中視需求重播（replay）它。虛擬服務可以減少開發者讓 mock 服務與生產功能維持同步的工作量，又能提升他們交付實際的生產組件的能力。另一個好處是，好的虛擬化平台可讓開發者創造合成流量，而不僅僅是模仿行為良好的生產服務，它也可以模擬畸形的，甚至惡意的網路互動，讓開發者在不太理想的情況下測試 API 與服務。這有助於處理接下來要討論的脆弱性與波動性層面。

另一種提高測試速度的方法是將服務發表到生產環境之後再執行測試。這種做法有時稱為金絲雀測試或金絲雀發布（*https://oreil.ly/DZKNC*）。這種方法是在完成基本的基準功能測試與行為測試之後，將新服務發布給一組選定的帳號（這些帳號可能是自願的 beta 測試者），在這個部分的發布之後，你要監測結果（見第 280 頁的「監測」），如果一切順利，你可以逐漸將新版本發布給更廣泛的受眾。

金絲雀方案有一些重要的前提：

- 你仍然會執行基本的測試來驗證組件。
- 你有能力部分釋出生態系統的一個子系統。
- 你有合適的監測機制可以評估部分釋出的影響。
- 你有能力快速撤銷變動（例如，在幾秒之內）並恢復成之前的生產版本，並且不會在過程中損壞功能或資料庫。

脆弱性

生態系統會隨著 API 園林範圍（例如，更多端點）與規模（例如，有更多團隊使用這些端點）的增加而提升脆弱性，我們將在第 278 頁的「資安」進一步說明這個部分。目前我們要關注為何不斷增長的 API 園林意味著不斷增加的脆弱性，以及如何解決這個問題。

我們說過，擴大測試規模就是確保測試的流量和生產環境的流量一致。當團隊數量增加，以及使用特定 API 的服務數量增加時也要如此。你的測試系統必須考慮許多不同的 API 用戶同時發出請求的情況。例如，組件之間可能會傳遞某種用戶驅動的狀態。這意味著，當你向廣大用戶推出 API 時，處理狀態的成本將急劇上升。這也意味著，你可能要用更多測試來驗證「狀態在供應點和 API 用戶之間保持隔離」，以及「隨著 API 用戶的增加，大量的狀態不會耗盡記憶體」…等。脆弱性也會因為更多使用量而激增。

脆弱性也會隨著 API 用戶類型的變化而增加。關鍵在於，在某些時候，你的 API 用戶可能不是只有內部團隊，而是包含重要的外部合作伙伴，甚至是你幾乎無法控制的第三方開發者。你的測試必須反映生態系統的這種變化，而且在設計上保護你的系統（與你的資料），免受外部用戶的任何錯誤或惡意行為影響。

Jeff Bezos 有名的「命令」近來引發很多討論，他對他的團隊說道：「所有服務介面都必須重新設計成可對外開放，無一例外。[4]」雖然我們在成熟度模型方面的經驗告訴我們，你可能不需要在 API 計畫中，從零開始做這件事，但你確實要做好準備，在園林逐漸增長時處理它。

最後，值得一提的是，若要改善測試結果，最有效的方法之一是在編寫程式與 API 協定時就減少測試失敗的可能性。出於這個原因，我們發現，在與我們合作公司中，那些能夠成功地應對測試規模和範圍擴大的公司，都會在開發團隊中安插測試專家。換句話說，在測試方面，他們做了「左移（shifting left）」的動作。他們讓編寫程式與設計 API 的團隊具備測試技能，藉此避免錯誤地製作長時間運行、卻無法準確反映生產環境條件的複雜測試。請考慮藉著提升開發團隊的測試技能來減少系統的脆弱性。

4 John Kim, "The API Manifesto Success Story," ProFocus (blog), updated September 26, 2019, *https://oreil.ly/AAmSO*.

波動性

最後，如前所述，持續增長的 API 園林意味著複雜度的增加，而不僅僅是變成更大的生態系統。如果你的公司的 API 世界只有少數幾個端點，而且是由一個團隊管理的，而且如果你的所有 API 服務都依賴在遙遠的一台機器上運行的單一服務，那麼一個不起眼的執行期 bug 可能會讓你大部分的系統都無法運行。

更大的 API 園林可能會變成更不穩定的園林。像「致命的依賴關係」這樣的事情悄悄地溜進系統是導致持續增長的生態系統變得更不穩定的因素之一。你可以在 Node.js 社群 2016 年的「left-pad crisis」(*https://oreil.ly/5OnKJ*)看到一個簡單的案例。我們省略那些混亂的細節（如果你好奇的話，請自行閱讀連結的文章），簡單來說，有一個小型的程式庫在很短的時間內被 include 到成千上萬個 Node.js 專案裡面。由於一場和這個程式庫作者的爭執，導致他們將該程式庫移除，這幾乎立刻造成上千個 build 崩潰，包括 Node.js 本身的 build ！雖然尋找並修復這個問題的時間不到一個小時，但這個故事鮮明地提醒我們，大型系統會隨著時間的過去而變得更不穩定[5]。

而且這種波動性不限於組件的「失蹤」或以某種方式無法使用的情況，也有可能是你的系統依賴的某些 API 或組件發生變化，從而破壞生態系統的關鍵功能。你可以訓練自己的團隊在更新程式碼時減少這種可能性，但你無法控制進入你的生態系統的第三方程式庫或框架。隨著園林的增長，你可能會使用更多外部 API，它們將增加園林的波動性。

這意味著測試必須增加，以揭露致命的依賴關係，並突顯關鍵組件的嚴重故障的成本。最適合做這件事的時刻是互用性測試或產能測試階段，因為它們會測試組件和其他 API 與服務之間的連結。正如我們在上一節提到的，減少脆弱性的直接手段是在設計與開發團隊中加入測試專業知識，以便在組件或 API 工作流程結束並投入生產之前處理這類的問題。

在更大型的系統中，即使是微小的 bug 都可能造成廣泛的影響。務必測試生態系統的組件因為關鍵組件消失或變動而無法動作的情況，並且圍繞著這種狀況設計程式。

5 Chris Williams, "How One Developer Just Broke Node, Babel and Thousands of Projects in 11 Lines of JavaScript," *The Register*, March 23, 2016, *https://oreil.ly/5OnKJ*.

部署

部署是任何一種 API 程式的主要支柱。無論你使用哪種設計或組建程序，在 API 或組件發表之前，它都不是「真實的東西」（見第 152 頁的「階段 2：發表」），部署就是將一個東西發表出去的方式。在你的 API 專案啟動時，你可以專注於一個簡單的流水線上，將 API 發表到生產環境中。許多組織甚至在 API 專案啟動時，採取人工發表流程（例如，在發表工具中點選、人工選擇和執行腳本…等）。然而，隨著 API 園林開始增長，手動發表難以擴展，而且會在生態系統中引入新的且無謂的波動性。

擴大部署規模最常見的戰術就是盡量將它自動化。這是 DevOps 與持續交付運動的關鍵教訓之一。《*Continuous Delivery*》（Addison-Wesley）一書的作者之一 Jez Humble 說過：「[目標] 是讓部署（無論是大規模的分散系統、複雜的生產環境、嵌入式系統，還是應用程式）成為可預測的、可按需求執行的日常工作。[6]」

將部署自動化有很多好處，特別是在擴大 API 園林部署規模時。我們把重點放在四個園林層面：多樣性、速度、版本管理與波動性。

多樣性

在本書大部分的內容中，我們都強調在生態系統的成長過程中支持多樣性的價值。但是說到組建和部署程序，多樣性可能對園林的健康與穩定性構成真正的威脅。生產部署的流程必須是一致的、確定的、可重複的。假如你的團隊今天執行了 `installOnboardingAPIs` 程序，過幾天再執行它時，應該產生完成相同的結果才對。部署必須是恆定的。

這意味著你要將變異性逐出系統。組建與部署流程是執行六標準差（Six Sigma）、Kaizen、Lean production 等方法的好地方，這意味著，你要把重點放在消除發表的微小變化，並且研發部署技術來將所有的發表工件（程式碼、組態…等）收集到一個地方，以便進行發表。這也意味著你要仔細地追蹤作業系統和其他支持性依賴項目，以確保它們在你重複做同樣的部署時是一致的。優秀的 CI/CD 平台可讓你設計與實作可靠與可重複執行的部署程序。

6 Jez Humble, "What Is Continuous Delivery?" *https://oreil.ly/KVxP8*.

> **六標準差、Lean、Kaizen**
>
> 有許多模式旨在持續改進，在提高品質的同時驅除變異性。其中，六標準差、Lean 與 Kaizen 是最著名的模式，但除此之外也有其他模式，就連這三種模式也有幾個變體（例如，Lean Six Sigma…等）。如果你公司的專案還沒有採取類似的模式，建議你研究一下它們，在 Formaspace 有一篇比較前三名的好文章（*https://oreil.ly/DAmop*），它應該是個不錯的起點。

雖然消除部署時的變異性至關重要，但你可能依然需要支援各種 CI/CD 工具鏈。你不一定要讓你組織在世界各地的部門（從大型電腦到手持設備），都使用完全相同的平台進行部署。但是，我們建議你盡量限制平台的變體，因為這些部署平台通常代表大量的時間與金錢成本。

速度

當公司企圖改造其 IT 流程時，加快部署流程速度是經常被提及的首要目標。隨著園林的擴大，有兩個部署速度層面需要考慮，我們將第一個稱為*類型 1*：縮短單個 API / 組件的發表間隔時間，第二個稱為*類型 2*：提升 IT 群體的所有發表週期的整體速度。

類型 1 是大多數人考慮部署速度時想到的情況，它也是一個重要的問題。我們經常和客戶討論減少「回饋到功能」循環，或對新專案而言，更迅速地「從想法到安裝」。更快部署可以試驗新產品或服務的風險和成本，也可以提高公司學習和長期創新的能力。同樣的，自動化、確定性的部署可以幫助你提升發表速度。

類型 2 是完全不同的事情，在這種情況下，你要在同一段時間將更多東西發表至生產環境中。這意味著有更多團隊在進行發表、有更多版本被投入生產，以及園林有更多變動。如果你依靠一個中央發表團隊來執行所有的產品部署，你就很難獲得類型 2 的部署速度。一個發表團隊的規模是有限的。

比較好的做法是將發表的責任分配給更廣泛的社群，這也是盡量將發表程序自動化可帶來很大價值的原因之一。你的自動化程度越高，你就有越多人可以專心處理邊緣案例和期望，讓事情正常、穩定地運行。如同本章討論過的其他支柱，你可以藉著分配這個程序，或執行平行程序，來更安全地加速這個程序，這可提升整體的發表數量，而不一定會加快每個人的發表週期。

Etsy 的 Distributed Release Management

Etsy 的工程總監 Mike Brittain 製作了一套非常好的投影片與影片，介紹 Etsy 的分散式發表，稱為「Distributed Release Management」（*https://oreil.ly/ixT3G*）。如果你想了解這個概念，Brittain 的演說是很好的起點。

在加快部署速度時，務必考慮類型 1 和類型 2 的價值。

版本管理

我們曾經在第 9 章花了一些時間來討論一般的版本管理（第 222 頁的「版本管理」）。雖然我們提到，設計與實作應該避免對 API 的公用介面進行版本管理，但對內部介面而言，情況就不同了。API 的用戶端不應該被 bug 修復或 minor（非破壞性）變動干擾，他們只需要在介面損壞，或是有新功能可用時收到通知。但是內部用戶（開發者、設計者、架構師…等）必須看到發表套件的每個小調整與小改變，即使是微不足道的事情，例如改變 logo 這類的支援性資產。

為了揭露部署包裝內的小變動，有一種做法是使用語義版本模式（見第 223 頁的「語義版本系統」）的 `MAJOR`（破壞性變動）、`MINOR`（回溯相容的新功能）與 `PATCH`（非介面變動、bug 修復）來指定釋出的版本。我們有些客戶加入一個額外的級別：`RELEASE`（即 `MAJOR.MINOR.PATCH.RELEASE`）。有了這個新增的值，我們更容易追蹤每一個組建與發表週期，甚至一路追蹤到最小的變動，當產品發表有某種意想不到的行為時，它可能非常重要。使用 `RELEASE` 號碼來追蹤包裝有助於了解包裝內的差異。

大部分的發表工具也允許你指派一個獨立的組建號碼（build number）給每一個版本。如此一來，你就不需要修改語義版本模式了，而且仍然可以追蹤每一個組建與生產包裝的細節。無論哪一種做法，切記，內部的發表要有詳細的代碼，而外部介面的代碼只需要在有破壞性變動時改變。

波動性

正如你所預期的，提升部署速度有增加系統整體波動性的風險，無論是類型 1 和類型 2（見第 275 頁的「速度」）。因此，許多組織會試圖減緩發表的速度，然而，這通常不是好辦法。你可以做三件事情來確保部署支柱不會給生態系統帶來意外的波動：

- 確保釋出版沒有破壞性變動
- 維持確定性的、恆定的部署包裝
- 支援安裝的即時可復原性

正如第 222 頁的「版本管理」所述，部署應盡可能地避免大多數人所認為的版本管理。根據我們的經驗，你可以對一個正在運行的系統進行有意義的修改，而不會每次都「破壞它」。GitHub 的 Jason Randolph 稱之為進化設計（*evolutionary design*），並且解釋這種設計工作的價值[7]：

> 當人們使用我們的 *API* 來建構程式時，我們實際上是在要求他們信任我們，把時間用在建構他們的 *APP* 上。為了贏得這種信任，我們 [對 *API*] 進行的變動不能破壞他們的程式。

Rudolph 繼續解釋道，你可以利用設計元素來方便引入非破壞性的變動。你也可以編寫測試程式（見第 86 頁的「測試」）來檢查破壞性變動，並將它們納入你的組建流水線，以減少破壞生產的機會。提出「非破壞性變動承諾」可以限制擴大部署時增加波動性的可能性。

減少部署波動性的另一個關鍵是確保各個釋出包裝都是完全獨立的，而且是確定性的，正如本章前面所述（見第 274 頁的「多樣性」）。當你能夠安全地預測部署的結果時（例如，確定生產環境有哪些元素會被釋出版影響），你就可以降低產品在更新時發生意外的可能性。此外，負責將包裝投入生產的人都必須能夠在生產環境或其他環境（例如，開發機器，或測試伺服器…等）中執行釋出版，並取得相同的結果，若要測試釋出版以及發現生產環境中的互用性 bug 或包裝之外的錯誤，這一點至關重要。

最後，部署波動性有一個重要的層面與可復原性有關。我們在討論速度時說過（第 275 頁的「速度」），類型 2 速度（更多整體發表）會因為波動性增加而威脅到穩定性。確保變動是非破壞性的，以及確保恆定的部署當然有助於減少生產環境中的干擾，但無法 100% 防止。如果有意外的 bug 悄悄進入釋出版，能夠立即復原變動非常重要，我們要在幾秒鐘之內復原，這是一種最壞情況下的解決方案。此外，撤銷變動意味著不損害任何已收集的、已儲存的資料，換句話說，你的所有部署都必須考慮任何資料結構 / 模型變動的可逆性，這意味著團隊設計和實行產品更新的方式需要改變。

7　很可惜，在網路上已經找不到 Randolph 的演說了。

資安

我們在第 92 頁的「資安」說過基本資安元素（識別、身分驗證與授權）的重要性，也討論了如何減少整體攻擊面，以及如何為發表至生產環境的每個組件或 API 增加韌性和隔離性（見第 220 頁的「脆弱性」）。正如你所想像的那樣，這些元素會隨著園林的增長而更加重要，而且，一如往常，它們也會變得更有挑戰性。資訊安全是一項廣泛且複雜的主題，我們無法在此深入探討。不過，我們將特別強調三個最重要的園林層面，並討論它們如何影響整個系統的安全。

速度

在不斷擴展的 API 生態系統中維持安全性的一大挑戰在於園林本身的變化速度。有越多組件被加入（通常是以很快的速度），就為更多用戶增加更多連結。我們有許多運行資安基礎措施的客戶都會要求提供明確的存取控制定義，才能將組件或介面發表至生產環境。這種做法在變動的速度和生態系統的廣度相對有限時有效，但隨著園林規模與範圍的增加，前期的存取控制定義可能會變成瓶頸，它們可能會耽誤生產發表，以及延緩 bug 修復與功能的推出。

處理安全支柱的速度問題有一種常見的方法是，確保所有人都以安全的方式設計與建構組件，即使存取控制定義尚未就緒。

維護資安並加快發表流程速度的另一種做法是執行自動化資安測試。將資安測試寫成腳本不是完美的辦法（我們很難檢驗腳本內的惡意行為），但它可以提供幫助；在組建週期中執行資安測試可協助提早發現問題、減少修復問題的成本，並降低遭遇執行期損壞的可能性。

脆弱性

API 園林持續增長也意味表面積增加，從而導致脆弱性的增加。如果你讓許多團隊快速地發表許多元件，系統新增的脆弱性可能會讓你疲於奔命。如前所述，在組建階段加入安全測試是有幫助的，但除此之外，你還可以做其他的事情來處理 API 園林的增長帶來的脆弱性。

如果你將各個組件的發表都當成「一次性」的資安事件，你就很難監測、驗證和追蹤脆弱性空間。要處理這種範圍和規模的增加，有一種重要的方法 1) 採取一攬子策略作為組件級資安 profile 的起點，以及 2) 將追蹤與回報資安相關活動的工作盡可能地推到團隊層面。

用策略來驅動資安實作（而不是程式碼專屬的實作）有幾個好處。首先，聲明性策略比命令性程式更容易閱讀和偵錯。其次，大部分的安全代理程式都可讓你將各個策略視為一個可重複使用的單位（一種微策略），然後可以將這些策略組合成一個強大的 profile 包裝，讓你可以輕鬆地進行監測與追蹤。最後，許多資安平台都可以讓你透過腳本或命令列工具（與 CI/CD 系統相容）來管理策略，如此一來，你就可以將安全策略變成所有團隊都必須學會處理的釋出包裝元素。

這導致該方法的第二部分：將追蹤和報告職責推給開發者團隊。光靠一個安全團隊（尤其是全球企業的企業級團隊），不可能充分密切地監測與應對組件等級的安全事件。比較合理的做法是讓開發和發表該組件或 API 的團隊密切關注它們。但是，他們必須獲得足夠的工具和支援，才能把這件事做好。隨著生態系統的成長，將中心的專業知識轉化成分散的工具與方法是很重要的事情。你可以將公司的資安專業知識轉移到開發者團隊（就像我們針對測試的建議一樣）。另一種擴展資安技能的方法是製作工具，例如設計層面的實踐法、組建層面的測試，與生產層面的儀表板。藉著投資工具來擴展既有的安全知識，你可以成功地擴大影響範圍，並提高 API 園林的整體安全性。

能見度

接下來討論最後一個層面：能見度。在資安領域中，傷害你的是你不知道的東西。但你無法預料所有的可能性。除了採用「零信任」、策略驅動資安規則，與組建期資安測試等做法外，你也可以藉著使用記錄（logging）與儀表板來增加能見度。

儀表板很重要，因為它提供網路活動的即時畫面，讓公司的所有領域的團隊都有機會觀察他們的介面和組件的運行情況，包括安全團隊。儀表板最初的價值只是「顯示」網路上的常見流量，久而久之，團隊可以設計過濾器，把重心放在代表系統健康（或不健康）的重要流量上。

一般情況下，出現在儀表板上的資料點通常是之前談過的各種 KPI 與 OKR（見第 144 頁的「OKR 與 KPI」）。資安團隊應決定值得監測的關鍵值，並且讓所有開發團隊都可以輕鬆地提供這種即時資訊。在多數情況下，這項資訊都可以從整個生態系統的閘道和代理伺服器取得，但有時必須為某些組件編寫程式，來收集與發出關於授權、身分驗證、授權 / 拒絕訪問等請求的重要指標。藉著將安全專家想要監測的資料點與模式提供給開發團隊，並且在發表前的測試期間確保組件級的合規性，你可以確保你的安全作業能夠正確處理公司不斷增長的 API 園林的規模和範圍。

一般來說，紀錄可以當成「事後」演練的一部分，以協助你和資安團隊了解發生了什麼，並（最好）提供關於防止同樣問題再次發生的線索。為所有的開發團隊建立穩健可靠的記錄方法，可確保這些資訊被記錄下來，以便在發生安全問題之後用來討論。但僅僅以記錄的形式收集資訊是不夠的，你也要讓資訊可被輕鬆地取得、篩選和關聯，以便隨時尋找與檢查所需的紀錄。有一個好方法是採取分散式收集（例如，由各個團隊負責收集資訊）與集中式儲存（例如，用一個平台來接收所有紀錄，以供日後篩選與回顧）。你也可以用中央安全準則來建議必須追蹤的資料點與行動，也可以編寫組建層面的測試，確保所有團隊在發表至生產環境之前都遵守準則。

監測

監測有幾個實用的目的，包括識別瓶頸、追蹤內部 KPI 與外部 OKR，以及提醒團隊性能的異常，例如異常的流量峰值、意外的訪問授權…等。在 API 專案早期，你可以用相對小型的、集中式的工具，和一些簡單的儀表板與紀錄檢查方法來進行監測。但是，與其他許多支柱一樣，隨著 API 園林的成長，數量、能見度與波動性的挑戰，也會讓既有的工具發揮不了作用。我們將在此指出一些常見的挑戰，與可行的解決方案。

數量

監測支柱隨著 API 園林的擴展有一項挑戰在於，資訊的數量會讓你在監測時力不從心。這種情況通常會在組織採取中心化監測管理模式時發生，也就是由一小群具備監測技能的人負責收集、管理與解讀即時資料和歷史紀錄。在某個時間點，資訊量會超過單一團隊可以應付的範圍，擴大中央團隊並不能改善這種情況。正如我們在第 278 頁的「脆弱性」所建議的，更好的策略是將監測專業知識推廣到開發 API 與組件的團隊周圍。將收集與管理追蹤資料的工作分散出去只是第一步，一旦團隊獲得他們的追蹤資料，他們就可以開始篩選和尋找關聯性，以更有意義地洞察那些資料。

但是，監測單一組件或單一 API 只是挑戰的一部分。隨著園林的增長，你也要監測組件之間的互動。對付這項新挑戰的好策略是建立一個中央資料追蹤存放區，用它來專門處理你的組織的各種 API 之間的關聯性，在這種情況下，在中央資料存放區裡面的資料通常是將組件 / API 團隊的實際追蹤資料篩選之後的子集合（通常會壓縮時間）。這種中央資料是整體營運狀況的選擇性簡略觀點，可用來發現模式和異常狀況，一旦它們被發現，團隊就可以決定方向並追蹤細節，以根除問題和確認見解。

注意，這裡的做法是：

- 讓團隊收集和管理他們的追蹤細節。

- 建立一個中央資料庫，從團隊追蹤資料庫中提取選擇性的、經過篩選的資料。
- 當中央等級的趨勢 / 問題出現時，使用團隊等級的細節來確認 / 解決任何問題。

能見度

建立中央資料庫，在裡面儲存篩選過、相關的資料，是維護甚至改善監測能見度的關鍵因素。如同第 278 頁的「資安」所述，你無法預測所有可能的問題，對監測支柱來說，切記，你無法預測所有應追蹤的資料點。因此，早期的記錄與監測工作經常會取得許多與網路現狀沒有任何已知關係的數值，它們也許有關係，但可能是人類無論何時都無法明白的關係，這可能導致團隊將記錄中「不相關」的值移除，這樣做通常不太好。

比較聰明的做法是記錄每件事，同時只監測選定的資料。這種做法遵循之前的建議，即鼓勵團隊擁有他們自己的資料與資料庫，同時讓中央監測單位抓取篩選過的、彼此相關的資料，並且讓所有人都可以在公共儀表板上看到它們。一般團隊可以觀察比較詳細（但有限）的系統畫面，而中央監測單位可以觀察更廣泛（但沒那麼詳細）的畫面。這種做法是一個貨真價實的 Heisenberg 不確定性原理案例。

Heisenberg 不確定性原理

Werner Heisenberg 在 1927 年發表的一篇物理學論文裡面敘述這個觀察：粒子的位置越確定，它的動量就越不確定，反之亦然。在 IT 世界裡，這種狀況經常體現為「詳細了解系統的一小部分」與「了解系統的這個小部分如何影響整個系統」之間的權衡。隨著生態系統的發展，既觀察每一個部分，又觀察各個部分如何互動將會得到越來越不可靠的結果。這就是為什麼我們贊同這個準則：由團隊維護比較詳細的觀點，由中央監測單位維護較廣泛、較不詳細的觀點。

監測系統的能見度的另一個重要層面是與可觀察性有關的品質。隨著園林的增長，觀察它們的行為也變得更加困難。你可以利用監測（或者更具體地說，發布監測資料）來改善整體的可觀察性。因為人類無法看到系統如何運作或系統組件之間的關係，所以意外的結果、bug 與其他令人困惑的現象經常發生。根據我們的經驗，在一個複雜系統中出現一個奇怪的（「邊緣案例」）bug 時，人們往往會說：「我不知道怎麼會這樣」或「我不認為它是這樣運作的」。改善監測與儀表板也許無法防止出錯，但它有助於減少事情未按計畫進行時發生意外的可能性。

波動性

最後，重述第 278 頁的「資安」的內容，根據我們的經驗，大型系統比較可能經歷較高程度的波動。電腦科學家 Mel Conway 在 1967 年發表的論文中表達了這個觀點：「大系統的結構傾向分裂⋯其程度往往更甚於小系統。[8]」

雖然他的觀察主要涉及大型專案的開發階段，但是我們也可以在執行期的大型系統中看到同樣的行為。一個小 bug 可能使整個系統崩潰，而且隨著系統的增長，這種崩潰的代價也越來越大。公司可能認為那是生態系統的品質逐漸下降造成的，但事實上，這種 bug 可能一直都在，只是現在整個系統更大了，所以它們的影響力（風險）也高於以往。你可以藉著執行一個堅實的監測專案來降低單一 bug 破壞整個園林的風險，並且更深入地了解整體系統品質。

發現

正如第 97 頁的「發現」所述，API 週期的*發現與推廣*支柱包含有助於提升 API 的可發現性與可用性的所有活動。對於單一 API 來說，這往往意味著了解它應該在什麼環境中被發現，可能也要幫助它更容易被發現和使用。

在複雜且持續增長的 API 園林中，「發現」遵循和網站及網頁一樣的軌跡。在早期，你只要精心製作一個網站和網頁清單，將那些網站和頁面分門別類，好讓它們能夠被找到就夠了。這種做法是 Yahoo! 最初的主要發現機制，只要網站與網頁的數量相對較少、變化的速度較慢，而且網路上的所有內容適合用一種方法方案來進行分類，這種做法就能發揮很好的作用。

然而，這種做法的擴展性顯然不佳，它很快就無法應付網路的巨幅增長、改變頻率和多樣的內容。Google（原本稱為 *BackRub*，當時它是 Stanford 大學校園提供的服務）從 1996 年開始藉著引入兩個重要的變化，徹底改變了發現：

- *以按內容搜尋*來取代按類別搜尋，這意味著搜尋不再依賴第三方建立的分類方案，而是直接對實際內容進行全文搜尋。
- *以按受歡迎程度排名*取代人工排名，取代第三方用內容的相關性和網路熱門程度（由入站連結提供）來排序內容的做法。

8 Melvin E. Conway, "How Do Committees Invent?" *Datamation*, April 1968, *https://oreil.ly/PXGIt*.

當然，關於網路上的發現如何演變的故事還有很多，但重點是一般的軌跡。雖然這種做法有一些副作用（會讓熱門網站更熱門，並且讓較冷門的網站更難找到），但一般來說，它的效果已經足以讓用戶覺得它很有用了，因此，今天網路上的發現任務大多數都是用這種一般模型驅動的。

在 API 的世界裡，內容有不同的含義，因為 API 本身並不是什麼內容，內容指的是服務描述（*service descriptions*）。然而，熱門程度是一種相對容易轉換到 API 世界的概念，你可以將 API 依賴關係圖想像成網路的連結結構。

到目前為止，我們還看不出誰將成為「API 界的 Google」。而且，由於很多 API 園林內的 API 大都是私用 / 伙伴領域的，而不是公用的，所以，目前還無法確定能不能在 API 領域看到與網路一樣的發現軌跡。但是，為了讓發現與推廣具有可擴展性，你應該讓相關資訊可被用來進行自動化和做成工具。與這個主題有關的園林層面包括多樣性、數量、詞彙、能見度與版本管理。

多樣性

API 文件可以用很多種形式產生，取決於這個生命週期支柱的投資決策。投資是由 API 成熟度和 API 的預期受眾來推動的。投資也是由園林可能提供的支持與工具來推動的。

隨著 API 日益普及和重要性的提升，複雜的 API 文件與發現方案也會隨之出現。通常它們是整合的套件，裡面有文件、發現、程式碼生成與其他 DX 因素。雖然這些套件絕對是有價值的，但切記，它們必然有內建的偏見（例如首選的 API 風格），而且就像使用所有工具一樣，你應該讓它們在必要時可被加強或替換。

為了確保發現能夠得到工具的幫助，同時保持其核心的開放性和敘述性，理想的解決方案是在 *API 本身*揭露發現所需的所有資訊（見第 210 頁的「API the APIs」），然後讓支持和工具可以獲得那些資訊，並將它們用於園林輔助的發現。這種做法遵循「在 API 本身揭露一切相關內容」的一般原則，詳情見第 284 頁的「詞彙」。

數量

隨著 API 園林數量的增加，有一件重要的事情是，發現機制不但要協助找到 API，也要對它們進行排序。尋找 API 是必要的，但還不夠，看過搜尋引擎回報幾百萬點擊量網站的人都知道原因。

發現不僅僅需要找到 API 的方法，也要更深入了解它們，從而對 API 進行排名。在任何特定的 API 園林中，「實用性排名」的意義可能會隨著時間而改變。起初，排名可能完全沒必要，因為當時還沒有太多 API。然後，由於 API 的數量不斷增加，它可能變成一種必備功能。進行排名的方法也有可能隨著時間而改變，因為數量增加，以及「最符合特定搜尋的 API」的定義隨著時間而改變。

為了能夠沿著這條不斷變化與改善「發現」的軸線發展，切記，無論任何時間，只要有幫助，API 就應該盡量提供關於自己的資訊，而且，隨著環境和對「發現」的需求隨著時間的變化，這組資訊可能會不斷發展。

從園林的角度來看，你必須提供支持與工具來讓 API 在園林可被輕鬆發現。取決於發現模式，這組任務可能與網路上的 SEO 驚人地相似，也就是在「可被發現服務取得和使用的資訊」與「各個提供者願意合作的程度」存在著一種平衡。

詞彙

發現意味著讓 API 更容易被找到，雖然在此討論的一般原則遵循「網路的發現從 Yahoo! 的分類模式，變成 Google 的全文搜尋與熱門排名模式」的軌跡，但考慮網路的一些其他發展也很有幫助。

Schema.org 創始於 2011 年（*https://oreil.ly/NIcHO*），它是主要搜尋引擎 Bing、Google、Yahoo! 之間的合作機制，旨在建立一個跨越廣泛主題的單一模式，那些主題包括人物、地點、活動、產品、報價…等。這個專案的主要目的是讓 web 發行者按照自認為合適的方式來標記他們的內容，並且允許搜尋引擎將那些標記當成搜尋和排名演算法的輸入。

值得注意的是，這種做法專門用於 web 內容，不適用於 API。但是原則才是最重要的事情：Schema.org 作為網路的術語詞彙不斷發展，可讓網頁的發表者用來標記內容，能做到這一點是因為「詞彙本身」和「詞彙用戶使用它的方法」是解耦的。隨著詞彙的發展，內容可以用更複雜的方式來標記，詞彙的產生與使用是鬆耦合的。

我們可以在 API 園林建立類似的原則。園林可以支持與促進詞彙的使用，以提高可發現性，園林也可以支持標記內容（例如在文件或 API 主文件裡）以及支持驗證詞彙。你甚至可以在部署流水線自動測試某些詞彙的存在：例如，檢驗「API style」，如果找不到它，就發出警告，並要求 API 團隊加入這項資訊，讓它可被發現。

能見度

第 283 頁的「數量」說過，在考慮 API 園林的發現性時，數量是主要的層面。正如我們在那一節看到的，管理數量的主要方法是盡量讓 API 顯示關於 API 的必要資訊。「必要」資訊當然會隨著時間而改變，所以對能見度而言，重點是能夠從小事做起，並且規劃如何讓它不斷發展成更大規模的資訊集合，並在各個 API 中揭露。

當你注意能見度層面，並牢記可見的資訊可能會隨著時間而發展之後，你就可以在 API 園林中持續發展發現，就像它在 web 上持續發展一樣。可發現性永遠都不會「完成」，實現它的方式，就是發展可發現性工具可用的資訊，並觀察園林的演變，考慮哪些變動有助於改進發現。

版本管理

在 API 園林裡面的 API 往往會發生變化，讓這種變化容易發生是建立 API 園林的目的之一。在不破壞新版本用戶的情況下進行變動，也是許多 API 和 API 園林的固有目標。你可以使用優良的變動管理方法，來將 API 製作者與用戶解耦，讓兩者獨立發展。

在理想情況下，API 團隊可以發展他們的產品，並且用他們自己的速度發表新版本。但是，雖然這對 API 團隊很方便，卻會讓 API 用戶更難以追蹤版本、尋找舊版本，以及尋找版本之間的異動說明。

為了讓用戶更容易查看與了解 API 及其版本，園林可以要求 API 記錄所有的版本。讓 API 提供版本歷史可讓它更容易被發現，讓用戶可以發現關於 API 版本的資訊，也許還可以透過產品的歷史資訊來了解它的演變過程。

當 API 有破壞性變動時，這個層面較難處理，因為 API 實作可能已經被完全改變了，所以維持文件與版本隨時可被發現比較難。在這種情況下，你可以提供支援，讓 API 團隊不需要花費額外的精力來保留舊版本，讓他們可以依靠園林仍然提供的資訊，或由園林告訴客戶舊版本確實存在，但已經沒有詳細的資訊可用了。

變動管理

變動管理是 API 生命週期的重要支柱，正如第 99 頁的「變動管理」所述。API 在演變的過程中，應盡量減少對 API 生態系統的破壞。其中一種方法是遵守變動管理原則，圍繞著可擴展性模式來發展那些原則，並且只根據那些模式來進行安全的變更；另一種做法是永遠不改變已發表的 API，而是平行地運行許多不同的版本。

規劃變動是 API 園林及其持續演變的核心問題之一，因此變動管理這個支柱與 API 園林如何使用準則與工具來支持 API 變動有很大的關係。在協助各個 API 進行變動管理時，比較重要的層面包括詞彙、速度、能見度與版本管理，接下來的小節將加以討論。

詞彙

在考慮 API 的變動管理時，有一個重要層面是詞彙演變對 *API* 演變的影響。詞彙是 API 設計中一個常見的、眾所周知的層面，將詞彙設計到 API 裡面意味著詞彙的更新總是會導致 API 的更新。雖然使用正確的擴展模式可讓這些更新是非破壞性的，但它們仍然會觸發更新 API 及其相關資源的連鎖反應，可能還會影響 API 用戶的類似活動。

詞彙管理也可以和 API 解耦，將詞彙本身變成一種可以演變的資源，從而使 API 在詞彙改動時維持穩定。第 235 頁的「詞彙」討論過，有一種流行的做法是引用一個註冊表，該註冊表可能是外部機構管理的，也可能是作為園林的一部分來管理和託管的。在這個模式中，詞彙的變動不一定會觸發 API 的變動，而且讓不同的 API 使用相同的詞彙也有額外的好處。

因此，從園林的角度來思考詞彙的用法是非常有意義的，可以支援與簡化個別 API 產品團隊的設計和演變工作。在某種程度上，在園林層面上支援詞彙的概念與資料字典的概念有關，但是資料字典這個術語通常代表資料庫綱要（schema）的特定層面，而詞彙是與實作分開的，本質上只是自行管理的、可在各個 API 之間重複使用的資料類型。

速度

變動主要應該根據回饋與功能的推出，經由產品規劃和迭代來推動。為了讓這個過程更輕鬆，管理變動是必要的，這項工作的首要目標就是不要防礙變動的進行。速度（見第 240 頁的「速度」）是遷移至 API 和 API 園林的主要目標之一，了解速度如何被園林提升或阻礙是一項重要且持續性的工作。

你應該鼓勵 API 產品團隊回饋他們認為速度如何獲得幫助或受到阻礙，並且在制定關於「改善變動管理」的準則和建立園林級的支持與工具時，牢記這些回饋。變動管理是始終必須認真對待的支柱之一，其中一個原因是它與速度有直接的關係。

但是，同樣的，API 產品必須考慮它們的變動管理工作的背景，在後期的 API 成熟階段時，可能要推遲較複雜的變動管理工作。「有沒有人在乎園林裡的一個 API 發生改變了？」這個問題的答案與「誰正在依賴那個 API？」有很大的關係。

如果沒有人使用那個 API（到目前為止），那麼任何變動管理都是在浪費精力，所以會影響速度。另一方面，當使用量增加時，我們將面臨一個難題：隨著使用範圍的擴大，更好的變動管理有助於維持速度，但現在有了用戶，改變 API 以支援更好的變動管理本身也變得更加複雜。這意味著，為了維持速度（尤其是在成熟度旅程的進階階段），從一開始就考慮變動管理是一項很好的投資，而且在初期就要在園林層面上提供很好的支援。

版本管理

一般來說，API 應遵循語義版本系統的模式（見第 223 頁的「語義版本系統」）。它們不一定要使用一模一樣的格式，但區分變動的「等級」很有幫助：

- 在 *patch* 版本中，在 API 層面上沒有可見的變動，所以這種變動只對可能檢查實作是否已被修改以處理 bug 的用戶有意義。
- 根據定義，*minor* 版本是回溯相容的，客戶有興趣了解變動，但如果服務已經可以滿足他們了，他們可能會忽略這種版本。
- 出現 *major* 版本時，客戶必須採取行動，因為它們有破壞性變動。你必須在推出 major 版本時通知客戶，並通知他們目前的版本多久之後就會被移除。

這些機制可由不同的 API 以不同的方式來管理。由於變動管理和依賴關係管理是提升 API 園林穩健性的核心，有一個很好的方針是：讓這些主題有一定程度的連貫性，以方便 API 用戶回應 API 園林裡變動的速度。

畢竟，只要控制負面副作用，能夠快速改變和更新 API 是一件好事。

能見度

說到 API 園林的變動管理，能見度的管理是很難平衡的問題。一般來說，API 用戶希望在使用 API 時盡量不受干擾，除非他們想要使用新功能，因而願意調整他們使用 API 的方法，來配合改變後的 API。讓變動管理可被看見，從而讓用戶能夠根據這些資訊做出反應編寫程式，有助於提高 API 園林的韌性。

上一節談過，在 API 園林裡面進行變動管理非常重要，如此一來，變動的速度才不會對服務造成不必要的干擾。剛才討論的內容有一個主要的考慮因素就是：該讓什麼東西可被看見？建議你使用反映語義版本系統（*patch*、*minor* 與 *major* 版本）的模式。

從資安的角度來看，避免向公眾甚至合作伙伴揭露 patch 版本應該是明智的做法。畢竟，這種變動可能只是為了處理實作問題，不會改變 API 或它的行為。

minor 版本應該公開，以協助用戶了解它們的可用性。你應該讓用戶總是可以透過某種方法來查看版本歷史，理想情況下，你要記錄 minor 版本之間的變動。當然，major 是一定要揭露的版本，因為它們有破壞性變動。

用統一的方法來揭露版本可協助 API 用戶在 API 園林中適應變動管理模式，甚至可讓他們使用與重複使用工具來應對這種情況。因此，讓不同的 API 用一致的方法處理版本問題，可以為 API 園林帶來可觀的價值（以更穩定的形式）。提供關於該做什麼的指引、支援做那件事，以及提供工具驗證 API 是否確實遵守準則，有助於減少 API 製作者進行變動管理的難度，同時可讓 API 用戶從園林穩健的變動管理方法中受益。

結論

本章結合了第 4 章介紹的生命週期支柱與第 9 章介紹的園林層面（八個 V），我們最重要的目標，是突顯從「專注一個 API」變成「專注許多 API」的過程，藉此，我們一方面可讓個別的 API 在園林中蓬勃發展，另一方面可讓進行約束和提供支持的 API 園林持續演變。這個演變的主要因素是用觀察來獲得回饋，讓園林可以了解 API 實踐法的演變，以及透過準則與工具來提供支持，讓園林將觀察到的資訊變化成可行動的做法，以促進長期的變化。

園林 / 生命週期矩陣（見第 258 頁的「園林層面與 API 生命週期支柱」）展示了園林層面與週期支柱之間的關係，這個矩陣很複雜，所以我們把注意力放在特別值得關注的園林層面和支柱組合上。

為了建立園林層面與生命週期支柱之間的關係，我們查看各個 API 的可觀察性，如此一來，我們就可以從園林的角度來觀察各個 API 的行為。這種做法遵循「API the APIs」原則。接下來的第二步，我們用這些觀察來確定在哪些領域中，最能夠藉著投資支柱來指導和支持 API 的開發。我們使用「why / what / how」模型（見第 230 頁的「賦能中心」），來確保 *API* 準則與實作準則都被明確地分離，以便讓 API 與實作方法分別發展，這意味著 API 園林將更具連貫性，因為實作可以在不改變 API 級的實踐法的情況下變動。

最後，本章將本書的其他部分所討論的幾個元素整合起來。我們談到成熟度的概念，它是判斷園林的形態何時正在改變的指標，我們也談到分散式決策的程序，它是持續成長的組織分擔責任和指導行動的一種工具。每一家公司都有自己的文化、共同的做法和期望的水準。理想情況下，這裡的素材可以讓你知道如何自行開發獨特的園林 / 生命週期矩陣，以及在生態系統逐漸成熟時，知道如何使用公司的內部決策程序來持續改進它。

第十二章

繼續這趟旅程

我們要嚴格定義懷疑的和不確定的領域！

—Douglas Adams

API 管理是個複雜的主題，使得我們不得不在本書中，用很多內容來探討它。在簡要討論了 API 專案的挑戰和承諾之後（第 1 章），我們研究了 API 治理的基本概念（第 2 章），以及基於決策的工作意味著什麼。對決策的關注，讓我們得到一個決策模型，這種模型裡面的元素是我們可以分配或對映的。對映決策為我們帶來一種強大、細膩的 API 工作管理方法。

我們以關注決策為基礎開始了 API 之旅，首先介紹第一個重要的 API 管理要素：產品觀點（第 3 章）。將 API 視為解決目標受眾的問題的產品，可指引你洞察哪些決策才是最重要的。我們先用這種產品方法來專心探討製作一個 API 產品的工作。我們的經驗告訴我們，為一個已確定的用例（例如 Clayton Christensen 的「Jobs to Be Done」）進行局部優化的背景很重要。從一個用例開始討論也比從複雜的園林開始討論更容易掌握，當你在系統中加入越來越多 API 時，複雜的園林必然會出現。

在第一組章節中，我們也藉著參觀 API 支柱（第 4 章）、了解 API 的風格（第 6 章），和探討 API 產品週期的各個階段（第 7 章），來探索 API 的本地環境。有了這些工具，你就可以建立一個堅實的 API 實踐基礎，製作一致的、連貫的 API 來支持工作流程的追蹤和管理，從 API 的建立步驟，到除役階段。

我們討論的下一個 API 管理因素是公司的整體組織和文化。這個話題太廣泛了（也太重要了），無法光靠幾個章節說透，但我們必須強調兩個基本的組織要素，當我們開始進行和維護一個健康的 API 專案時，我們一定要處理它們。第一個要素是在全公司範圍內培養持續改進的精神（第 5 章）。讓一個遍及整個組織的環境具備合適的心理安全水準，並且讓他們為了把事情做得更好而努力不懈地嘗試是一項艱難的工作。從長遠來看，這是成功的 API 專案的重要因素之一。但公司層面的努力只是一個起點。你也要在團隊層面上，創造類似的信任和實驗水準。因此，我們專門用一章來討論 API 團隊的概念（第 8 章）。我們在這一章討論了團隊裡的角色，以及設計和維護團隊本身的任務。藉著帶領團隊致力於持續改進，以及集中精力支持高效的團隊，你可以在公司裡發展出一種越來越強大、健康的文化，從而帶來高品質的 API。

最後，我們加入 API 管理的第三個因素：規模。我們介紹了 API 園林，和這個複雜系統的 10,000 英尺視角。本書的最後一節專門討論系統優化的概念，和隨之而來的決策。我們介紹了 API 園林的概念（第 9 章），以及 API 園林如何影響 API 生命週期（第 11 章）。在這種園林層面的工作可能相當具有挑戰性。在這個層面上，之前提到的所有元素，包括治理、產品、文化和規模，都會在一個複雜的互動組合中出現。在最後幾章裡，我們希望給你一些指導，分享一些建議，說明你在創造公司特有的 API 組合時會遇到什麼挑戰，那些 API 組成你的組織的獨特系統級園林。

這些內容包含許多資訊、框架和模型，但 API 管理的核心是這四個基本元素：治理、產品、文化和規模。無論你有哪種 API，無論你在哪個產業經營，無論你的公司規模有多大，你都要從所有這些角度管理 API。在理想情況下，本書中給了你一套工具，幫助你從今天開始做這件事。

繼續為未來做好準備

我們不知道未來會是什麼樣子，但我們可以肯定的是，軟體的互聯性不會就此沒落。隨著架構越來越依賴可互用或可整合的組件，管理 API 的需求也日益增長，即使支撐它的協定、格式、樣式和語言在不斷變化和發展。事實上，自從我們在短短幾年前出版本書的第一版以來，人們對管理多個 API（我們稱之為園林）的興趣大幅提升，人們也越來越關注降低使用的障礙、重用的障礙和整合的障礙，這些都是我們在 2019 年討論的內容。

我們試著用一種對你有幫助的方式來寫這本書，無論你面臨的具體技術選項是什麼。治理、產品、文化和規模等核心概念對於 API 管理來說，都是不可或缺的，也是永恆的。因此，即使圍繞著你的一切都在變化，你也會有一套概念和框架來理解它。

你可以使用 API 即產品方法來推動你的設計和實作選擇。這將讓你能夠自由地創造符合用戶長期需求的 API，而不是發現自己受到業界的短期趨勢和炒作週期的擺佈。你也可以根據組織的目標、人才和背景來分配 API 決策，而不是試圖複製最近的成功初創公司的工作文化。

最重要的是，我們鼓勵你擁抱被你管理的系統的複雜性，而不是對抗它。你要了解時間和規模如何改變需要進行的工作。使用 API 產品生命週期和園林旅程來建構你的工作脈絡。用園林變數來玩「如果…該怎麼辦？」的遊戲並評估你的系統。如果多樣性提升了該怎麼辦？如果速度不再重要該怎麼辦？你對這些問題的答案也許不是先見之明，但一定有啟發性。而且，它們一定會引導你找到機會，幫你不斷地改進系統。

持續管理每一天

當你在一個複雜的領域裡面臨一個大問題時，你很容易感到不知所措。在本書的開頭，我們談到了決策品質。你掌握的資訊是做出好決策的重要的因素之一。這包括學習別人如何解決類似的問題、了解你目前的情況，以及更確定你做出的任何決策在未來造成的影響。

為了做出更好的決策，花時間收集這種關於 API 管理的資訊很重要。同時，如果你花太多時間收集資訊，你將永遠沒有機會在實踐中學習。當你處理一個複雜的適應性系統的不確定性時，合理的前進方式是一小步一小步地處理問題。先處理一件小事，從中學習，再繼續做下一件事。

根據我們的經驗，最好的方法是應用一些技術，例如 Deming 的 PDSA 循環，第 112 頁的「漸進改進」中曾經介紹它。利用你當下掌握的資料來提出一個理論，根據那個理論規劃一場實驗，在你的組織裡找一個安全的地方來嘗試這個實驗，衡量結果，然後重新開始。你不需要使用 Agile 流程、Lean 方法、Kanban、DevOps 工具或微服務架構來管理你的 API。這些方法都有用，也有它們的地位，但你不需要使用它們就可以啟動。你需要的只是一個理論、一個良好的衡量標準，以及安全且持續地執行工作和進行實驗的意願。

在涉及 API 管理這種複雜的領域時，這是前進的最佳方式，好消息是，你現在就可以開始這樣做。在你的 API 系統裡找一個你認為可以改進的東西，並利用你在本書中學到的知識進行實驗。邊做邊學，在學習中成長。在你還沒有意識到之前，你就會擁有一個為你工作的 API 管理系統。

更棒的是，只要你願意，你可以繼續進行這種解決小問題的週期。這就是持續 *API* 管理（*Continuous API Management*）的持續（*continuous*）部分。挑戰始終各不相同，解決方案將隨著技術和經驗的變化而不斷發展。但一般的方法將保持不變。

這是一個漫長的旅程。但根據我們的經驗，以及我們交談過的大多數公司的經驗，這不見得是個困難的問題。如果你用本書收集的 API 管理知識來武裝自己，並願意尋找適合你公司的獨特需求的解決方案，你就掌握了很大的優勢。你的道路將更清晰，而且你將有更大的機會取得進展。

你的進展越多，你就越接近目標。持續這樣做對任何人來說都是一件好事。

索引

※ 提醒您：由於翻譯書排版的關係，部分索引名詞的對應頁碼會和實際頁碼有一頁之差。

符號

A

B

C

D

E

F

G

H

I

J

K

L

M

N

O

P

Q

R

S

T

U

V

W

Z

關於作者

Mehdi Medjaoui 是 API 產業的企業家、OAuth.io 的聯合創辦人，以及 APIDays 會議的創始人，APIDays 是每年在七個國家舉行的全球主要 API 會議系列。身為首席 API 經濟學家，Mehdi 向 API 決策者提供建議，讓他們知道 API 的採用對數位轉型策略的微觀和宏觀層面的影響。他曾經設計 API Industry Landscape，從 2015 年開始擔任《*Banking APIs: State of the Market*》產業報告的共同作者，並且在 APIs for Digital Government（APIs4DGov）專案擔任歐盟委員會專家。他也在 HEC Paris MBA 講授數位時代的創業精神，並在幾家 API 工具初創公司擔任董事會顧問。

作為協定設計和結構化資料的專家，**Erik Wilde** 藉著幫助企業制定 API 策略和計畫，來幫助他們從 API 中獲得最大利益。自網路出現以來，Erik 一直參與創新技術開發，並活躍於 IETF 和 W3C 社群。他在 ETH Zurich 獲得博士學位，並在 ETH Zurich 和 UC Berkeley 任教，然後先後在 EMC、西門子、CA Technologies 任職，最近在 Axway 服務。

Ronnie Mitra 是一名顧問，其工作是協助技術和商業領袖進行大規模的數位轉型。他也是《*Microservices: Up & Running*》》與《*Microservice Architecture*》兩本書的共同作者。

身為國際知名的作家和演講者，**Mike Amundsen** 就網路架構、網路開發，以及技術和社會的交叉問題向世界各地的組織提供諮詢。他與大小公司合作，幫助他們利用 API、微服務和數位轉型來為消費者和企業帶來機會。

出版記事

本書封面上的動物是威爾斯牧羊犬（Welsh: *Ci Defaid Cymreig*），牠是牧羊犬（collie-type）品種的家庭牧羊犬，原產自威爾斯。威爾斯牧羊犬有黑白相間、紅白相間和三色品種，具有梅花斑紋的機率很高，與邊境牧羊犬相比，它的四肢更長，胸部和嘴部更寬。

威爾斯牧羊犬是意志力堅強、精力充沛的狗，當牠們受過放牧訓練之後，幾乎不需要人類指揮即可獨立工作。然而，牠們缺乏邊境牧羊犬的低姿態和強烈的眼神交流（可讓犬類在管理畜群時事半功倍），所以現代的畜牧業不太喜歡用牠們來管理牲畜。

由於以行為特徵為目的而非外部特徵的養殖方法，以及與邊境牧羊犬雜交導致的品種稀釋，主要的犬業組織都沒有認可威爾斯牧羊犬是標準品種。近年來，人們一直在努力保護該品種，主要是出於家庭目的。

O'Reilly 的封面動物很多都是瀕臨絕種的，牠們對這個世界來說都很重要。

封面圖像來自 J. G. Wood 的 *Animate Creation*。

持續 API 管理｜在不斷演變的生態系統中做出正確決策 第二版

作　　者：Mehdi Medjaoui 等
譯　　者：賴屹民
企劃編輯：蔡彤孟
文字編輯：江雅鈴
設計裝幀：陶相騰
發 行 人：廖文良

發 行 所：碁峰資訊股份有限公司
地　　址：台北市南港區三重路 66 號 7 樓之 6
電　　話：(02)2788-2408
傳　　真：(02)8192-4433
網　　站：www.gotop.com.tw
書　　號：A686
版　　次：2022 年 10 月二版
建議售價：NT$580

國家圖書館出版品預行編目資料

持續 API 管理：在不斷演變的生態系統中做出正確決策 / Mehdi Medjaoui 等原著；賴屹民譯. -- 二版. -- 臺北市：碁峰資訊, 2022.10
面；　公分
譯自：Continuous API Management, 2nd Edition
ISBN 978-626-324-322-4(平裝)
1.CST：資訊服務　2.CST：雲端運算
312　　111015361

讀者服務

- 感謝您購買碁峰圖書，如果您對本書的內容或表達上有不清楚的地方或其他建議，請至碁峰網站：「聯絡我們」\「圖書問題」留下您所購買之書籍及問題。（請註明購買書籍之書號及書名，以及問題頁數，以便能儘快為您處理）
http://www.gotop.com.tw
- 售後服務僅限書籍本身內容，若是軟、硬體問題，請您直接與軟體廠商聯絡。
- 若於購買書籍後發現有破損、缺頁、裝訂錯誤之問題，請直接將書寄回更換，並註明您的姓名、連絡電話及地址，將有專人與您連絡補寄商品。